华为云原生技术丛书

Go
专家编程

任洪彩 著

电子工业出版社·
Publishing House of Electronics Industry
北京·BEIJING

内 容 简 介

本书深入地讲解了 Go 语言常见特性的内部机制和实现方式，大部分内容源自对 Go 语言源码的分析，并从中提炼出实现原理。通过阅读本书，读者可以快速、轻松地了解 Go 语言的内部运作机制。

本书首先介绍 Go 语言常见的数据结构及控制结构的实现原理，包括管道、切片、Hash 表、select 和 for-range 等，这部分内容大都以几个精心准备的测验题目开头，每个测验题目均对应一个知识点，读者可以借此测验自身对该知识点的掌握程度。接着介绍了 Go 语言最基础的概念，包括协程的概念、协程调度模型、协程调度策略，以及内存分配和垃圾回收相关的内容。本书还介绍了一些标准库、异常处理和依赖管理等非语法相关但非常重要的内容。最后结合作者的见闻，整理了一些发生在真实项目中的编程陷阱。

未经许可，不得以任何方式复制或抄袭本书之部分或全部内容。
版权所有，侵权必究。

图书在版编目（CIP）数据

Go 专家编程 / 任洪彩著. —北京：电子工业出版社，2020.7
（华为云原生技术丛书）
ISBN 978-7-121-36557-7

Ⅰ．①G… Ⅱ．①任… Ⅲ．①程序语言—程序设计 Ⅳ．①TP312

中国版本图书馆 CIP 数据核字（2020）第 091281 号

责任编辑：陈晓猛
印　　刷：北京盛通商印快线网络科技有限公司
装　　订：北京盛通商印快线网络科技有限公司
出版发行：电子工业出版社
　　　　　北京市海淀区万寿路 173 信箱　　　邮编：100036
开　　本：787×980　1/16　　印张：25.25　　字数：565.6 千字
版　　次：2020 年 7 月第 1 版
印　　次：2022 年 11 月第 7 次印刷
定　　价：108.00 元

凡所购买电子工业出版社图书有缺损问题，请向购买书店调换。若书店售缺，请与本社发行部联系，联系及邮购电话：（010）88254888，88258888。
质量投诉请发邮件至 zlts@phei.com.cn，盗版侵权举报请发邮件至 dbqq@phei.com.cn。
本书咨询联系方式：010-51260888-819，faq@phei.com.cn。

序

Go 语言是一门相对比较年轻的语言，不仅得益于其优秀的设计，同时借鉴了现有多种成熟语言的丰富经验，使得 Go 语言成为历史上发展最为迅速的编程语言之一。尤其在云原生领域，由 Docker、Kubernetes 为代表的大批开源明星项目大幅推动了 Go 语言的发展，乃至当前 CNCF（Cloud Native Computing Foundation，云原生计算基金会）旗下的绝大部分开源项目都是以 Go 语言为主要编程语言。如同近十年 AI 尤其是深度学习神经网络的高速发展将 Python 语言推进至"人工智能领域的首选编程语言"一样，我们可以毫不夸张地说，Go 语言已经成为"云原生领域的首选编程语言"。

华为公司也是 Go 语言的早期实践者之一。早在 2012 年 Go 语言 1.0 版本发布之初，公司编程语言工程能力组就已经对 Go 1.0 进行了详细的分析，并对 Go 的设计理念、优缺点进行了总结，给出了推荐在分布式系统尤其是云计算相关业务中进行使用的建议意见。随后，华为云研发团队在容器、PaaS（Platform as a Service）、中间件等部分业务中使用 Go 语言进行了原型和产品开发，同时构建了公司 Go 语言相关的工具链和安全编程规范等指导说明，并使用了 Go 语言相关的多个开源项目比如 Beego、InfluxDB、NATS、ETCD，等等。尤其 2013 年之后，随着华为云原生开源团队大力投入 Docker、Kubernetes、Prometheus、Istio 等开源生态项目，并且基于相关项目陆续推出了多个云原生领域的华为云服务产品，Go 语言在华为云业务中的地位越来越重要。2018 年，Go 语言正式成为华为公司官方指定的五种主流编程语言之一（其他包括 C、C++、Java、Python），进入华为公司员工技能培训与认证体系，并成为华为云服务开发的推荐语言之一。

Go 语言以语法特性精炼、开发效率高著称，并且非常重视工程化能力和规范性，比如严苛的语法格式、内置测试能力等。但是，作为一门系统级编程语言，并且内置了自动垃圾回收、协程、通道、接口、元编程等高级能力的语言，各种语言陷阱与高级使用问题仍是 Go 语言开发者不可忽视的内容。尤其对于使用 Go 语言构建基础设施平台、基础云服务、高性能中间件、高负载服务端等关键业务的开发者，更加需要重视 Go 语言的高级编程知识。从 Go 语言的多种常用数据结构如切片、结构体、字符串、映射表、管道等的使用上，到迭代器、循环、接口、协程、并发锁、异常处理等常见逻辑处理上，以及性能调优、测试、包管理、编译等工程步骤上，都会涉及各种可能会导致编码漏洞并进而引发业务风险的问题。本书汇总了大量华为一线工程师在使用 Go 语言进行关键业务开发过程中的实战经验总结，并以各种案例剖析和原理详解的方式为读者展现，以期对 Go 语言开发人员在深入学习与使用 Go 语言时提供一定的帮助。

作为一门开源、开放的编程语言，Go 仍在快速的发展中，未来陆续会有更多的高级特性、更丰富的工具，以及更好的性能实现、更安全的编译与运行时。"工欲善其事，必先利其器"，相信《Go 专家编程》能够帮助读者更加深入地掌握 Go 语言的各类高级特性，并在实际开发工作中避开各类陷阱，开发出高质量的代码，实现业务可信、安全。

张宇昕

华为云 CTO

前言

Go 语言是由 Google 公司开源的一门编程语言,虽然正式历史只有短短 10 年不到(2012 年发布 1.0 版本),但在多个领域尤其是云计算领域得到了快速及广泛的应用。相对于 C 这种底层系统语言,Go 语言增加了自动垃圾回收、协程、接口等现代语言中常见的高级特性,而相对于 Java、Python 等应用开发语言,Go 语言移除或弱化了泛型、类、元编程、Lambda 表达式等高级特性。Go 语言因此兼备了系统级语言所需要的"轻快灵",以及应用级语言所需要的"低门槛、高生产力"。Go 语言非常适合用于云服务开发、应用服务端开发,以及在通用 Linux 上的部分嵌入式系统开发。

Go 语言的快速发展也离不开开源社区的支持。Go 语言自开源起就引发了大量开发者的关注,并且基于 Go 语言诞生了大批知名的开源项目,其中最引人瞩目的无疑是 Kubernetes、Docker,以及托管在 CNCF(云原生计算基金会)旗下的大批云原生开源项目。Go 语言也因此被称为"云基础设施语言",Google 公司的 Go 产品负责人更是称 Go 语言为"云的语言"。

在笔者所在的华为公司,Go 语言被作为公司级的五种指定编程语言之一(其他四种为 C、C++、Java、Python),并且在华为云云原生产品研发部门作为首选编程语言。华为云目前有多达 30 款以上的云服务产品以 Go 语言为主力编程语言,并且基于 Go 语言制定了公司级的编程规范,以及生产级高可靠、高安全、高性能的可信编程要求。本书内容也源自笔者团队在 Kubernetes、Docker 等云原生开源社区,以及华为云多款云原生服务产品中的实际生产级经验总结。

本书写作目的

本书作为华为云原生技术丛书的一员，面向 Go 语言程序员及感兴趣的技术人员，普及与推广 Go 语言。

很多公司推崇"一次性把事情做对"的文化，对于编程而言，一次性写出高质量的代码就是对该文化最好的诠释。写出高质量的代码，对程序员有两点基本要求：

◎ 精通编程语言的内部实现机制；
◎ 丰富的实践经验，不断总结。

Go 语言是一门非常容易上手的语言，即便是新手，通过官方文档都可以很快地熟悉其语法并运用到项目中。面对项目需求，我们不仅需要将其快速地实现出来，而且还要保证它总是能按照我们的预期运行，这就需要对编程语言有比较深入的认识。考虑到写出没有缺陷的程序是我们始终追求但永远无法实现的奢望，我们所能做的只是尽可能地减少缺陷及从缺陷中不断学习。

本书希望把笔者对 Go 语言的理解，以及来自云原生开源社区和公司内部的经验与广大的 Go 语言从业者分享，希望能帮助读者提升自身对 Go 语言的认识、写出高质量的代码。

本书特点

这是一本定位于 Go 语言进阶的书籍，主要讲解 Go 语言特性的实现机制，但为了照顾新手程序员，也为了循序渐进、由浅入深地展开介绍，在介绍特性前也会从基础用法讲起，所以不管是初级程序员，还是有一定编程经验的程序员，都可以是本书的读者。

了解 Go 语言特性最直接的做法是阅读其实现源码，但 Go 语言源码晦涩难懂，容易让人望而生畏。所以，如何从浩如烟海的源码中提炼出实现原理并以读者容易理解的方式描述出来就是本书的重点。

在讲解 Go 语言实现原理时，本书尽可能地使用源码中的数据结构，并配以适量的图文来帮助理解。除了对 Go 语言特性的介绍，本书还包括一些精心设计的测试题目，用于帮助读者检验自己的能力水平。此外，本书还收录了一些发生在真实项目中的陷阱案例，这些案例大都源自商业项目或开源项目，值得参考。

本书结构

本书内容涵盖常见的数据结构、控制结构、基础概念、标准库、工程工具及案例分享。

第 1 章和第 2 章主要介绍常见的数据结构，如管道、切片、map 等，以及常见的控制结构，如 select 和 range。建议读者在阅读这两章时先认真做一做每个章节的"热身题目"，以便于检测自己对相关知识点的掌握程度。

第 3 章和第 4 章主要介绍 Go 语言关键的概念，即协程和垃圾回收。协程机制涉及操作系统的设计，而垃圾回收涉及内存管理，都是比较复杂的知识，这两章主要介绍一些基础的概念，可作为读者进一步深入研究的引子。

第 5 章至第 10 章主要介绍常用 Go 语言标准库的实现原理，比如互斥锁、读写锁、context、reflect、testing、timer 等。这些章节没有先后顺序之分，读者可以根据自身需求选择阅读。

第 11 章和第 12 章包含了 Go 语言工具链的内容，包括如何管理多个 Go 版本及 Go Module。Go Module 是 Go 官方提供的依赖包管理工具，其他第三方依赖包管理工具逐渐被 Go Module 所替代，这部分内容不仅包含如何使用 Go Module，还对 Go Module 的实现机制做了探讨。

第 13 章记录了来自开源社区和实际生产级项目的部分"踩坑"案例，出于信息安全、方便叙述的考虑，笔者对这些案例做了一定程度的精简，实际项目中这些问题会非常隐蔽。虽然这些知识点在前面的章节中均有介绍，但本章还是值得阅读，因为写出高质量代码不仅需要对语言本身有深刻的理解，也需要不断吸取前人的经验。

本书援引的 Go 语言源码，如无特别注明，则主要源自 Go 1.11，同时本书也覆盖了 Go 1.12 至 1.14 版本新增的主要特性。

表达约定

本书的讨论内容可能在不同的上下文语境下对相同的事物出现不同的表述方式，比如：

- ◎ 管道：有时会使用更贴近源码实现的 `channel` 甚至 `chan` 名称。
- ◎ 切片：有时会使用更贴近源码实现的 `slice` 名称。
- ◎ 上下文：有时会使用 `Context` 表示上下文接口或用于章节标题中，有时也直接使用 `context`。
- ◎ 复制：往往会使用拷贝或克隆等业内相对通用的词语表示。

源代码与官方参考

本书示例代码位于 https://github.com/cloudnativebooks/cloud-native-go，读者可以从此获取示例源码及运行源码的相关说明。

本书涉及的参考书目、博客文章等内容可以从 www.broadview.com.cn/36557 中的下载资源处获取。

勘误和支持

若您在阅读本书的过程中有任何问题或者建议，可以通过本书源码仓库提交 Issue 或者 PR，也可以关注容器魔方微信公众号并加入微信群与作者交流。我们十分感谢并重视您的反馈，会对您提出的问题、建议进行梳理与反馈，并在本书后续版本中及时做出勘误与更新。

致谢

在本书的写作及成书过程中，本书作者团队得到了公司内外许多领导、同事、朋友及家人的鼓励和帮助。

感谢华为云郑叶来、张宇昕、高江海、李帮清、方璞等业务主管对华为云原生技术丛书及本书写作的大力支持。

感谢华为云可信软件能力团队的李新峰、彭瑞林、黄凌云，以及华为云容器团队王泽锋、毛杰、张琦、黄毽等对本书的审阅和建议。

感谢电子工业出版社博文视点陈晓猛编辑，陈编辑一丝不苟地制定出版计划及组织工作，本书才得以顺利出版。

感谢每一位 Go 语言布道者，他们的各种分享、博客文章及书籍都在积极推动着 Go 语言的发展，也为本书编写提供了灵感和参考；

任洪彩

华为云原生开源团队核心成员

刘赫伟　博士

华为云原生技术丛书　总编

华为云容器服务域　技术总监

目录

第 1 章 常见数据结构的实现原理 1
    1.1 管道 1
        1.1.1 热身测验 1
        1.1.2 特性速览 3
        1.1.3 实现原理 6
    1.2 slice 13
        1.2.1 热身测验 13
        1.2.2 特性速览 16
        1.2.3 实现原理 18
        1.2.4 切片表达式 21
    1.3 map 25
        1.3.1 热身测验 25
        1.3.2 特性速览 26
        1.3.3 实现原理 29
    1.4 struct 36
        1.4.1 热身测验 37
        1.4.2 内嵌字段 39
        1.4.3 方法受体 40
        1.4.4 字段标签 41
    1.5 iota 44
        1.5.1 热身测验 44

		1.5.2 特性速览 45
		1.5.3 实现原理 46
	1.6	string 48
		1.6.1 热身测验 48
		1.6.2 特性速览 49
		1.6.3 实现原理 53

第 2 章 控制结构 60

	2.1	select 60
		2.1.1 热身测验 60
		2.1.2 特性速览 64
		2.1.3 实现原理 68
	2.2	for-range 73
		2.2.1 热身测验 74
		2.2.2 特性速览 77
		2.2.3 实现原理 81

第 3 章 协程 85

	3.1	协程的概念 85
	3.2	调度模型 88
	3.3	调度策略 90

第 4 章 内存管理 94

	4.1	内存分配 94
	4.2	垃圾回收 103
	4.3	逃逸分析 109

第 5 章 并发控制 114

	5.1	channel 114
	5.2	WaitGroup 116
	5.3	context 120
	5.4	Mutex 133
	5.5	RWMutex 140

		5.5.1 读写锁的数据结构	140
		5.5.2 场景分析	144

第 6 章 反射 ... 146

- 6.1 热身测验 ... 146
- 6.2 接口 ... 147
- 6.3 反射定律 ... 149

第 7 章 测试 ... 153

- 7.1 快速开始 ... 153
  - 7.1.1 单元测试 ... 154
  - 7.1.2 基准测试 ... 156
  - 7.1.3 示例测试 ... 159
- 7.2 进阶测试 ... 162
  - 7.2.1 子测试 ... 162
  - 7.2.2 Main 测试 ... 167
- 7.3 实现原理 ... 168
  - 7.3.1 testing.common ... 168
  - 7.3.2 testing.TB 接口 ... 176
  - 7.3.3 单元测试的实现原理 ... 178
  - 7.3.4 性能测试的实现原理 ... 184
  - 7.3.5 示例测试的实现原理 ... 191
  - 7.3.6 Main 测试的实现原理 ... 195
  - 7.3.7 go test 的工作机制 ... 196
- 7.4 扩展阅读 ... 199
  - 7.4.1 测试参数 ... 199
  - 7.4.2 benchstat ... 205

第 8 章 异常处理 ... 208

- 8.1 error ... 208
  - 8.1.1 热身测验 ... 209
  - 8.1.2 基础 error ... 211
  - 8.1.3 链式 error ... 216

8.1.4　工程迁移 224
　8.2　defer 226
　　　8.2.1　热身测验 226
　　　8.2.2　约法三章 230
　　　8.2.3　实现原理 234
　　　8.2.4　性能优化 236
　8.3　panic 240
　　　8.3.1　热身测验 241
　　　8.3.2　工作机制 244
　　　8.3.3　源码剖析 246
　8.4　recover 251
　　　8.4.1　热身测验 252
　　　8.4.2　工作机制 254
　　　8.4.3　源码剖析 257

第 9 章　定时器 261

　9.1　一次性定时器（Timer）.. 261
　　　9.1.1　快速开始 261
　　　9.1.2　实现原理 265
　9.2　周期性定时器（Ticker）.. 270
　　　9.2.1　快速开始 270
　　　9.2.2　实现原理 273
　9.3　runtimeTimer 276
　　　9.3.1　实现原理 277
　　　9.3.2　性能优化 284
　9.4　案例分享 289

第 10 章　语法糖 293

　10.1　简短变量声明符 293
　　　10.1.1　热身测验 294
　　　10.1.2　规则 295
　10.2　可变参函数 297

第 11 章 版本管理 300

11.1 安装 Go 300
11.2 删除 Go 302
11.3 升级 Go 303
11.4 Go 版本管理器 303
11.4.1 快速开始 304
11.4.2 工作机制 306
11.4.3 小结 308
11.5 源码编译 310
11.5.1 源码下载 310
11.5.2 源码编译过程 311

第 12 章 Go 语言依赖管理 313

12.1 GOPATH 313
12.1.1 GOROOT 是什么 314
12.1.2 GOPATH 是什么 314
12.1.3 依赖查找 315
12.1.4 GOPATH 的缺点 315
12.2 vendor 316
12.2.1 vendor 目录位置 316
12.2.2 搜索顺序 317
12.2.3 vendor 的不足 318
12.3 Go Module 318
12.3.1 Go Module 基础 319
12.3.2 快速实践 321
12.3.3 replace 指令 325
12.3.4 exclude 指令 330
12.3.5 indirect 指令 332
12.3.6 版本选择机制 336
12.3.7 incompatible 339
12.3.8 伪版本 341
12.3.9 依赖包存储 343

  12.3.10 go.sum 345

  12.3.11 模块代理 348

  12.3.12 GOSUMDB 的工作机制 354

  12.3.13 GOSUMDB 的实现原理 358

  12.3.14 第三方代理 368

  12.3.15 私有模块 371

  12.3.16 Go Module 的演进 372

第 13 章 编程陷阱ˇ... 375

 13.1 切片扩容 375

 13.2 空切片 376

 13.3 append 的本质 378

 13.4 循环变量引用 380

 13.5 协程引用循环变量 382

 13.6 recover 失效 385

第 1 章

常见数据结构的实现原理

本章主要介绍 Go 语言常见的数据结构,比如 channel、slice、map 等,通过对其底层实现原理的分析来加深认识,以避免一些使用过程中的误区。

1.1 管道

管道是 Go 在语言层面提供的协程间的通信方式,比 UNIX 的管道更易用也更轻便。本节基于源码来分析管道的实现机制。

1.1.1 热身测验

1. 热身题目

1) 题目一

下面关于管道的描述正确的是(单选)?

A: 读 nil 管道会触发 panic
B: 写 nil 管道会触发 panic
C: 读关闭的管道会触发 panic
D: 写关闭的管道会触发 panic

2) 题目二

下面的函数输出什么?

```
func ChanCap() {
    ch := make(chan int, 10)
```

```
    ch <- 1
    ch <- 2
    fmt.Println(len(ch))
    fmt.Println(cap(ch))
}
```

3）题目三

以下选项可以实现互斥锁的是（单选）？

A:

```
var counter int = 0
var ch = make(chan int, 1)

func Worker() {
    ch <- 1
    counter++
    <-ch
}
```

B:

```
var counter int = 0
var ch = make(chan int)

func Worker() {
    <-ch
    counter++
    ch <- 1
}
```

C:

```
var counter int = 0
var ch = make(chan int, 1)

func Worker() {
    <-ch
    counter++
    ch <- 1
}
```

D:

```
var counter int = 0
var ch = make(chan int)

func Worker() {
    ch <- 1
    counter++
    <-ch
}
```

2. 参考答案

1) 题目一

读写 nil 管道均会阻塞。关闭的管道仍然可以读取数据，向关闭的管道写数据会触发 panic。本题选 D。

2) 题目二

内置函数 len() 和 cap() 分别用于查询管道缓存中数据的个数及缓存的大小。函数输出：

2
10

3) 题目三

只有一个缓冲区的管道，写入数据类似于加锁，读出数据类似于释放锁。本题选 A。

1.1.2 特性速览

1. 初始化

声明和初始化管道的方式主要有以下两种：

◎ 变量声明；
◎ 使用内置函数 make()。

1) 变量声明

```
var ch chan int  // 声明管道
```

这种方式声明的管道，值为 nil。每个管道只能存储一种类型的数据。

2）使用内置函数 make()

使用内置函数 make() 可以创建无缓冲管道和带缓冲管道。

```
ch1 := make(chan string)     // 无缓冲管道
ch2 := make(chan string, 5)  // 带缓冲管道
```

2. 管道操作

1）操作符

操作符 "<-" 表示数据流向，管道在左表示向管道写入数据，管道在右表示从管道读出数据，如下所示。

```
ch := make(chan int, 10)
ch <- 1    // 数据流入管道
d := <-ch  // 数据流出管道
fmt.Println(d)
```

默认的管道为双向可读写，管道在函数间传递时可以使用操作符限制管道的读写，如下所示。

```
func ChanParamRW(ch chan int) {
    // 管道可读写
}

func ChanParamR(ch <-chan int) {
    // 只能从管道读取数据
}

func ChanParamW(ch chan<- int) {
    // 只能向管道写入数据
}
```

2）数据读写

管道没有缓冲区时，从管道读取数据会阻塞，直到有协程向管道中写入数据。类似地，向管道写入数据也会阻塞，直到有协程从管道读取数据。

管道有缓冲区但缓冲区没有数据时，从管道读取数据也会阻塞，直到有协程写入数据。类似地，向管道写入数据时，如果缓冲区已满，那么也会阻塞，直到有协程从缓冲区中读出数据。

对于值为 nil 的管道，无论读写都会阻塞，而且是永久阻塞。

使用内置函数 `close()` 可以关闭管道，尝试向关闭的管道写入数据会触发 panic，但关闭的管道仍可读。

管道读取表达式最多可以给两个变量赋值：

```
v1 := <-ch
x, ok := <-ch
```

第一个变量表示读出的数据，第二个变量（bool 类型）表示是否成功读取了数据，需要注意的是，第二个变量不用于指示管道的关闭状态。

第二个变量常常会被错误地理解成管道的关闭状态，那是因为它的值确实跟管道的关闭状态有关，更确切地说跟管道缓冲区中是否有数据有关。

一个已关闭的管道有两种情况：

◎ 管道缓冲区已没有数据；
◎ 管道缓冲区还有数据。

对于第一种情况，管道已关闭且缓冲区中没有数据，那么管道读取表达式返回的第一个变量为相应类型的零值，第二个变量为 false。

对于第二种情况，管道已关闭但缓冲区中仍有数据，那么管道读取表达式返回的第一个变量为读取到的数据，第二个变量为 true。可以看到，只有管道已关闭且缓冲区中没有数据时，管道读取表达式返回的第二个变量才跟管道关闭状态一致。

3. 小结

内置函数 `len()` 和 `cap()` 作用于管道，分别用于查询缓冲区中数据的个数及缓冲区的大小。

管道实现了一种 FIFO（先入先出）的队列，数据总是按照写入的顺序流出管道。

协程读取管道时，阻塞的条件有：

◎ 管道无缓冲区；
◎ 管道的缓冲区中无数据；
◎ 管道的值为 nil。

协程写入管道时，阻塞的条件有：

◎ 管道无缓冲区；

◎ 管道的缓冲区已满；

◎ 管道的值为 nil。

1.1.3 实现原理

1. 数据结构

源码包中 `src/runtime/chan.go:hchan` 定义了管道的数据结构：

```
type hchan struct {
    qcount   uint           // 当前队列中剩余的元素个数
    dataqsiz uint           // 环形队列长度，即可以存放的元素个数
    buf      unsafe.Pointer // 环形队列指针
    elemsize uint16         // 每个元素的大小
    closed   uint32         // 标识关闭状态
    elemtype *_type         // 元素类型
    sendx    uint           // 队列下标，指示元素写入时存放到队列中的位置
    recvx    uint           // 队列下标，指示下一个被读取的元素在队列中的位置
    recvq    waitq          // 等待读消息的协程队列
    sendq    waitq          // 等待写消息的协程队列
    lock mutex              // 互斥锁，chan 不允许并发读写
}
```

从数据结构可以看出管道由队列、类型信息、协程等待队列组成。

1）环形队列

chan 内部实现了一个环形队列作为其缓冲区，队列的长度是在创建 chan 时指定的。

下图展示了一个可缓存 6 个元素的管道。

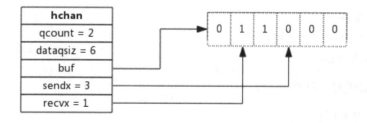

◎ dataqsiz 指示了队列长度为 6，即可缓存 6 个元素；
◎ buf 指向队列的内存；
◎ qcount 表示队列中还有两个元素；
◎ sendx 指示后续写入的数据存储的位置，取值为[0, 6)；
◎ recvx 指示从该位置读取数据，取值为[0, 6)。

使用数组实现队列是比较常见的操作，sendx 和 recvx 分别表示队尾和队首，sendx 指示数据写入的位置，recvx 指示数据读取的位置。

2）等待队列

从管道读取数据时，如果管道缓冲区为空或没有缓冲区，则当前协程会被阻塞，并被加入 recvq 队列。向管道写入数据时，如果管道缓冲区已满或没有缓冲区，则当前协程会被阻塞，并被加入 sendq 队列。

下图展示了一个没有缓冲区的管道，有几个协程阻塞等待读数据。

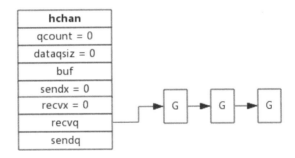

处于等待队列中的协程会在其他协程操作管道时被唤醒：

◎ 因读阻塞的协程会被向管道写入数据的协程唤醒；
◎ 因写阻塞的协程会被从管道读取数据的协程唤醒。

注意，一般情况下 recvq 和 sendq 至少有一个为空。只有一个例外，那就是同一个协程使用 select 语句向管道一边写入数据，一边读取数据，此时协程会分别位于两个等待队列中。

3）类型信息

一个管道只能传递一种类型的值，类型信息存储在 hchan 数据结构中。

- elemtype 代表类型，用于在数据传递过程中赋值；
- elemsize 代表类型大小，用于在 buf 中定位元素的位置。

如果需要管道传递任意类型的数据，则可以使用 `interface{}` 类型。

4）互斥锁

一个管道同时仅允许被一个协程读写，为简单起见，本节后续部分介绍读写过程时不再涉及加锁和解锁。

2. 管道操作

1）创建管道

创建管道的过程实际上是初始化 hchan 结构，其中类型信息和缓冲区长度由内置函数 `make()` 指定，buf 的大小则由元素大小和缓冲区长度共同决定。

创建管道的伪代码如下所示。

```
func makechan(t *chantype, size int) *hchan {
    var c *hchan
    c = new(hchan)
    c.buf = malloc(元素类型大小*size)
    c.elemsize = 元素类型大小
    c.elemtype = 元素类型
    c.dataqsiz = size

    return c
}
```

2）向管道写数据

向一个管道中写入数据的简单过程如下：

- 如果缓冲区中有空余位置，则将数据写入缓冲区，结束发送过程。
- 如果缓冲区中没有空余位置，则将当前协程加入 sendq 队列，进入睡眠并等待被读协程唤醒。

在实现时有一个小技巧，当接收队列 recvq 不为空时，说明缓冲区中没有数据但有协程在等待数据，此时会把数据直接传递给 recvq 队列中的第一个协程，而不必再写入缓冲区。

简单流程如下图所示。

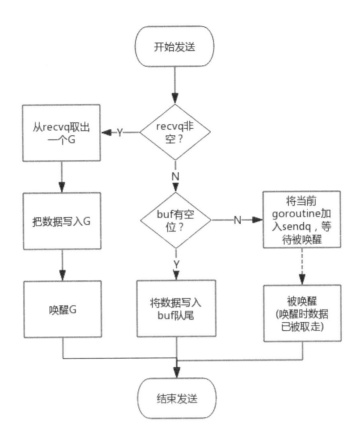

3）从管道读数据

从一个管道读取数据的简单过程如下：

◎ 如果缓冲区中有数据，则从缓冲区中取出数据，结束读取过程；
◎ 如果缓冲区中没有数据，则将当前协程加入 recvq 队列，进入睡眠并等待被写协程唤醒。

类似地，如果等待发送队列 sendq 不为空，且没有缓冲区，那么此时将直接从 sendq 队列的第一个协程中获取数据。

简单流程如下图所示。

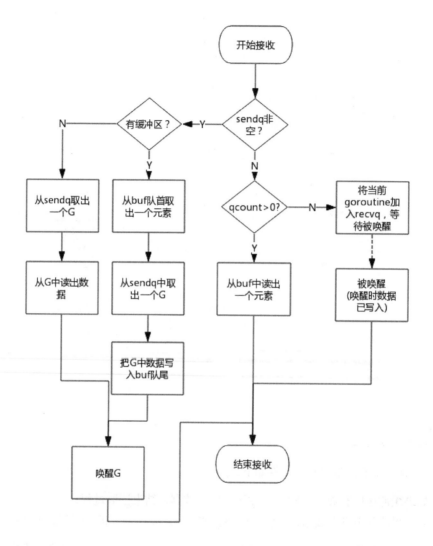

4）关闭管道

关闭管道时会把 recvq 中的协程全部唤醒，这些协程获取的数据都为对应类型的零值。同时会把 sendq 队列中的协程全部唤醒，但这些协程会触发 panic。

除此之外，其他会触发 panic 的操作还有：

◎ 关闭值为 nil 的管道；
◎ 关闭已经被关闭的管道；

◎ 向已经关闭的管道写入数据。

3. 常见用法

1）单向管道

顾名思义，单向管道指只能用于发送或接收数据，由管道的数据结构我们知道，实际上并没有单向管道。

所谓单向管道只是对管道的一种使用限制，这跟 C 语言使用 const 修饰函数参数为只读是一个道理。

◎ func readChan(chanName <-chan int)：通过形参限定函数内部只能从管道中读取数据；
◎ func writeChan(chanName chan<- int)：通过形参限定函数内部只能向管道中写入数据。

一个简单的示例程序如下：

```go
func readChan(chanName <-chan int) {
    <- chanName
}

func writeChan(chanName chan<- int) {
    chanName <- 1
}

func main() {
    var mychan = make(chan int, 10)

    writeChan(mychan)
    readChan(mychan)
}
```

mychan 是一个正常的管道，而 readChan() 参数限制了传入的管道只能用来读，writeChan() 参数限制了传入的管道只能用来写。

2）select

使用 select 可以监控多个管道，当其中某一个管道可操作时就触发相应的 case 分支。

一个简单的示例程序如下：

```go
package main
```

```go
import (
    "fmt"
    "time"
)

func addNumberToChan(chanName chan int) {
    for {
        chanName <- 1
        time.Sleep(1 * time.Second)
    }
}

func main() {
    var chan1 = make(chan int, 10)
    var chan2 = make(chan int, 10)

    go addNumberToChan(chan1)
    go addNumberToChan(chan2)

    for {
        select {
        case e := <- chan1 :
            fmt.Printf("Get element from chan1: %d\n", e)
        case e := <- chan2 :
            fmt.Printf("Get element from chan2: %d\n", e)
        default:
            fmt.Printf("No element in chan1 and chan2.\n")
            time.Sleep(1 * time.Second)
        }
    }
}
```

程序中创建了两个管道：chan1 和 chan2。addNumberToChan()函数会向两个管道中周期性地写入数据。通过 select 可以监控两个管道，任意一个可读时就从中读出数据。

程序输出如下：

```
D:\SourceCode\GoExpert\src>go run main.go
Get element from chan1: 1
Get element from chan2: 1
No element in chan1 and chan2.
Get element from chan2: 1
```

```
Get element from chan1: 1
No element in chan1 and chan2.
Get element from chan2: 1
Get element from chan1: 1
No element in chan1 and chan2.
```

由输出可见，从管道中读出数据的顺序是随机的，事实上 select 语句的多个 case 语句的执行顺序是随机的，关于 select 的实现原理会有专门章节分析。

通过这个例子可以看出，select 的 case 语句读管道时不会阻塞，尽管管道中没有数据。这是由于 case 语句编译后调用读管道时会明确传入不阻塞的参数，读不到数据时不会将当前协程加入等待队列，而是直接返回。

3）for-range

通过 for-range 可以持续地从管道中读出数据，好像在遍历一个数组一样，当管道中没有数据时会阻塞当前协程，与读管道时的阻塞处理机制一样。即便管道被关闭，for-range 也可以优雅地结束，如下所示。

```
func chanRange(chanName chan int) {
    for e := range chanName {
        fmt.Printf("Get element from chan: %d\n", e)
    }
}
```

1.2 slice

slice 又称动态数组，依托数组实现，可以方便地进行扩容和传递，实际使用时比数组更灵活。正因为灵活，实际使用时容易出错，避免出错的方法之一便是了解其实现原理。

1.2.1 热身测验

1. 热身题目

1）题目一

下面的函数输出什么？

```go
func SliceCap() {
    var array [10]int
    var slice = array[5:6]

    fmt.Printf("len(slice) = %d\n", len(slice))
    fmt.Printf("cap(slice) = %d\n", cap(slice))
}
```

2）题目二

下面的函数输出什么（单选）？

```go
func SliceRise(s []int) {
    s = append(s, 0)
    for i := range s {
        s[i]++
    }
}

func SlicePrint() {
    s1 := []int{1, 2}
    s2 := s1
    s2 = append(s2, 3)
    SliceRise(s1)
    SliceRise(s2)
    fmt.Println(s1, s2)
}
```

A：[2, 3][2, 3, 4]

B：[1, 2][1, 2, 3]

C：[1, 2][2, 3, 4]

D：[2, 3, 1][2, 3, 4, 1]

3）题目三

对下面函数的描述，正确的是（单选）？

```go
func SliceExtend() {
    s := make([]int, 0, 10)
    s1 := append(s, 1, 2, 3)
    s2 := append(s1, 4)
```

```
    fmt.Println(&s1[0] == &s2[0])
}
```

A：append 函数在操作切片 s 和 s1 时发生了扩容

B：编译错误，不可以对切片元素取址

C：函数输出 true

D：函数输出 false

4）题目四

下面的函数输出什么？

```
func SliceExpress() {
    orderLen := 5
    order := make([]uint16, 2*orderLen)

    pollorder := order[:orderLen:orderLen]
    lockorder := order[orderLen:][:orderLen:orderLen]

    fmt.Println("len(pollorder) = ", len(pollorder))
    fmt.Println("cap(pollorder) = ", cap(pollorder))
    fmt.Println("len(lockorder) = ", len(lockorder))
    fmt.Println("cap(lockorder) = ", cap(lockorder))
}
```

2. 参考答案

1）题目一

本题考察 slice 的基本内存布局。

函数输出：

```
len(slice) = 1
cap(slice) = 5
```

2）题目二

本题考察内置函数 append() 操作切片时的细节。

函数输出：

```
[1 2] [2 3 4]
```

3) 题目三

本题考察切片扩容的细节。

函数输出：

```
true
```

4) 题目四

本题考察切片的扩展表达式用法。题目源自 Go 源码中 select 语句的实现。`pollorder` 和 `lockorder` 分别将源切片 `order` 一分为二，二者分享 `order` 的底层数组却又不会越界。函数输出：

```
len(pollorder) = 5
cap(pollorder) = 5
len(lockorder) = 5
cap(lockorder) = 5
```

1.2.2 特性速览

1. 初始化

声明和初始化切片的方式主要有以下几种：

- ◎ 变量声明；
- ◎ 字面量；
- ◎ 使用内置函数 `make()`；
- ◎ 从切片和数组中切取。

1）变量声明

```
var s []int
```

这种方式声明的切片变量与声明其他类型变量一样，变量值都为零值，对于切片来讲零值为 nil。

2）字面量

```
s1 := []int{}           // 空切片
s2 := []int{1, 2, 3}    // 长度为 3 的切片
```

也可以使用字面量初始化切片，需要了解的是空切片是指长度为空，其值并不是 nil。

声明长度为 0 的切片时，推荐使用变量声明的方式获得一个 nil 切片，而不是空切片，因为 nil 切片不需要内存分配。

3）内置函数 make()

```
s1 := make([]int, 12)       // 指定长度
s2 := make([]int, 10, 100)  // 指定长度和空间
```

内置函数 `make()` 可以创建切片，切片元素均初始化为相应类型的零值。

推荐指定长度的同时指定预估空间，可有效地减少切片扩容时内存分配及拷贝次数。

4）切取

```
array := [5]int{1, 2, 3, 4, 5}
s1 := array[0:2]   // 从数组中切取
s2 := s1[0:1]      // 从切片中切取
fmt.Println(s1)    // [1 2]
fmt.Println(s2)    // [1]
```

切片可以基于数组和切片创建，需要了解的是切片与原数组或切片共享底层空间，修改切片会影响原数组或切片。

切片表达式 `[low:high]` 表示的是左闭右开 `[low, high)` 区间，切取的长度为 `high - low`。

另外，适用于任意类型的内置函数 `new()` 也可以创建切片：

```
s := *new([]int)
```

此时创建的切片值为 nil。

2. 切片操作

内置函数 `append()` 用于向切片中追加元素：

```
s := make([]int, 0)
s = append(s, 1)              // 添加 1 个元素
s = append(s, 2, 3, 4)        // 添加多个元素
s = append(s, []int{5, 6}...) // 添加 1 个切片
fmt.Println(s)                // [1 2 3 4 5 6]
```

当切片空间不足时，`append()` 会先创建新的大容量切片，添加元素后再返回新切片。

内置函数 `len()` 和 `cap()` 分别用于查询切片的长度及容量,由于切片的本质为结构体,结构体中直接存储了切片的长度和容量,所以这两个操作的时间复杂度均为 $O(1)$。

其他的操作,比如按下标访问切片元素及遍历与数组操作类似,这里不再赘述。

1.2.3 实现原理

slice 依托数组实现,底层数组对用户屏蔽,在底层数组容量不足时可以实现自动重分配并生成新的 slice。接下来按照实际使用场景分别介绍其实现机制。

1. 数据结构

源码包中 `src/runtime/slice.go:slice` 定义了 slice 的数据结构:

```
type slice struct {
    array unsafe.Pointer
    len   int
    cap   int
}
```

从数据结构上看 slice 很清晰,array 指针指向底层数组,len 表示切片长度,cap 表示底层数组容量。

2. 切片操作

1)使用 make() 创建 slice

使用 make() 创建 slice 时,可以同时指定长度和容量,创建时底层会分配一个数组,数组的长度即为容量。

例如,`slice := make([]int, 5, 10)` 语句所创建的 slice 的结构如下图所示。

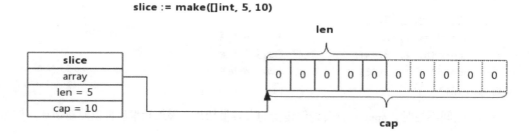

该 slice 的长度为 5，即可以使用下标 slice[0] ~ slice[4]来操作里面的元素，capacity 为 10，表示后续向 slice 添加新的元素时可以不必重新分配内存，直接使用预留内存即可，直到预留内存不足时再扩容。

2）使用数组创建 slice

使用数组创建 slice 时，slice 将与原数组共用一部分内存。

例如，`slice := array[5:7]`语句所创建的 slice 的结构如下图所示。

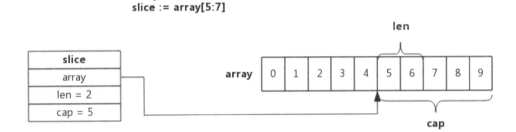

切片从数组 array[5]开始，到数组 array[7]结束（不含 array[7]），即切片的长度为 2，数组后面的内容都作为切片的预留内存，即 capacity 为 5。

数组和数组的切片共享底层存储空间，这是使用过程中需要额外注意的地方。

3）slice 扩容

使用 append 向 slice 追加元素时，如果 slice 空间不足，则会触发 slice 扩容，扩容实际上是重新分配一块更大的内存，将原 slice 的数据拷贝进新 slice，然后返回新 slice，扩容后再将数据追加进去。

例如，当向一个 capacity 为 5 且 length 也为 5 的 slice 再次追加 1 个元素时，就会发生扩容，如下图所示。

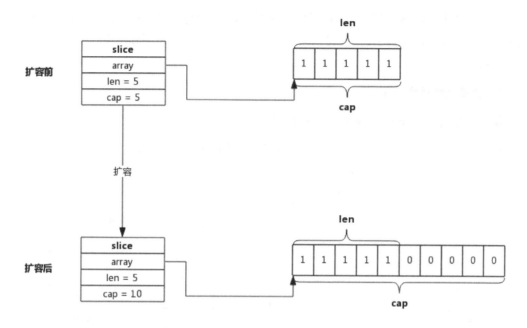

扩容操作只关心容量，会把原 slice 的数据拷贝到新 slice 中，追加数据由 append 在扩容结束后完成。由上图可见，扩容后新 slice 的长度仍然是 5，但容量由 5 提升到了 10，原 slice 的数据也都拷贝到了新 slice 指向的数组中。

扩容容量的选择遵循以下基本规则：

◎ 如果原 slice 的容量小于 1024，则新 slice 的容量将扩大为原来的 2 倍；
◎ 如果原 slice 的容量大于或等于 1024，则新 slice 的容量将扩大为原来的 1.25 倍。

在该规则的基础上，还会考虑元素类型与内存分配规则，对实际扩张值做一些微调。从这个基本规则中可以看出 Go 对 slice 的性能和空间使用率的思考。

◎ 当切片较小时，采用较大的扩容倍速，可以避免频繁地扩容，从而减少内存分配的次数和数据拷贝的代价；
◎ 当切片较大时，采用较小的扩容倍速，主要是为了避免浪费空间。

使用 append() 向 slice 添加一个元素的实现步骤如下：

◎ 假如 slice 的容量够用，则将新元素追加进去，slice.len++，返回原 slice；
◎ 原 slice 的容量不够，则将 slice 先扩容，扩容后得到新 slice；
◎ 将新元素追加进新 slice，slice.len++，返回新的 slice。

4)slice 拷贝

使用 copy() 内置函数拷贝两个切片时,会将源切片的数据逐个拷贝到目的切片指向的数组中,拷贝数量取两个切片长度的最小值。

例如长度为 10 的切片拷贝到长度为 5 的切片中时,将拷贝 5 个元素。

也就是说,拷贝过程中不会发生扩容。

3. 小结

- 每个切片都指向一个底层数组;
- 每个切片都保存了当前切片的长度、底层数组的可用容量;
- 使用 len() 计算切片长度的时间复杂度为 $O(1)$,不需要遍历切片;
- 使用 cap() 计算切片容量的时间复杂度为 $O(1)$,不需要遍历切片;
- 通过函数传递切片时,不会拷贝整个切片,因为切片本身只是一个结构体而已;
- 使用 append() 向切片追加元素时有可能触发扩容,扩容后会生成新的切片。

此处有几个值得注意的编程小建议:

- 创建切片时可根据实际需要预分配容量,尽量避免在追加过程中的扩容操作,有利于提升性能;
- 切片拷贝时需要判断实际拷贝的元素个数;
- 谨慎使用多个切片操作同一个数组,以防读写冲突。

1.2.4 切片表达式

slice 表达式可以基于一个字符串(string)生成子字符串,也可以从一个数组或切片中生成切片。Go 语言提供了两种 slice 表达式:

- 简单表达式 a[low : high];
- 扩展表达式 a[low : high : max]。

1. 简单表达式

简单表达式日常使用的频率比较高,其格式为:

```
a[low : high]
```

如果 a 为数组或切片，则该表达式将切取 a 位于[low, high)区间的元素并生成一个新的切片。如果 a 为字符串，稍微有一点特殊的是该表达式会生成一个字符串，而不是切片。为了叙述方便，下面均以数组和切片为例进行说明，对于 a 为字符串的情况，我们后面单独进行说明。

简单表达式生成的切片的长度为 high - low。例如，我们使用简单表达式切取数组 a 并生成新的切片 b：

```
a := [5]int{1, 2, 3, 4, 5}
b := a[1:4]
```

此时得到的切片 b 的长度为 3，元素分别为：

```
b[0] == 2
b[1] == 3
b[2] == 4
```

1）底层数组共享

根据之前介绍的切片的数据结构，我们知道每个切片均包含三个元素：

```
type slice struct {
    array unsafe.Pointer // 切片底层数组的起始位置
    len   int            // 切片长度
    cap   int            // 切片容量
}
```

这里需要着重强调的是，使用简单表达式生成的切片将与原数组或切片共享底层数组。新切片的生成逻辑可以使用以下伪代码表示：

```
b.array = &a[low]
b.len = high - low
b.cap = cap(a) - low
```

对于一个长度为 10 的数组，使用简单表达式切取其两个元素生成的新切片的拓扑结构如下图所示。

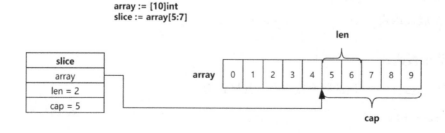

2）边界问题

如果简单表达式切取的对象为字符串或数组，那么在表达式 `a[low : high]` 中 `low` 和 `high` 的取值需要满足以下关系：

```
0 <= low <= high <= len(a)
```

如果表达式的边界不满足这个关系，则会发生越界并触发 panic，这是比较容易理解的。

如果简单表达式切取的对象为切片，那么在表达式 `a[low : high]` 中 `low` 和 `high` 的最大取值可为 a 的容量，而不是 a 的长度，即满足以下关系：

```
0 <= low <= high <= cap(a)
```

`low` 和 `high` 的取值可以超越 `len(a)`，这一点还是值得注意的，实际使用时要慎重，读者可以使用下面的代码验证它：

```
func SliceCap() {
    baseSlice := make([]int, 0, 10)
    newSlice := baseSlice[2:5]
    fmt.Printf("newSlice: %v", newSlice) // newSlice: [0 0 0]
}
```

3）切取 string

表达式 `a[low : high]` 作用于数组、切片时将产生新的切片，作用于字符串时则会产生新的字符串，而不是切片。

这是由 string 和 slice 的类型差异决定的，slice 可以支持随机读写，而 string 则不可以。关于 string 的实现原理将在另外的章节介绍，此处不再赘述。

读者可以使用以下代码验证它：

```
// simple slice expression(a[low, high]),切取字符串时，生成的仍然为字符串
func SliceString() {
    baseStr := "Hello World!"
    fmt.Printf("baseStr: %s\n", baseStr)          // baseStr: Hello World!
    fmt.Printf("baseStr type: %s\n", reflect.TypeOf(baseStr)) // baseStr type:
                                                              // string

    newStr := baseStr[0:5]
    fmt.Printf("newStr: %s\n", newStr)            // newStr: Hello
    fmt.Printf("newStr type: %v\n", reflect.TypeOf(newStr)) // newStr type:
                                                            // string
}
```

4）默认值

为了使用方便，简单表达式 a[low : high] 中的 low 和 high 都是可以省略的。

low 的默认值为 0，而 high 的默认值为表达式作用对象的长度。

```
a[:high] 等同于 a[0: high]
a[0:] 等同于 a[0: len(a)]
a[:] 等同于 a[0: len(a)]
```

2. 扩展表达式

简单表达式生成的新切片与原数组或切片共享底层数组避免了拷贝元素，节约内存空间的同时可能会带来一定的风险。

新切片 b（b := a[low, high]）不仅可以读写 a[low] 至 a[high-1] 之间的所有元素，而且在使用 append(b, x) 函数增加新的元素 x 时，还可能会覆盖 a[high] 及后面的元素。例如：

```
a := [5]int{1, 2, 3, 4, 5}
b := a[1:4]
b = append(b, 0)  // 此时元素 a[4] 将由 5 变为 0
```

使用新切片覆盖 a[high] 及后面的元素，有可能是非预期的，从而产生灾难性的后果。

Go 团队很早就关注到了这个风险，并且在 Go 1.2 中就提供了一种可以限制新切片容量的表达式，即扩展表达式：

```
a[low : high : max]
```

扩展表达式中的 max 用于限制新生成切片的容量，新切片的容量为 max - low，表达式中的 low、high 和 max 需要满足以下关系：

```
0 ≤ low ≤ high ≤ max ≤ cap(a)
```

对于一个长度为 10 的数组，使用扩展表达式切取其两个元素生成的新切片的拓扑结构如下图所示。

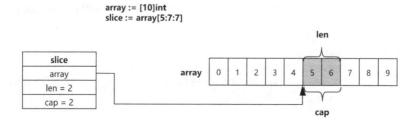

如果使用简单表达式，那么上图中切片的容量将为 5，而使用扩展表达式时切片的容量则被限制为 2。

扩展表达式常见于偏底层的代码中，比如 Go 源代码。扩展表达式生成的切片将被限制存储容量，笔者习惯上称其为被"封印"的切片。当使用 append()函数向被"封印"的切片追加新元素时，如果存储容量不足则会产生一个全新的切片，而不会覆盖原始的数组或切片。

扩展表达式中的 a[low : high : max]只有 low 是可以省略的，其默认值为 0。这一点与简单表达式略有不同。

如果缺失了 high 或 max 则会产生编译错误：

```
middle index required in 3-index slice // 缺失 high
final index required in 3-index slice // 缺失 max
```

3. 小结

- slice 表达式分为简单表达式 a[low, high]和扩展表达式 a[low : high : max]；
- 简单表达式作用于数组、切片时产生新的切片，作用于字符串时产生新的字符串；
- 扩展表达式只能作用于数组、切片，不能作用于字符串。

1.3 map

Go 语言的 map 底层使用 Hash 表实现，本节重点介绍 Hash 表的实现机制。

1.3.1 热身测验

1. 热身题目

1）题目一

下面的代码存在什么问题？

```go
var FruitColor map[string]string

func AddFruit(name, color string) {
    FruitColor[name] = color
}
```

2）题目二

下面的代码存在什么问题？

```go
var StudentScore map[string]int

func GetScore(name string) int {
    score := StudentScore[name]
    return score
}
```

2. 参考答案

1）题目一

未初始化的 map 变量默认值为 nil，向值为 nil 的 map 添加元素时会触发 panic。所以函数中应先判断 map 是否为 nil。

2）题目二

查询 map 应判断元素是否存在，如果元素不存在则会返回值类型的零值，题目中的值类型为 int，当键不存在时，将返回 int 的零值（0）。

1.3.2 特性速览

1. 操作方式

1）初始化

map 分别支持字面量初始化和内置函数 make() 初始化。

字面量初始化：

```go
func MapInitByLiteral() {
    m := map[string]int{
        "apple":  2,
        "banana": 3,
    }

    for k, v := range m {
        fmt.Printf("%s-%d\n", k, v)
    }
}
```

内置函数 make() 初始化：

```go
func MapInitByMake() {
    m := make(map[string]int, 10)
    m["apple"] = 2
    m["banana"] = 3

    for k, v := range m {
        fmt.Printf("%s-%d\n", k, v)
    }
}
```

使用 make() 函数初始化时可以同时指定 map 的容量（也可以不指定）。指定容量可以有效地减少内存分配的次数，有利于提升应用性能。

2）增删改查

map 的增删改查操作比较简单，如下所示。

```go
func MapCRUD() {
    m := make(map[string]string, 10)
    m["apple"] = "red"        // 添加
    m["apple"] = "green"      // 修改
    delete(m, "apple")        // 删除
    v, exist := m["apple"]    // 查询
    if exist {
        fmt.Printf("apple-%s\n", v)
    }
}
```

需要注意的是，在上面的修改操作中，如果键"apple"不存在，则 map 会创建一个新的键值对并存储，等同于添加新的元素。

删除元素使用内置函数 delete() 完成，delete() 没有返回值，在 map 为 nil 或指定的键不存在的情况下，delete() 也不会报错，相当于空操作。

在查询操作中，最多可以给两个变量赋值，第一个为值，第二个为 bool 类型的变量，用于指示是否存在指定的键，如果键不存在，那么第一个值为相应类型的零值。如果只指定一个变量，那么该变量仅表示该键对应的值，如果键不存在，那么该值同样为相应类型的零值。

内置函数 len() 可以查询 map 的长度，该长度反映 map 中存储的键值对数。

2. 危险操作

1）并发读写

map 操作不是原子的，这意味着多个协程同时操作 map 时有可能产生读写冲突，读写冲突会触发 panic 从而导致程序退出。

那么为什么 map 没有设计成支持并发读写呢？

这是因为 Go 团队在设计 map 时认为大多数场景下不需要并发读写，如果为了支持并发读写而引入互斥锁则会降低 map 的操作性能，得不偿失。Go 是在 map 的实现中增加了读写检测机制，一旦发现读写冲突立即触发 panic，以免隐藏问题。

2）空 map

未初始化的 map 的值为 nil，在向值为 nil 的 map 添加元素时会触发 panic，在使用时需要避免。

值为 nil 的 map，长度与空 map 一致，如下所示。

```
func EmptyMap() {
    var m1 map[string]int
    m2 := make(map[string]int)

    fmt.Printf("len(m1) = %d\n", len(m1)) // 0
    fmt.Printf("len(m2) = %d\n", len(m2)) // 0
}
```

尽管操作值为 nil 的 map 没有意义，但查询、删除操作不会报错。

3. 小结

初始化 map 时推荐使用内置函数 `make()` 并指定预估的容量。

修改键值对时，需要先查询指定键是否存在，否则 map 将创建新的键值对。

查询键值对时，最好检查键是否存在，避免操作零值。

避免并发读写 map，如果需要并发读写，则可以使用额外的锁（互斥锁、读写锁），也可以考虑使用标准库 `sync` 包中的 `sync.Map`。

1.3.3 实现原理

1. 数据结构

Go 语言的 map 使用 Hash 表作为底层实现，一个 Hash 表中可以有多个 bucket，而每个 bucket 保存了 map 中的一个或一组键值对。

1）map 的数据结构

map 的数据结构由 runtime/map.go:hmap 定义：

```
type hmap struct {
    count       int          // 当前保存的元素个数
    B           uint8        // bucket 数组的大小
    buckets     unsafe.Pointer // bucket 数组, 数组的长度为 2^B
    oldbuckets  unsafe.Pointer // 老旧 bucket 数组, 用于扩容
    ...
}
```

下图展示了一个拥有 4 个 bucket 的 map。

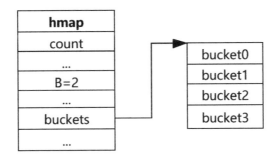

本例中，hmap.B=2，hmap.buckets 数组的长度是 4（2^B）。元素经过 Hash 运算后会落到某个 bucket 中进行存储。

bucket 很多时候被翻译为桶，所谓的 Hash 桶实际上就是 bucket。

2）bucket 的数据结构

bucket 的数据结构由 runtime/map.go:bmap 定义：

```
type bmap struct {
    tophash [8]uint8    // 存储 Hash 值的高 8 位
```

```
    data     []byte        // key value 数据:key/key/key/…/value/value/value…
    overflow *bmap         // 溢出 bucket 的地址
}
```

每个 bucket 可以存储 8 个键值对。

◎ tophash 是一个长度为 8 的整型数组，Hash 值相同的键（准确地说是 Hash 值低位相同的键）存入当前 bucket 时会将 Hash 值的高位存储在该数组中，以便后续匹配。
◎ data 区存放的是 key-value 数据，存放顺序是 key/key/key/…value/value/value，如此存放是为了节省字节对齐带来的空间浪费。
◎ overflow 指针指向的是下一个 bucket，据此将所有冲突的键连接起来。

注意：bucket 的数据结构中的 data 和 overflow 成员并没有显式地在结构体中声明，运行时在访问 bucket 时直接通过指针的偏移来访问这些虚拟成员。

下图展示了 bucket 存放 8 个 key-value 对。

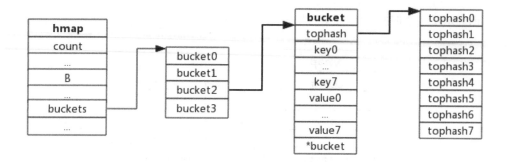

2. Hash 冲突

当有两个或以上数量的键被"Hash"到了同一个 bucket 时，我们称这些键发生了冲突。Go 使用链地址法来解决键冲突。由于每个 bucket 可以存放 8 个键值对，所以同一个 bucket 存放超过 8 个键值对时就会再创建一个 bucket，用类似链表的方式将 bucket 连接起来。

下图展示了产生冲突后的 map。

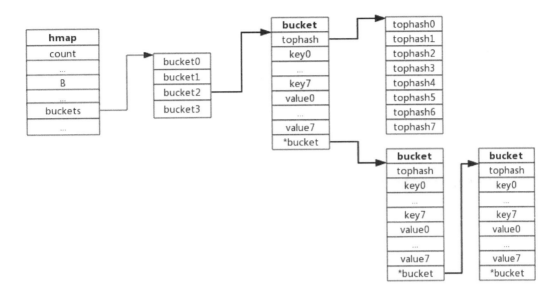

在 bucket 的数据结构中使用指针指向溢出的 bucket，意为当前 bucket 盛不下而溢出的部分。事实上 Hash 冲突并不是好事情，它降低了存取效率，好的 Hash 算法可以保证 Hash 值的随机性。但无论使用哪种 Hash 算法，冲突终究不可避免，当冲突较多时就需要采取一些措施来减少冲突了。

3. 负载因子

负载因子用于衡量一个 Hash 表的冲突情况，公式为：

```
负载因子 = 键数量/bucket 数量
```

例如，对于一个 bucket 数量为 4，包含 4 个键值对的 Hash 表来说，这个 Hash 表的负载因子为 1。

负载因子过小或过大都不理想：

◎ 负载因子过小，说明空间利用率低；
◎ 负载因子过大，说明冲突严重，存取效率低。

负载因子过小，可能是预分配的空间太大，也可能是大部分元素被删除造成的。随着元素不断添加到 map 中，负载因子会逐渐升高。

当 Hash 表的负载因子过大时，需要申请更多的 bucket，并对所有的键值对重新组织，使其均匀地分布到这些 bucket 中，这个过程称为 rehash。

每个 Hash 表的实现对负载因子的容忍程度不同，比如 Redis 的 map 实现中负载因子大于 1 时就会触发 rehash，而 Go 语言的 map 则在负载因子达到 6.5 时才会触发 rehash，因为 Redis 的每个 bucket 只能存 1 个键值对，而 Go 的 bucket 可以存 8 个键值对，所以 Go 语言的 map 可以容忍更大的负载因子。

4. 扩容

1）扩容条件

降低负载因子常用的手段是扩容，为了保证访问效率，当新元素将要添加进 map 时，都会检查是否需要扩容，扩容实际上是以空间换时间的手段。

触发扩容需要满足以下任一条件：

- 负载因子大于 6.5 时，即平均每个 bucket 存储的键值对达到 6.5 个以上；
- overflow 的数量达到 $2^{\min(15,B)}$ 时。

2）增量扩容

当负载因子过大时，就新建一个 bucket 数组，新的 bucket 数组的长度是原来的 2 倍，然后旧 bucket 数组中的数据搬迁到新的 bucket 数组中。

考虑到如果 map 存储了数以亿计的键值对，那么一次性搬迁会造成比较大的延时，所以 Go 采用逐步搬迁策略，即每次访问 map 时都会触发一次搬迁，每次搬迁 2 个键值对。

下图展示了包含 1 个 bucket 满载的 map（为了描述方便，图中 bucket 省略了 value 区域）。

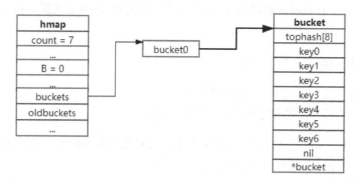

当前 map 存储了 7 个键值对，只有 1 个 bucket。此时负载因子为 7。再次添加数据时会触

发扩容操作，扩容之后再将新的键值对写入新 bucket 中。

当添加第 8 个键值对时，将触发扩容，扩容后的示意图如下图所示。

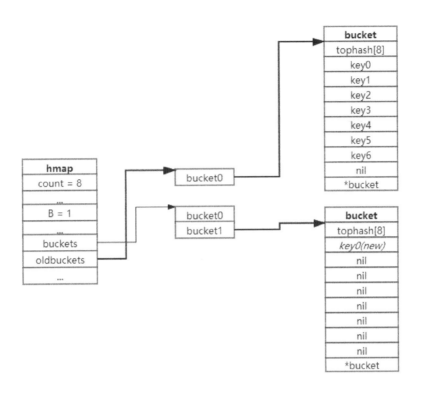

扩容时的处理非常巧妙，先是让 hmap 数据结构中的 oldbuckets 成员指向原 buckets 数组，然后申请新的 buckets 数组（长度为原来的两倍），并将数组指针保存到 hmap 数据结构的 buckets 成员中。这样就完成了新老 buckets 数组的交接，后续的迁移工作将是从 oldbuckets 数组中逐步搬迁键值对到新的 buckets 数组中。待 oldbuckets 数组中所有键值对搬迁完毕后，就可以安全地释放 oldbuckets 数组了。

搬迁完成后的示意图如下图所示。

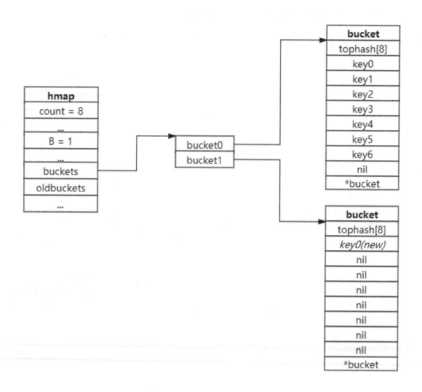

3）等量扩容

所谓等量扩容，并不是扩大容量，而是 bucket 数量不变，重新做一遍类似增量扩容的搬迁动作，把松散的键值对重新排列一次，以使 bucket 的使用率更高，进而保证更快的存取速度。

在极端场景下，比如经过大量的元素增删后，键值对刚好集中在一小部分 bucket 中，这样会造成溢出的 bucket 数量增多，如下图所示。

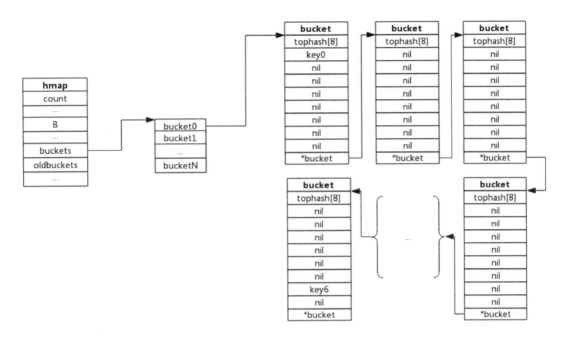

由上图可见，overflow 的 bucket 中大部分是空的，访问效率很差。此时会进行一次等量扩容，即 bucket 数量不变，经过重新组织后 overflow 的 bucket 数量会减少，这样既节省了空间又提高了访问效率。

5. 增删改查

无论是元素的添加还是查询操作，都需要先根据键的 Hash 值确定一个 bucket，并查询该 bucket 中是否存在指定的键。

- 对于查询操作而言，查到指定的键后获取值并返回，否则返回类型的空值。
- 对于添加操作而言，查到指定的键意味着当前的添加操作实际上是更新操作，否则在 bucket 中查找一个空余位置并插入。

1）查找过程

查找过程简述如下：

- 根据 key 值计算 Hash 值；
- 取 Hash 值低位与 hmap.B 取模来确定 bucket 的位置；
- 取 Hash 值高位，在 tophash 数组中查询；

◎ 如果 tophash[i]中存储的 Hash 值与当前 key 的 Hash 值相等，则获取 tophash[i]的 key 值进行比较；

◎ 当前 bucket 中没有找到，则依次从溢出的 bucket 中查找。

如果当前 map 处于搬迁过程中，那么查找时优先从 `oldbuckets` 数组中查找，不再从新的 `buckets` 数组中查找。

另外，如果查找不到，那么也不会返回 nil，而是返回相应类型的零值。

2）添加过程

新元素添加过程简述如下：

（1）根据 key 值算出 Hash 值。

（2）取 Hash 值低位与 hmap.B 取模来确定 bucket 的位置。

（3）查找该 key 是否已经存在，如果存在则直接更新值。

（4）如果该 key 不存在，则从该 bucket 中寻找空余位置并插入。

如果当前 map 处于搬迁过程中，那么新元素会直接添加到新的 `buckets` 数组中，但查找过程仍从 `oldbuckets` 数组中开始。

更新操作实际上是添加操作的特殊情况，如果元素不存在，则更新操作实际上等同于添加操作。

3）删除过程

删除元素实际上先查找元素，如果元素存在则把元素从相应的 bucket 中清除，如果不存在则什么也不做。

1.4　struct

Go 语言的 struct 与其他编程语言的 class 有些类似，可以定义字段和方法，但是不可以继承。本节重点介绍几个使用 struct 时容易产生困惑的知识点。

1.4.1 热身测验

1. 热身题目

1）题目一

对下面类型的描述，正确的是（单选）？

```go
type People struct {
    Name string
    age  int
}

func (p *People) SetName(name string) {
    p.Name = name
}

func (p *People) SetAge(age int) {
    p.age = age
}

func (p *People) GetAge() int {
    return p.age
}
```

A：age 为私有字段，只能通过类型方法访问

B：Name 和 age 字段在可见性上没有区别

C：age 为私有字段，变量初始化时不能直接赋值

D：当前 package 中的 Name 和 age 字段在可见性上没有区别

2）题目二

对下面代码的描述，正确的是（单选）？

```go
type Kid struct {
    Name string
    Age  int
}

func (k Kid) SetName(name string) {
```

```
        k.Name = name
}

func (k *Kid) SetAge(age int) {
        k.Age = age
}
```

A：编译错误，类型和类型指针不能同时作为方法接收者

B：SetName()无法修改名字

C：SetAge()无法修改年龄

D：SetName()和 SetAge()工作正常

3）题目三

使用标准库 JSON 包操作下面的结构体时，下面描述正确的是（单选）？

```
type Fruit struct {
    Name   string `json:"name"`
    Color  string `json:"color,omitempty"`
}

var f = Fruit{Name: "apple", Color: "red"}
var s = `{"Name":"banana","Weight":100}`
```

A：执行 json.Marshal(f)时会忽略 Color 字段

B：执行 json.Marshal(f)时不会忽略 Color 字段

C：执行 json.Unmarshal([]byte(s), &f)时会忽略 Color 字段

D：执行 json.Unmarshal([]byte(s), &f)时会出错，因为 Fruit 类型没有 Weight 字段

2. 参考答案

1）题目一

结构体中的字段首字母小写时，包外不可见。在当前包中首字母大小写可见性一致。

2）题目二

`SetName()`方法的受体为 Kid 类型，无法修改变量中的字段值。

3）题目三

omitempty 表示字段转换成 JSON 字符串时如果字段为空则忽略。题目中的 f.Color 不为空，所以不会被忽略。

1.4.2 内嵌字段

Go 语言的结构体没有继承的概念，当需要"复用"其他结构体时，需要使用组合方式将其他结构体嵌入当前结构体。

例如以下代码，结构体类型 Animal 嵌入类型 Cat 中：

```go
type Animal struct {
    Name string
}

func (a *Animal) SetName(name string) {
    a.Name = name
}

type Cat struct {
    Animal
}
```

假如现在又有另一个结构体也尝试组合 Animal 类型，如下所示。

```go
type Dog struct {
    a Animal
}
```

那么结构体类型 Cat 和 Dog 有什么区别呢？

结构体中的字段名可以显式指定也可以隐式指定。在上面的例子中，Dog 结构体中的字段 a 为显式指定，而 Cat 结构体由于内嵌了结构体 Animal，从而产生了一个隐式的同名字段。

对于类型为结构体的字段，显式指定时与其他类型没有区别，仅代表某种类型的字段，而隐式指定时，原结构体的字段和方法看起来就像是被"继承"过来了一样。

当结构体 Cat 中嵌入另一个结构体 Animal 时，相当于声明了一个名为 Animal 的字段，此时结构体 Animal 中的字段和方法会被提升到 Cat 中，看上去就像是 Cat 的原生字段和方法。

Cat 结构体访问 Animal 结构体的字段和方法时有两种方式，如下所示。

```
func EmbeddedFoo() {
    c := Cat{}

    c.SetName("A")
    fmt.Printf("Name: %s\n", c.Name) // A

    c.Animal.SetName("a")
    fmt.Printf("Name: %s\n", c.Name) // a

    c.Animal.Name = "B"
    fmt.Printf("Name: %s\n", c.Name) // B

    c.Name = "b"
    fmt.Printf("Name: %s\n", c.Name) // b
}
```

Cat 结构体可以直接访问 Animal 的字段和方法，也可以通过隐式声明的 Animal 字段来访问。

1.4.3 方法受体

在其他章节中我们一般不会严格区分方法和函数，但在介绍结构体时就要区分了。

一般的函数声明如下：

```
func 函数名 (参数) { 函数体 }
```

而方法的声明则是：

```
func (接收者) 函数名 (参数) { 函数体 }
```

可见方法的声明多了一个"接收者"（官方称之为 receiver，表示方法的接收者），笔者更习惯上称其为方法受体，表示该方法作用的对象。

方法主要用于为类型扩展方法。例如：

```
type Student struct {
    Name string
}

// 作用于 Student 的拷贝对象，修改不会反映到原对象
func (s Student) SetName(name string) {
```

```
    s.Name = name
}

// 作用于Student的指针对象，修改会反映到原对象
func (s *Student) UpdateName(name string) {
    s.Name = name
}
```

我们为Student类型增加了两个方法，类似地也可以给其他非结构体类型增加方法。

方法SetName()的接收者为Student，而UpdateName()的接收者为*Student，那么二者有什么区别呢？下面我们通过一个例子来展示：

```
func Receiver() {
    s := Student{}
    s.SetName("Rainbow")
    fmt.Printf("Name: %s\n", s.Name) // empty
    s.UpdateName("Rainbow")
    fmt.Printf("Name: %s\n", s.Name) // Rainbow
}
```

上面函数的输出结果为：

```
Name:
Name: Rainbow
```

可以看出，虽然SetName()和UpdateName()的执行逻辑是一样的，但接收者为Student的SetName()，方法并没有成功地设置名字。

接收者可以简单理解为方法的作用对象，即该方法是作用于对象还是对象指针。如果作用于对象指针，那么方法内可以修改对象的字段；而如果作用于对象，那么相当于方法执行时修改的是对象副本。

还有一种理解，就是把接收者理解为方法的特殊参数，对于接收者为对象的方法，相当于参数传递时拷贝了一份对象，方法内部修改对象不会反映到原对象中，而当接收者为对象指针时，方法修改对象时会反映到原对象中。

1.4.4 字段标签

Go语言的struct声明中允许为字段标记Tag，如下所示。

```
type TypeMeta struct {
    Kind string `json:"kind,omitempty" protobuf:"bytes,1,opt,name=kind"`
    APIVersion string `json:"apiVersion,omitempty" protobuf:"bytes,2,opt,name=apiVersion"`
}
```

其中每个字段后面两个反单引号中间的字符串就是字段的 `Tag`。

本节主要关注 `Tag` 到底是什么？Go 类型系统中如何表示 `Tag`？

1. Tag 的本质

1）Tag 是 Struct 的一部分

`Tag` 用于标识结构体字段的额外属性，有点类似于注释。标准库 `reflect` 包中提供了操作 `Tag` 的方法，在介绍方法前，有必要先了解一下结构体的字段是如何表示的。

在 `reflect` 包中，使用结构体 `StructField` 表示结构体的一个字段：

```
type StructField struct {
    Name string      // 字段名
    Type Type        // 字段类型
    Tag  StructTag   // Tag
    ...
}
```

可以看出，`Tag` 也是字段的一个组成部分。`Tag` 的类型为 `StructTag`，实际上它是一个 `string` 类型的别名，如下所示。

```
type StructTag string
```

2）Tag 约定

`Tag` 本身是一个字符串，单从语义上讲，任意的字符串都是合法的。但它有一个约定的格式，那就是字符串由 `key:"value"` 组成。

- `key`：必须是非空字符串，字符串不能包含控制字符、空格、引号、冒号；
- `value`：以双引号标记的字符串。

注意：`key` 和 `value` 之间使用冒号分隔，冒号前后不能有空格，多个 `key:"value"` 之间由空格分开。

对于上面的例子：

```
Kind string `json:"kind,omitempty" protobuf:"bytes,1,opt,name=kind"`
```

Kind 字段中的 Tag 包含两个 key:"value" 对，分别是 json:"kind,omitempty" 和 protobuf:"bytes,1,opt,name=kind"。

key 一般表示用途，比如 json 表示用于控制结构体类型与 JSON 格式数据之间的转换，protobuf 表示用于控制序列化和反序列化。value 一般表示控制指令，具体控制指令由不同的库指定，此处不再展开介绍。

3）获取 Tag

StructTag 提供了 Get(key string) string 方法来根据 Tag 的 key 值获取 value。比如我们获取上例 Tag 字符串中 key 值为 json 的 value，如下所示。

```
func PrintTag() {
    t := TypeMeta{}
    ty := reflect.TypeOf(t)

    for i := 0; i < ty.NumField(); i++ {
        fmt.Printf("Field: %s, Tag: %s\n", ty.Field(i).Name, ty.Field(i).Tag.Get("json"))
    }
}
```

函数输出如下：

```
Field: Kind, Tag: kind,omitempty
Field: APIVersion, Tag: apiVersion,omitempty
```

实际上标准库 json 包中将结构体对象转换成 JSON 字符串时使用的也是类似的方法。

2. Tag 的意义

Go 语言的反射特性可以动态地给结构体成员赋值，正是因为有 Tag，在赋值前可以使用 Tag 来决定赋值的动作。

比如，官方的 encoding/json 包可以将一个 JSON 数据 "Unmarshal" 进一个结构体，此过程中就使用了 Tag。该包定义了一些 Tag 规则，只要参考该规则设置 Tag 就可以将不同的 JSON 数据转换成结构体。

综上，对于 struct 而言，Tag 仅仅是一个普通的字符串，而其他库（如标准库 json）定义了字符串规则并据此演绎出了丰富的应用。

1.5 iota

我们知道 iota 常用于 const 表达式中，其值是从 0 开始的，const 声明块中每增加一行，iota 值自增 1。

使用 iota 可以简化常量定义，但其规则必须要牢牢掌握，否则在阅读源码时可能会造成误解或障碍。本节我们尝试从编译器的角度来理解 iota，从而加深认识。

1.5.1 热身测验

1. 热身题目

1）题目一

下面每个常量的值是多少？

```
type Priority int
const (
    LOG_EMERG Priority = iota
    LOG_ALERT
    LOG_CRIT
    LOG_ERR
    LOG_WARNING
    LOG_NOTICE
    LOG_INFO
    LOG_DEBUG
)
```

2）题目二

下面每个常量的值是多少？

```
const (
    mutexLocked = 1 << iota // mutex is locked
    mutexWoken
    mutexStarving
    mutexWaiterShift = iota
    starvationThresholdNs = 1e6
)
```

3）题目三

下面每个常量的值是多少？

```
const (
    bit0, mask0 = 1 << iota, 1<<iota - 1
    bit1, mask1
    _, _
    bit3, mask3
)
```

2. 参考答案

1）题目一

以上常量声明来源于 Go 标准库 `syslog`，每个常量代表一个日志级别，常量类型为 Priority，实际为 int 类型。

iota 在常量声明语句中的初始值为 0，即 LOG_EMERG 的值为 0，下面每个常量递增 1。

2）题目二

以上常量声明来源于 Go 标准库 `sync`，每个常量均代表互斥锁的特定状态。

- mutexLocked 的值为 1；
- mutexWoken 的值为 2；
- mutexStarving 的值为 4；
- mutexWaiterShift 的值为 3；
- starvationThresholdNs 的值为 1000000。

3）题目三

- bit0 的值为 1，mask0 的值为 0；
- bit1 的值为 2，mask1 的值为 1；
- bit3 的值为 8，mask3 的值为 7。

1.5.2 特性速览

在常量声明语句中，iota 往往用于声明连续的整型常量。iota 的取值与其出现的位置强相关。

关于 iota 的取值规则，有些书上或博客中可能给出类似下面的描述：

◎ iota 在 const 关键字出现时被重置为 0；
◎ const 声明块中每新增一行，iota 值自增 1；

这种描述本身没有错误，在简单的语句中套用这种规则可以快速地计算 iota 的取值，但在面对复杂的语句时这种规则往往充满歧义。笔者也曾经这么理解 iota，但在阅读各种复杂源码时经常心生困惑而不知如何计算，究其原因是这种描述没有准确地描述 iota 的本意。

实际上从编译器的角度看 iota，其取值规则只有一条：

◎ iota 代表了 const 声明块的行索引（下标从 0 开始）。

这样理解更贴近编译器的实现逻辑，也更准确。除此之外，const 声明还有一个特点，即如果为常量指定了一个表达式，但后续的常量没有表达式，则继承上面的表达式。

接下来，我们根据这个规则来分析一个复杂的常量声明：

```
const (
    bit0, mask0 = 1 << iota, 1<<iota - 1     // const 声明第 0 行，即 iota==0
    bit1, mask1                              // const 声明第 1 行，即 iota==1，表达式继承上面的语句
    _, _                                     // const 声明第 2 行，即 iota==2
    bit3, mask3                              // const 声明第 3 行，即 iota==3
)
```

◎ 第 0 行的表达式展开即 bit0, mask0 = 1 << 0, 1<<0 - 1，所以 bit0 == 1, mask0 == 0；
◎ 第 1 行没有指定表达式继承第一行，即 bit1, mask1 = 1 << 1, 1<<1 - 1，所以 bit1 == 2, mask1 == 1；
◎ 第 2 行没有定义常量；
◎ 第 3 行没有指定表达式继承第一行，即 bit3, mask3 = 1 << 3, 1<<3 - 1，所以 bit3 == 8, mask3 == 7。

1.5.3 实现原理

iota 标识符仅能用于常量声明语句中，它的取值与常量声明块中的代码的行数强相关，可以说它标识的正是常量声明语句中的行数（由 0 开始）。那么它为什么会表现出这样的行为呢？

答案在于编译器处理常量声明语句的方式。

在编译器代码中，每个常量声明语句使用 `ValueSpec` 结构表示：

```
// A ValueSpec node represents a constant or variable declaration
// (ConstSpec or VarSpec production).
//
ValueSpec struct {
    Doc     *CommentGroup // associated documentation; or nil
    Names   []*Ident      // value names (len(Names) > 0)
    Type    Expr          // value type; or nil
    Values  []Expr        // initial values; or nil
    Comment *CommentGroup // line comments; or nil
}
```

`ValueSpec` 结构不仅可以用来表示常量声明，还可以表示变量声明，不过它仅表示一行声明语句，比如：

```
const (
    // 常量的注释（文档）
    a, b = iota, iota // 常量的行注释
)
```

上面的常量声明块中仅包括一行声明语句，该语句对应一个 `ValueSpec` 结构。

◎ Doc 表示块注释，往往会出现在文档的注释中；
◎ Name 表示常量的名字，使用切片表示单行语句中声明的多个常量；
◎ Type 为常量类型；
◎ Value 为常量值，与 Name 对应，表示常量的初始值；
◎ Comment 表示行注释。

编译器在构造常量时，实际上会遍历 `ValueSpec` 结构中的 `Names` 切片来逐个生成常量。相关代码比较复杂，这里我们给出构造常量的伪算法，从中可以看出 iota 的作用。

通常 const 语句块中会包含多行常量声明，那么就会对应多个 `ValueSpec` 结构，我们使用 `ValueSpecs` 表示多个 `ValueSpec` 结构，编译器构造常量的过程如下：

```
for iota, spec := range ValueSpecs {
    for i, name := range spec.Names {
        obj := NewConst(name, iota...)
        ...
    }
}
```

由上面的代码可以看出 iota 的本质，它仅代表常量声明的索引，所以它会表现出以下特征：

◎ 单个 const 声明块中从 0 开始取值；
◎ 单个 const 声明块中，每增加一行声明，iota 的取值增 1，即便声明中没有使用 iota 也是如此；
◎ 单行声明语句中，即便出现多个 iota，iota 的取值也保持不变。

1.6 string

string 是 Go 语言中的基础数据类型，本节介绍常见的使用方式及其内部实现原理。

1.6.1 热身测验

1. 热身题目

1）题目一

对下面函数中的字符串长度的描述，正确的是（单选）？

```
func StringExam1() {
    var s string
    s = "中国"
    fmt.Println(len(s))
}
```

A：字符串长度表示字符个数，长度为 2

B：字符串长度表示 Unicode 编码字节数，长度大于 2

C：不可以针对中文字符计算长度

D：不确定，与运行环境有关

2）题目二

对字符串的描述正确的是（单选）？

A：如果 string 为 nil，那么其长度为 0

B：不存在值为 nil 的 string

3）题目三

下面对字符串的描述，正确的是（单选）？

A：可以使用下标修改 string 的内容

B：字符串不可以修改

2. 参考答案

1）题目一

字符串使用 Unicode 编码存储字符，字符串长度是指 Unicode 编码所占的字节数，字符串长度大于 2。

2）题目二

string 可能为空，但不会是 nil。

3）题目三

字符串不可以修改。

1.6.2 特性速览

1. 用法

1）声明

声明 string 变量非常简单，常见的有以下两种方式。

声明一个空字符串变量再赋值：

```
var s1 string
s1 = "Hello World"
```

需要注意的是空字符只是长度为 0，但不是 nil。

使用简短变量声明：

```
s2 := "Hello World" // 初始化的字符串
```

2）双引号与反单引号的区别

字符串可以使用双引号赋值，也可以使用反单引号赋值（注意不是单引号），它们的区别在于对特殊字符的处理。

假如，我们希望 string 变量表示下面的字符串，它包括换行符和双引号。

```
Hi,
this is "RainbowMango".
```

使用双引号表示时，需要对特殊字符转义，如下所示。

```
s := "Hi, \nthis is \"RainbowMango\"."
```

使用反单引号表示时，不需要对特殊字符转义，如下所示。

```
s := `Hi,
this is "RainbowMango".`
```

使用反单引号表示字符串比较直观，可以清晰地看出字符串内容。在 Kubernetes 项目中就大量存在这种用法，在监控指标相关的单元测试中，我们常常会定义期望的指标，如下所示。

```
var expected :- `
        # HELP kubelet_container_log_filesystem_used_bytes [ALPHA] Bytes used by the container's logs on the filesystem.
        # TYPE kubelet_container_log_filesystem_used_bytes gauge
        kubelet_container_log_filesystem_used_bytes{container="containerName1",namespace="some-namespace",pod="podName1",uid="UID_some_id"} 18
`
```

监控指示中往往会存在双引号、换行符等特殊字符，使用反单引号表示的字符串与用户实际看到的字符串完全一致，这将使单元测试非常清晰和直观。

3）字符串拼接

字符串可以使用加号进行拼接：

```
s = s + "a" + "b"
```

需要注意的是，字符串拼接时会触发内存分配及内存拷贝，单行语句拼接多个字符串只分配一次内存。比如下面的语句：

```
s = s + "a" + "b"
```

在拼接时，会先计算最终字符串的长度后再分配内存。

4）类型转换

项目中，数据经常需要在 string 和字节切片（[]byte）之间转换。

[]byte 转 string：

```go
func ByteToString() {
    b := []byte{'H', 'e', 'l', 'l', 'o'}
    s := string(b)
    fmt.Println(s) // Hello
}
```

string 转[]byte：

```go
func StringToByte() {
    s := "Hello"
    b := []byte(s)
    fmt.Println(b) // [72 101 108 108 111]
}
```

需要注意的是，无论是字符串转换成[]byte，还是[]byte 转换成 string，都将发生一次内存拷贝，会有一定的开销。

正因为 string 和[]byte 间的转换非常方便，在某些高频场景中往往会成为性能的瓶颈，比如数据库访问、HTTP 请求处理等。

2. 特点

1）UTF 编码

string 使用 8 比特字节的集合来存储字符，而且存储的是字符的 UTF-8 编码，例如每个汉字字符的 UTF-8 编码将占用多个字节。

在使用 for-range 遍历字符串时，每次迭代将返回字符 UTF-8 编码的首个字节的下标及字节值，这意味着下标可能不连续。

比如下面的函数：

```go
func StringIteration() {
    s := "中国"
    for index, value := range s {
        fmt.Printf("index: %d, value: %c\n", index, value)
    }
}
```

函数将输出：

```
index: 0, value: 中
index: 3, value: 国
```

此外，字符串的长度是指字节数，而非字符数，比如汉字"中"和"国"的 UTF-8 编码各占 3 个字节，字符串"中国"的长度为 6 而不是 2。

2）值不可修改

字符串可以为空，但值不会是 nil。另外，字符串不可以修改。字符串变量可以接受新的字符串赋值，但不能通过下标方式修改字符串中的值。

比如下面的代码，尝试将字母"H"修改为小写：

```
s := "Hello"
&s[0] = byte(104) // 非法
s = "hello" // 合法
```

字符串不支持取地址操作，也就无法修改字符串的值，上面的语句中会出现编译错误：

```
cannot take the address of s[0]
```

3. 标准库函数

标准库 strings 包提供了大量的字符串操作函数。下面仅列举一些常见的函数，如下表所示。

函 数	描 述
func Contains(s, substr string) bool	检查字符串 s 中是否包含子串 substr
func Split(s, sep string) []string	将字符串 s 根据分隔符 sep 拆分并生成子串的切片
func Join(elems []string, sep string) string	将字符串切片 elems 中的元素使用分隔符 sep 拼接成单个字符串
func HasPrefix(s, prefix string) bool	检查字符串 s 是否包含前缀 prefix
func HasSuffix(s, suffix string) bool	检查字符串 s 是否包含后缀 suffix
func ToUpper(s string) string	将字符串 s 的所有字符转成大写
func ToLower(s string) string	将字符串 s 的所有字符转成小写
func Trim(s string, cutset string) string	从字符串 s 首部和尾部清除所有包含在字符集 cutset 中的字符
func TrimLeft(s string, cutset string) string	从字符串 s 首部清除所有包含在字符集 cutset 中的字符
func TrimRight(s string, cutset string) string	从字符串 s 尾部清除所有包含在字符集 cutset 中的字符

续表

函　　数	描　　述
func TrimSpace(s string) string	从字符串 s 首部和尾部清除所有空白字符
func TrimPrefix(s, prefix string)	清除字符串 s 中的前缀 prefix
func TrimSuffix(s, suffix string)	清除字符串 s 中的后缀 suffix
func Replace(s, old, new string, n int) string	将字符串 s 的前 *n* 个子串中的 old 替换成子串 new
func ReplaceAll(s, old, new string) string	将字符串 s 的所有子串中的 old 替换成子串 new
func EqualFold(s, t string) bool	忽略大小写，比较两个子串是否相等

1.6.3　实现原理

Go 标准库 `builtin` 中定义了 string 类型：

```
// string is the set of all strings of 8-bit bytes, conventionally but not
// necessarily representing UTF-8-encoded text. A string may be empty, but
// not nil. Values of string type are immutable.
type string string
```

可见 string 是 8bit 字节的集合，通常是 UTF-8 编码的文本。

另外，还提到了非常重要的两点：

◎ string 可以为空（长度为 0），但不会是 nil；
◎ string 对象不可以修改。

1. 数据结构

源码包中 `src/runtime/string.go:stringStruct` 定义了 string 的数据结构：

```
type stringStruct struct {
    str unsafe.Pointer
    len int
}
```

string 的数据结构很简单，只包含两个成员。

◎ stringStruct.str：字符串的首地址；
◎ stringStruct.len：字符串的长度。

string 的数据结构跟切片有些类似，只不过切片还有一个表示容量的成员，事实上 string

和切片（准确地说是 byte 切片）经常发生转换。

在 runtime 包中使用 gostringnocopy() 函数来生成字符串。

如以下代码所示，声明一个 string 变量并赋予初值：

```
var str string
str = "Hello World"
```

字符串生成时，会先构建 stringStruct 对象，再转换成 string。转换的源码如下：

```
func gostringnocopy(str *byte) string {
    // 先构造 stringStruct
    ss := stringStruct{str: unsafe.Pointer(str), len: findnull(str)}
    // 再将 stringStruct 转换成 string
    s := *(*string)(unsafe.Pointer(&ss))
    return s
}
```

string 在 runtime 包中是 stringStruct 类型，对外呈现为 string 类型。

2. 字符串表示

字符串使用 Unicode 编码存储字符，对于英文字符来说，每个字符的 Unicode 编码只用一个字节即可表示，如下图所示。

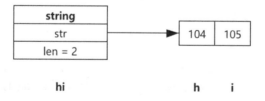

此时字符串的长度等于字符数。而对于非 ASCII 字符来说，其 Unicode 编码可能需要由多个字节表示，如下图所示。

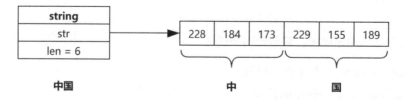

此时字符串的长度会大于实际字符数，字符串的长度实际上表现的是字节数。

3. 字符串拼接

字符串可以很方便地拼接,像下面这样:

```
str := "Str1" + "Str2" + "Str3"
```

即便有非常多的字符串需要拼接,性能上也有比较好的保证,因为新字符串的内存空间是一次分配完成的,所以性能消耗主要在拷贝数据上。

在 runtime 包中,使用 concatstrings() 函数来拼接字符串。在一个拼接语句中,所有待拼接字符串都被编译器组织到一个切片中并传入 concatstrings() 函数,拼接过程需要遍历两次切片,第一次遍历获取总的字符串长度,据此申请内存,第二次遍历会把字符串逐个拷贝过去。

concatstrings() 函数的伪代码如下:

```
func concatstrings(a []string) string {
    length := 0

    for _, str := range a {
        length += len(str)
    }

    // 分配内存,返回一个 string 和切片,二者共享内存空间
    s, b := rawstring(length)

    // string 无法修改,只能通过切片修改
    for _, str := range a {
        copy(b, str)
        b = b[len(str):]
    }

    return s
}
```

因为 string 是无法直接修改的,所以这里使用 rawstring() 方法初始化一个指定大小的 string,同时返回一个切片,二者共享同一块内存空间,后面向切片中拷贝数据,也就间接地修改了 string。

rawstring() 的源代码如下:

```
// 生成一个新的 string,返回的 string 和切片共享相同的空间
func rawstring(size int) (s string, b []byte) {
    p := mallocgc(uintptr(size), nil, false)
```

```
    stringStructOf(&s).str = p
    stringStructOf(&s).len = size

    *(*slice)(unsafe.Pointer(&b)) = slice{p, size, size}

    return
}
```

从这里可以看出 string 跟切片密切相关。

4. 类型转换

1）[]byte 转 string

byte 切片可以很方便地转换成 string：

```
func GetStringBySlice(s []byte) string {
    return string(s)
}
```

需要注意的是，这种转换需要一次内存拷贝。

转换过程如下：

（1）根据切片的长度申请内存空间，假设内存地址为 p，长度为 len。

（2）构建 string（string.str = p; string.len = len;）。

（3）拷贝数据（切片中将数据拷贝到新申请的内存空间）。

转换示意图如下图所示。

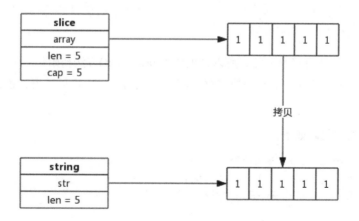

在 runtime 包中使用 slicebytetostring() 函数将 []byte 转换成 string。slicebytetostring() 函数实现的伪代码如下:

```
func slicebytetostring(buf *tmpBuf, b []byte) (str string) {
    var p unsafe.Pointer
    if buf != nil && len(b) <= len(buf) {
        // 如果预留 buf 够用，则用预留 buf
        p = unsafe.Pointer(buf)
    } else {
        // 否则重新申请内存
        p = mallocgc(uintptr(len(b)), nil, false)
    }
    // 构建字符串
    stringStructOf(&str).str = p
    stringStructOf(&str).len = len(b)
    // 将切片底层数组中数据拷贝到字符串
    memmove(p, (*(*slice)(unsafe.Pointer(&b))).array, uintptr(len(b)))
    return
}
```

slicebytetostring() 函数会优先使用一个固定大小的 buf，当 buf 长度不够时才会申请新的内存。

2) string 转 []byte

string 也可以方便地转换成 byte 切片:

```
func GetSliceByString(str string) []byte {
    return []byte(str)
}
```

string 转换成 byte 切片也需要一次内存拷贝，其过程如下:

（1）申请切片内存空间。

（2）将 string 拷贝到切片中。

转换示意图如下图所示。

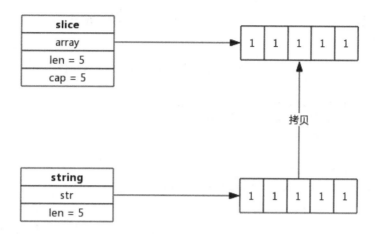

在 runtime 包中,使用 stringtoslicebyte() 函数将 string 转换成 []byte,stringtoslicebyte() 函数实现的伪代码如下:

```
func stringtoslicebyte(buf *tmpBuf, s string) []byte {
    var b []byte
    if buf != nil && len(s) <= len(buf) {
        *buf = tmpBuf{}
        // 从预留 buf 中切出新的切片
        b = buf[:len(s)]
    } else {
        // 生成新的切片
        b = rawbyteslice(len(s))
    }
    copy(b, s)
    return b
}
```

stringtoslicebyte()函数中也使用了预留 buf,并只在该 buf 长度不够时才会申请内存,其中 rawbyteslice()函数用于申请新的未初始化的切片。由于字符串内容将完整覆盖切片的存储空间,所以可以不初始化切片从而提升分配效率。

3)编译优化

byte 切片转换成 string 的场景有很多,出于性能上的考虑,有时候只是应用在临时需要字符串的场景下。byte 切片转换成 string 时并不会拷贝内存,而是直接返回一个 string,这个 string 的指针(string.str)指向切片的内存。

比如，编译器会识别如下临时场景。

◎ 使用 m[string(b)]来查找 map（map 的 key 的类型是 string 时，临时把切片 b 转成 string）；
◎ 字符串拼接，如<" + "string(b)" + ">;
◎ 字符串比较：string(b) == "foo"。

由于只是临时把 byte 切片转换成 string，也就避免了因 byte 切片内容修改而导致 string 数据变化的问题，所以此时可以不必拷贝内存。

5. 小结

1）为什么不允许修改字符串

像 C++语言中的 string，其本身拥有内存空间，修改 string 是支持的。但在 Go 的实现中，string 不包含内存空间，只有一个内存的指针，这样做的好处是 string 变得非常轻量，可以很方便地进行传递而不用担心内存拷贝。

因为 string 通常指向字符串字面量，而字符串字面量存储的位置是只读段，而不是堆或栈上，所以才有了 string 不可修改的约定。

2）string 和[]byte 如何取舍

string 和[]byte 都可以表示字符串，但因数据结构不同，其衍生出来的方法也不同，要根据实际应用场景来选择。

string 擅长的场景：

◎ 需要字符串比较的场景；
◎ 不需要 nil 字符串的场景。

[]byte 擅长的场景：

◎ 修改字符串，尤其是修改粒度为 1 个字节的场景；
◎ 函数返回值，需要用 nil 表示含义的场景；
◎ 需要切片操作的场景。

虽然看起来 string 适用的场景不如[]byte 多，但因为 string 直观，在实际应用中还是大量存在的，在偏底层的实现中[]byte 使用得更多。

第 2 章
控制结构

本章主要介绍 Go 语言中重要的控制结构，通过对其底层实现原理的分析来加深认识，以避免在使用过程中步入误区。

2.1 select

select 是 Go 在语言层面提供的多路 I/O 复用机制，用于检测多个管道是否就绪（即可读或可写），其特性跟管道息息相关。

本章试图根据源码总结其实现原理，从而发现一些使用误区或解释一些看起来奇怪的现象。

2.1.1 热身测验

1. 热身题目

1）题目一

下面的函数输出什么（单选）？

```go
func SelectExam1() {
    c1 := make(chan int, 10)
    c2 := make(chan int, 10)
    c1 <- 1
    c2 <- 2

    select {
    case <-c1:
```

```
            fmt.Println("c1")
    case <-c2:
            fmt.Println("c2")
    }
}
```

A：函数输出 c1

B：函数输出 c2

C：函数输出 c1、c2

D：函数可能输出 c1，也可能输出 c2

2）题目二

下面的函数输出什么（单选）？

```
func SelectExam2() {
    c := make(chan int)

    select {
    case <-c:
            fmt.Printf("readable")
    case c <- 1:
            fmt.Println("writable")
    }
}
```

A：函数输出 readable

B：函数输出 writable

C：函数什么也不输出，正常返回

D：函数什么也不输出，陷入阻塞

3）题目三

下面的函数输出什么（单选）？

```
func SelectExam3() {
    c := make(chan int, 10)
    c <- 1
    close(c)
```

```go
    select {
    case d := <-c:
            fmt.Println(d)
    }
}
```

A：函数输出 1

B：函数输出空字符

C：函数什么也不输出，陷入阻塞

D：函数什么也不输出，触发 panic

4）题目四

下面的函数输出什么（单选）？

```go
func SelectExam4() {
    c := make(chan int, 10)
    c <- 1
    close(c)

    select {
    case d, ok := <-c:
            if !ok {
                    fmt.Println("no data received")
                    break
            }
            fmt.Println(d)
    }
}
```

A：函数输出 1

B：函数输出 no data received

C：函数什么也不输出，陷入阻塞

D：函数什么也不输出，触发 panic

5）题目五

对下面的函数描述正确的是（单选）？

```
func SelectExam5() {
    select {}
}
```

A：编译错误，select 语句非法

B：运行时错误，触发 panic

C：函数陷入阻塞

D：函数什么也不做，直接返回

6）**题目六**

对下面的函数描述正确的是（单选）？

```
func SelectExam6() {
    var c chan string
    select {
    case c <- "Hello":
            fmt.Println("sent")
    default:
            fmt.Println("default")
    }
}
```

A：函数会因为写值为 nil 的管道而被阻塞

B：函数会因为写值为 nil 的管道而触发 panic

C：函数会从 default 出口返回

D：编译错误，值为 nil 的管道不可以写

2. 参考答案

1）**题目一**

题目考察 select 的 case 语句执行顺序的知识点。

题目中的两个管道均可读取，所以 select 中的两个 case 语句可读取管道，此时执行顺序是随机的，即函数可能输出 c1，也可能输出 c2。本题答案为 D。

2）题目二

题目考察 select 的 case 语句执行顺序的知识点。

题目中的管道没有缓冲区，所以既不可读也不可写，两个 case 语句都会阻塞，此时函数会阻塞。本题答案为 D。

3）题目三

题目考察 case 语句中读取管道数据的相关知识点。

已关闭的管道仍可以读取，所以函数输出 1。本题答案为 A。

4）题目四

题目考察 select 的 case 语句变量赋值的相关知识点。

case 语句中第二个变量的含义为是否成功读取了数据，因为管道关闭后仍可读取其中的数据，所以函数输出 1。本题答案为 A。

5）题目五

题目考察 select 的非常规用法。

空的 select 语句会永远阻塞，所以函数陷入阻塞。本题答案为 C。

6）题目六

题目考察 case 语句中值为 nil 的管道如何处理。

如果 case 语句中操作了 nil 的管道，那么该 case 语句会被忽略，所以函数会从 default 出口返回。本题答案为 C。

2.1.2 特性速览

本节先从语法层面介绍 select 支持的用法，以及不同用法的区别，然后列举几个常见的应用例子。

1. select 的特性

1）管道读写

select 只能作用于管道，包括数据读取和写入，如以下代码所示。

```
func SelectForChan(c chan string) {
    var recv string
    send := "Hello"

    select {
    case recv = <-c:
          fmt.Printf("received %s\n", recv)
    case c <- send:
          fmt.Printf("sent %s\n", send)
    }
}
```

在上面的代码中，select 拥有两个 case 语句，分别对应管道的读操作和写操作，至于最终执行哪个 case 语句，取决于函数传入的管道。

第一种情况，管道没有缓冲区，如以下代码所示。

```
c := make(chan string)
SelectForChan(c)
```

此时管道既不能读也不能写，两个 case 语句均不执行，select 陷入阻塞。

第二种情况，管道有缓冲区且还可以存放至少一个数据，如以下代码所示。

```
c := make(chan string, 1)
SelectForChan(c)
```

此时管道可以写入，写操作对应的 case 语句得到执行，且执行结束后函数退出。

第三种情况，管道有缓冲区且缓冲区中已放满数据，如以下代码所示。

```
c := make(chan string, 1)
c <- "Hello"
SelectForChan(c)
```

此时管道可以读取，读操作对应的 case 语句得到执行，且执行结束后函数退出。

第四种情况，管道有缓冲区，缓冲区中已有部分数据且还可以存入数据，如以下代码所示。

```
c := make(chan string, 2)
c <- "Hello"
SelectForChan(c)
```

此时管道既可以读取也可以写入，select 将随机挑选一个 case 语句执行，任意一个 case 语句执行结束后函数就退出。

综上所述，select 的每个 case 语句只能操作一个管道，要么写入数据，要么读取数据。鉴于管道的特性，如果管道中没有数据读取操作则会阻塞，如果管道中没有空余的缓冲区则写入操作会阻塞。当 select 的多个 case 语句中的管道均阻塞时，整个 select 语句也会陷入阻塞（没有 default 语句的情况下），直到任意一个管道解除阻塞。如果多个 case 语句均没有阻塞，那么 select 将随机挑选一个 case 执行。

2）返回值

select 为 Go 语言的预留关键字，并非函数，其可以在 case 语句中声明变量并为变量赋值，看上去就像一个函数。

case 语句读取管道时，可以最多给两个变量赋值，如以下代码所示。

```go
func SelectAssign(c chan string) {
    select {
    case <-c: // 0 个变量
            fmt.Printf("0")
    case d := <-c: // 1 个变量
            fmt.Printf("1: received %s\n", d)
    case d, ok := <-c: // 2 个变量
            if !ok {
                    fmt.Printf("no data found")
                    break
            }
            fmt.Printf("2: received %s\n", d)
    }
}
```

case 语句中管道的读操作有两个返回条件，一是成功读到数据，二是管道中已没有数据且已被关闭。当 case 语句中包含两个变量时，第二个变量表示是否成功地读出了数据。

下面的代码传入一个关闭的管道：

```go
c := make(chan string)
close(c)
SelectAssign(c)
```

此时 select 中的三个 case 语句都有机会执行，第二个和第三个 case 语句收到的数据都为空，但第三个 case 语句可以感知到管道被关闭，从而不必打印空数据。

3）default

select 中的 default 语句不能处理管道读写操作，当 select 的所有 case 语句都阻塞时，

default 语句将被执行，如以下代码所示。

```
func SelectDefault() {
   c := make(chan string)
   select {
   case <-c:
        fmt.Printf("received\n")
   default:
        fmt.Printf("no data found in default\n")
   }
}
```

由于管道没有缓冲区，读操作必然阻塞，然而 select 含有 default 分支，select 将执行 default 分支并退出。

另外，default 实际上是特殊的 case，它能出现在 select 中的任意位置，但每个 select 仅能出现一次。

2. 使用举例

下面列举几个在实际项目中使用 select 的例子，其中大部分来源于 Kubernetes 项目。

1）永久阻塞

有时我们启动协程处理任务，并且不希望 main 函数退出，此时就可以让 main 函数永久性陷入阻塞。

在 Kubernetes 项目的多个组件中均有使用 select 阻塞 main 函数的案例，比如 apiserver 中的 webhook 测试组件：

```
func main() {
   server := webhooktesting.NewTestServer(nil)
   server.StartTLS()
   fmt.Println("serving on", server.URL)
   select {}
}
```

以上代码的 select 语句中不包含 case 语句和 default 语句，那么协程（main）将陷入永久性阻塞。

2）快速检错

有时我们会使用管道来传输错误，此时就可以使用 select 语句快速检查管道中是否有错误并且避免陷入循环。

比如 Kubernetes 调度器中就有类似的用法：

```
errCh := make(chan error, active)
jm.deleteJobPods(&job, activePods, errCh) // 传入管道用于记录错误
select {
case manageJobErr = <-errCh: // 检查是否有错误发生
    if manageJobErr != nil {
        break
    }
default: // 没有错误，快速结束检查
}
```

上面的 select 仅用于尝试从管道中读取错误信息，如果没有错误，则不会陷入阻塞。

3）限时等待

有时我们会使用管道来管理函数的上下文，此时可以使用 select 来创建只有一定时效的管道。

比如 Kubernetes 控制器中就有类似的用法：

```
func waitForStopOrTimeout(stopCh <-chan struct{}, timeout time.Duration) <-chan struct{} {
    stopChWithTimeout := make(chan struct{})
    go func() {
        select {
        case <-stopCh: // 自然结束
        case <-time.After(timeout): // 最长等待时间长
        }
        close(stopChWithTimeout)
    }()
    return stopChWithTimeout
}
```

该函数返回一个管道，可用于在函数之间传递，但该管道会在指定时间后自动关闭。

2.1.3 实现原理

研究 select 的实现原理，可以帮助我们更清晰地了解以下问题：

◎ 为什么每个 case 语句只能处理一个管道？
◎ 为什么 case 语句的执行顺序是随机的（多个 case 都就绪的情况下）？

◎ 为什么在 case 语句中向值为 nil 的管道中写数据不会触发 panic？

1. 数据结构

select 中的 case 语句对应于 runtime 包中的 scase（select-case）数据结构：

```
type scase struct {
    c    *hchan           // 操作的管道
    kind uint16           // case 类型
    elem unsafe.Pointer   // data elemen
    ...
}
```

1）管道

scase 中的成员 c 表示 case 语句操作的管道，由于每个 scase 中仅能存放一个管道，这就直接决定了每个 case 语句仅能处理一个管道。另外，编译器在处理 case 语句时，如果 case 语句中没有管道操作（不能处理成 scase 对象），则会给出编译错误：

```
select case must be receive, send or assign recv
```

2）类型

scase 中的成员 kind 表示 case 语句的类型，每个类型均表示一类管道操作或特殊 case。

```
const (
    caseNil     = iota // 管道的值为 nil
    caseRecv           // 读管道的 case
    caseSend           // 写管道的 case
    caseDefault        // default
)
```

类型为 caseNil 的 case 语句表示其操作的管道值为 nil，由于 nil 管道既不可读也不可写，意味着这类 case 永远不会命中，在运行时会被忽略，这正是为什么在 case 语句中向值为 nil 的管道中写数据不会触发 panic 的原因。

◎ 类型为 caseRecv 的 case 语句，表示其将从管道中读取数据。
◎ 类型为 caseSend 的 case 语句，表示其将发送数据到管道。

default 为特殊类型的 case 语句，其不会操作管道。另外，每个 select 语句中仅可存在一个 default 语句，并且 default 语句可以出现在任意位置。

3）数据

scase 中的成员 elem 表示数据存放的地址，根据 case 类型而具有不同的含义：

◎ 在类型为 caseRecv 的 case 中，elem 表示从管道读出的数据的存放地址；
◎ 在类型为 caseSend 的 case 中，elem 表示将写入管道的数据的存放地址。

2. 实现逻辑

Go 在运行时包中提供了 selectgo() 方法用于处理 select 语句：

```
func selectgo(cas0 *scase, order0 *uint16, ncases int) (int, bool)
```

selectgo() 函数会从一组 case 语句中挑选一个 case，并返回命中 case 的下标，对于类型为 caseRecv 的 case，还会返回是否成功地从管道中读取了数据（第二个返回值对于其他类型的 case 无意义），如下图所示。

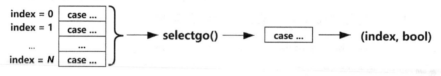

1）参数

编译器会将 select 中的 case 语句存储在一个数组中，selectgo() 的第一个参数 cas0 就是这个数组的地址。参数 ncases 表示 case 的个数（包含 default），即 cas0 数组的长度。

selectgo() 的第二个参数 order0 为一个整型数组地址，其长度为 case 个数的 2 倍。order0 数组是 case 执行随机性的关键。

如下图所示，order0 数组被一分为二，前半部分存放 case 的随机顺序（源代码中称之为 pollorder），selectgo() 函数会将原始的 case 顺序打乱，这样在检查每个 case 是否就绪时就会表现出随机性。后半部分存放管道加锁的顺序（源代码中称之为 lockorder），selectgo() 会按照管道地址顺序对多个管道加锁，从而避免因重复加锁引发的死锁问题。

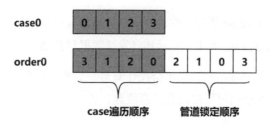

2）返回值

当所有的 case 都不可能就绪时，selectgo() 会陷入永久的阻塞，此时函数不会返回。一旦 selectgo() 返回，就说明某个 case 语句就绪了，第一个返回值代表 case 的编号，这个编号跟代码中出现的顺序一致，而非打乱后的顺序。

第二个返回值代表是否从管道中读取了数据，该值只针对类型为 caseRecv 的 case 有意义。还需要强调一下的是，第二个返回值为 true 时，仅代表从管道中读取了数据，对于已经关闭了的管道仍是如此。

3）伪代码

尽管经过前面内容的铺垫，但直接阅读 selectgo() 源码还是有一定的挑战。下面的伪代码基于 selectgo() 实现主体做了适当精简和少量修改。

```go
func selectgo(cas0 *scase, order0 *uint16, ncases int) (int, bool) {
    scases := cas0[:ncases:ncases]          // case 数组的切片
    pollorder := order0[:ncases:ncases]     // 切取 order0 前半段，用于保存随机顺序

    // 过滤掉管道值为 nil 的 case
    for i := range scases {
        cas := &scases[i]
        if cas.c == nil && cas.kind != caseDefault {
            *cas = scase{}
        }
    }

    // 生成 case 的随机顺序，保存到 pollorder 中
    for i := 1; i < ncases; i++ {
        j := fastrandn(uint32(i + 1))
        pollorder[i] = pollorder[j]
        pollorder[j] = uint16(i)
    }

loop:
    // 开始循环遍历各个 case
    var dfli int        // default 语句下标
    var dfl *scase      // default 语句对应的 scase
    var casi int        // case 下标
    var cas *scase      // case 语句
    var recvOK bool
```

```
        for i := 0; i < ncases; i++ {
                casi = int(pollorder[i])
                cas = &scases[casi]
                c = cas.c // case 对应的管道

                switch cas.kind {
                case caseNil: // 前面已经过滤掉的case，直接忽略
                        continue

                case caseRecv:
                        if c 可读 {
                                goto bufrecv // 跳出循环，处理读操作
                        }

                case caseSend:
                        if c 可写 {
                                goto bufsend // 跳出循环，处理写操作
                        }

                case caseDefault: // 标记default case 的位置
                        dfli = casi
                        dfl = cas
                }
        }

        // 所有case 都未就绪，如存在default 出口，走default
        if dfl != nil {
                casi = dfli
                cas = dfl
                return casi, false // 返回default 分支下标
        }

        // 走到此处，说明所有的case 都未就绪，也没有default
        // 阻塞等待所有的管道……
        goto loop

bufrecv:
        // 略去具体的读管道操作
        recvOK = true // 读取成功后设为true
        return casi, recvOK
```

```
bufsend:
    // 略去具体的写管道操作
    return casi, recvOK
}
```

selectgo()函数的实现包括以下几个要点：

- 通过随机函数 fastrandn() 将原始的 case 顺序打乱，在遍历各个 case 时使用打乱后的顺序就会表现出随机性。
- 循环遍历各个 case 时，如果发现某个 case 就绪（管道可读或可写），则直接跳出循环进行管道操作并返回。
- 循环变量遍历各个 case 时，循环能正常结束（没有跳转），说明所有 case 都没有就绪，如果有 default 语句则命中 default。
- 如果所有 case 都未命中且没有 default，selectgo() 将阻塞等待所有管道，任一管道就绪后，都将开始新的循环。

3. 小结

- select 仅能操作管道；
- 每个 case 语句仅能处理一个管道，要么读要么写；
- 多个 case 语句的执行顺序是随机的；
- 存在 default 语句，select 将不会阻塞。

最后，使用 select 读取管道时，尽量检查读取是否成功，以便及时发现管道异常。

2.2 for-range

for-range 表达式用于遍历集合元素，比传统的 for 循环更简洁、更直观。

使用传统 for 循环遍历切片：

```
func ForExpression() {
    s := []int{1, 2, 3}

    for i := 0; i < len(s); i++ {
        fmt.Println(s[i])
    }
}
```

使用 for-range 遍历切片：

```go
func ForRangeExpression() {
    s := []int{1, 2, 3}

    for i := range s {
            fmt.Println(s[i])
    }
}
```

for-range 表达式作用于所有的集合类型，包括数组、切片、string、map，甚至还可以遍历 channel。

2.2.1 热身测验

1. 热身题目

1）题目一

应该如何优化下面函数的性能？

```go
func FindMonkey(s []string) bool {
    for _, v := range s {
            if v == "monkey" {
                    return true
            }
    }

    return false
}
```

2）题目二

下面的函数输出什么？

```go
func PrintSlice() {
    s := []int{1, 2, 3}
    var wg sync.WaitGroup

    wg.Add(len(s))
    for _, v := range s {
            go func() {
```

```
            fmt.Println(v)
            wg.Done()
        }()
    }
    wg.Wait()
}
```

3）题目三

对下面函数的描述，正确的是（单选）:

```
func RangeNilChannel() {
    var c chan string

    for v := range c {
        fmt.Println(v)
    }
}
```

A：函数没有打印，正常退出

B：遍历 nil 切片，函数会触发 panic

C：函数打印 nil，然后退出

D：函数没有打印，永远阻塞

4）题目四

对下面函数描述正确的是（单选）:

```
func RangeTimer() {
    t := time.NewTimer(time.Second)

    for _ = range t.C {
        fmt.Println("hi")
    }
}
```

A：函数没有打印，直接退出

B：函数打印 hi 后退出

C：函数打印 hi 后阻塞

D：函数触发 panic

5）题目五

下面的函数能否正常结束？

```go
func RangeDemo() {
    s := []int{1, 2, 3}
    for i := range s {
        s = append(s, i)
    }
}
```

2. 参考答案

1）题目一

题目考察 for-range 表达式中迭代变量赋值的相关知识点。

由于遍历过程中每次迭代均会执行一次赋值操作，考虑到切片元素类型为 string，赋值会涉及内存拷贝，性能上不如使用切片下标。优化后的代码如下所示。

```go
func FindMonkeyImproved(s []string) bool {
    for i := range s {
        if s[i] == "monkey" {
            return true
        }
    }
    return false
}
```

2）题目二

题目考察 for-range 表达式中迭代变量共享的相关知识点。

在 for-range 表达式中，迭代变量只会声明一次，在多次迭代中共享。上面的程序中由于循环速度快于协程启动速度，协程最终访问到的 v 值为 3，所以最终输出 3 个 3。

3）题目三

题目考察 for-range 表达式遍历值为 nil 的 channel 的知识点。

for-range 表达式作用于值为 nil 的 channel 时会永久阻塞。本题答案为 D。

4）题目四

题目考察 for-range 表达式遍历 channel 时的行为。

for-range 表达式作用于 channel 时，会遍历 channel 中的所有元素，如果没有元素则会阻塞等待，直到 channel 被关闭。所以上述题目中函数会在 1s 后打印字符串，然后陷入阻塞。本题答案为 C。

5）题目五

题目考察 for-range 表达式遍历范围的知识点。

for-range 表达式在遍历开始前就已经决定了循环次数，所以迭代过程中向切片追加元素不会导致循环无休止执行，函数可以正常退出。

2.2.2 特性速览

for-range 表达式（以下简称 range）可作用于数组、数组指针、切片、string、map 和 channel 类型，本节关注 range 作用于这些类型时的基本用法。

range 是 Go 的预留关键字，其本身并不是函数，由于 range 可以给循环变量赋值，使其看起来好像函数返回一样，所以我们在讨论 range 时，往往会把它描述成函数，比如 range 遍历数组时返回元素的下标和元素值。

1. 作用于数组

range 作用于数组时，从下标 0 开始依次遍历数组元素，返回元素的下标和元素值。举例如下：

```go
func RangeArray() {
    a := [3]int{1, 2, 3}
    for i, v := range a {
        fmt.Printf("index: %d value:%d\n", i, v)
    }
}
```

函数输出：

```
index: 0 value:1
index: 1 value:2
index: 2 value:3
```

如果只有一个循环变量,那么 range 仅返回元素的下标。

另外,range 也可作用于数组指针,其效果与作用于数组没有区别,仍然返回数组元素的下标和元素值。

2. 作用于切片

range 作用于切片时,与数组类似,返回元素的下标和元素值。举例如下:

```
func RangeSlice() {
    s := []int{1, 2, 3}
    for i, v := range s {
         fmt.Printf("index: %d value:%d\n", i, v)
    }
}
```

函数输出:

```
index: 0 value:1
index: 1 value:2
index: 2 value:3
```

同样,如果只有一个循环变量,那么 range 仅返回元素的下标。但 range 不可作用于切片指针。

3. 作用于 string

range 作用于 string 时,仍然返回元素的下标和元素值,但由于 string 底层使用 Unicode 编码存储字符,字符可能占用 1~4 个字节,所以下标可能是不连续的,并且元素值是该字符对应的 Unicode 编码的首个字节的值。

对于纯 ASCII 码中的字母来说,每个字符的 Unicode 编码仍占用 1 个字节:

```
func RangeString() {
    s := "Hello"
    for i, v := range s {
         fmt.Printf("index: %d, value: %c\n", i, v)
    }
}
```

函数输出:

```
index: 0, value: H
```

```
index: 1, value: e
index: 2, value: l
index: 3, value: l
index: 4, value: o
```

对于中文汉字来说，每个字符会占用多个字节，此时元素的下标就不是连续的：

```
func RangeStringUniCode() {
    s := "中国"
    for i, v := range s {
        fmt.Printf("index: %d, value: %c\n", i, v)
    }
}
```

函数输出：

```
index: 0, value: 中
index: 3, value: 国
```

另外需要注意的是，range 的第二个返回值的类型为 rune 类型，它仅代表 Unicode 编码的 1 个字节：

```
type rune = int32
```

4. 作用于 map

range 作用于 map 时，返回每个元素的 key 和 value：

```
func RangeMap() {
    m := map[string]string{"animal": "monkey", "fruit": "apple"}
    for k, v := range m {
        fmt.Printf("key: %s, value: %s\n", k, v)
    }
}
```

函数可能输出：

```
key: animal, value: monkey
key: fruit, value: apple
```

也可能输出：

```
key: fruit, value: apple
key: animal, value: monkey
```

由于 map 的数据结构本身没有顺序的概念，它仅存储 key-value 对，所以 range 分别返回 key 和 value。

另外，如果遍历过程中修改 map（增加或删除元素），则 range 行为是不确定的，删除的元素不可能被遍历到，新加的元素可能遍历不到，总之尽量不要在循环中修改 map。

5. 作用于 channel

range 作用于 channel 时，会返回 channel 中所有的元素。

举例如下：

```
func RangeChannel() {
    c := make(chan string, 2)
    c <- "Hello"
    c <- "World"

    time.AfterFunc(time.Microsecond, func() {
            close(c)
    })

    for e := range c {
            fmt.Printf("element: %s\n", e)
    }
}
```

函数输出：

```
element: Hello
element: World
```

上面的函数中，channel 包含两个元素，range 遍历完两个元素后会阻塞等待，直到定时器到期后关闭 channel 才结束遍历。

相较于数组和切片，channel 中的元素没有下标的概念，所以其最多只能返回一个元素。此外需要格外留意的是，range 会阻塞等待 channel 中的数据，直到 channel 被关闭，同时，如果 range 作用于值为 nil 的 channel 时，则会永久阻塞。

6. 小结

关于 range 返回值的个数，除只有 channel 最多返回一个值外，其他类型最多返回两个值，具体个数取决于表达式中循环变量的个数。

对于数组、切片、string 和 map 类型，如果只有一个循环变量接收 range 返回值，则相当于省略掉了第二个返回值。

```
for 1st := rang xxx
// 等价于
for 1st, _ := range xxx
```

2.2.3 实现原理

本节我们尝试分析 for-range 的实现机制，对此，我们从编译器（gccgo）的源代码中可以找到一些线索。编译器代码晦涩难懂，庆幸的是，其注释中包含了足够清晰的伪代码。

编译器会将 for-range 语句处理成传统的 for 循环，伪代码如下：

```
for INIT ; COND ; POST {
    ITER_INIT
    INDEX = INDEX_TEMP // 下标
    VALUE = VALUE_TEMP // 元素
    original statements
}
```

编译器会从 for-range 语句中提取出初始化语句（INIT）、条件语句（COND）和迭代语句（POST），循环体中有两个比较明显的赋值语句，分别对应 for-range 的两个返回值，最后才是 for-range 语句中原始的代码（original statements）。

这是 for-range 总体的处理机制，对于不同的数据类型，还有一些细节上的差异，下面我们分别说明。

1. 作用于数组

当 for-range 作用于数组（同样适用于数组指针）时，伪代码如下：

```
len_temp := len(range)
range_temp := range
for index_temp = 0; index_temp < len_temp; index_temp++ {
    value_temp = range_temp[index_temp]
    index = index_temp
    value = value_temp
    original body
}
```

值得注意的是，循环次数（len_temp）在循环开始前就已经确定为数组长度（len(range)），所以在循环过程中，数组中新添加的元素是无法遍历到的。

2. 作用于切片

当 for-range 作用于切片时，伪代码如下：

```
for_temp := range
len_temp := len(for_temp)
for index_temp = 0; index_temp < len_temp; index_temp++ {
    value_temp = for_temp[index_temp]
    index = index_temp
    value = value_temp
    original body
}
```

可以看出，对于切片的处理与数组类似，在此不再赘述。

3. 作用于 string

当 for-range 作用于 string 类型时，伪代码如下：

```
len_temp := len(range)
var next_index_temp int
for index_temp = 0; index_temp < len_temp; index_temp = next_index_temp {
        value_temp = rune(range[index_temp])
        if value_temp < utf8.RuneSelf {
                next_index_temp = index_temp + 1
        } else {
                value_temp, next_index_temp = decoderune(range, index_temp)
        }
        index = index_temp
        value = value_temp
        // original body
}
```

对于 string 类型，默认的循环次数仍然为 string 所占用的字节数（len_temp），但循环体中会根据编码类型调整下次迭代的位置（next_index_temp），所以会出现迭代下标不连续的情况。

utf8.RuneSelf 为一常量，用于区分字符的 Unicode 编码是否保持不变：

```
RuneSelf    = 0x80
```

如果 string 指定 byte 小于该值，则说明字符的 Unicode 编码仍为自身，此时循环迭代次数为 len_temp。如果 string 指定 byte 大于该值，则说明字符的 Unicode 编码会占用多个连续的字节，循环迭代将跳跃式前进，迭代次数会小于 len_temp。

同时需要注意的是，返回的元素值为 rune 类型的单个字节值（rune(range[index_temp])），对于常见的 ASCII 字母和数字来说，该字节值就是字符，对于汉字等字符来说，该字节值仅代表 Unicode 编码的首个字节。

4. 作用于 map

当 for-range 作用于 map 时，伪代码如下：

```
var hiter map_iteration_struct
for mapiterinit(type, range, &hiter); hiter.key != nil; mapiternext(&hiter) {
        index_temp = *hiter.key
        value_temp = *hiter.val
        index = index_temp
        value = value_temp
        original body
}
```

遍历 map 时没有指定循环次数，循环体与遍历切片类似。由于 map 的底层实现与 slice 不同，map 底层使用 Hash 表实现，插入数据位置是随机的，所以遍历过程中新插入的数据不能保证遍历到。

5. 作用于 channel

当 for-range 作用于 channel 时最特殊，这是由 channel 的实现机制决定的：

```
for {
    index_temp, ok_temp = <-range
    if !ok_temp {
            break
    }
    index = index_temp
    original body
}
```

channel 遍历是依次从 channel 中读取元素，读取前是不知道里面有多少个元素的。如果 channel 中没有元素，则会阻塞等待，如果 channel 已被关闭（!ok_temp），则会解除阻塞并退出循环（break）。

6. 小结

for-range 实际上还是 C 语言风格的 for 循环，循环过程中会给迭代变量赋值（数据复制），当遍历数组、切片、string 和 map 时，有时会忽略第二个返回值，使用下标访问元素可以在一定程度上提升性能。

另外，for-range 作用于 channel 时会阻塞，这也是需要注意的。最后，尽量避免在遍历过程中修改原数据。

第 3 章

协程

本章主要介绍协程及其调度机制。

协程是 Go 语言最大的特色之一，本章我们从协程的概念、Go 协程的实现、Go 协程调度机制等角度进行分析。

3.1 协程的概念

协程并不是 Go 发明的概念，根据维基百科的记录，协程术语 coroutine 最早出现在 1963 年发表的论文中，论文作者为美国计算机科学家 Melvin E. Conway（马尔文·爱德华·康威），也许读者听说过著名的康威定律："设计系统的架构受制于产生这些设计的组织的沟通结构。"，即系统设计本质上反映了企业的组织机构，系统各个模块间的接口也反映了企业各个部门之间的信息流动和合作方式。

支持协程的编程语言有很多，比如 Python、Perl 等，但没有哪个语言能像 Go 一样把协程支持得如此优雅，Go 在语言层面直接提供对协程的支持称为 goroutine。

1. 基本概念

1）进程

进程是应用程序的启动实例，每个进程都有独立的内存空间，不同进程通过进程间的通信方式来通信。

2）线程

线程从属于进程，每个进程至少包含一个线程，线程是 CPU 调度的基本单位，多个线程之间可以共享进程的资源并通过共享内存等线程间的通信方式来通信。

3）协程

协程可理解为一种轻量级线程，与线程相比，协程不受操作系统调度，协程调度器由用户应用程序提供，协程调度器按照调度策略把协程调度到线程中运行。Go 应用程序的协程调度器由 runtime 包提供，用户使用 go 关键字即可创建协程，这也就是在语言层面直接支持协程的含义。

2. 协程的优势

我们知道，在高并发应用中频繁创建线程会造成不必要的开销，所以有了线程池技术。在线程池中预先保存一定数量的线程，新任务将不再以创建线程的方式去执行，而是将任务发布到任务队列中，线程池中的线程不断地从任务队列中取出任务并执行，这样可以有效地减少线程的创建和销毁所带来的开销。

下图展示了一个典型的线程池。

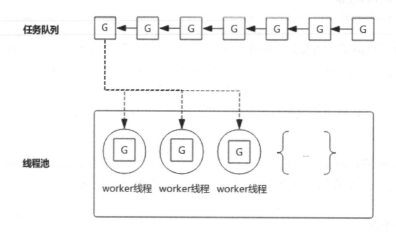

为了方便下面的叙述，我们把任务队列中的每一个任务称作 G，而 G 往往代表一个函数。线程池中的 worker 线程不断地从任务队列中取出任务并执行，而 worker 线程则交给操作系统进行调度。

如果 worker 线程执行的 G 任务中发生系统调用，则操作系统会将该线程置为阻塞状态，也就意味着该线程在息工，由于消费任务队列中的 worker 线程变少了，所以线程池消费任务队列的能力变弱了。

如果任务队列中的大部分任务都进行系统调用，则会让这种状态恶化，大部分 worker 线程进入阻塞状态，从而任务队列中的任务产生堆积。

解决这个问题的一个思路就是重新审视线程池中线程的数量，增加线程池中的线程数量可以在一定程度上提高消费能力，但随着线程数量增多，过多线程争抢 CPU 资源，消费能力会有上限，甚至出现消费能力下降的现象，如下图所示。

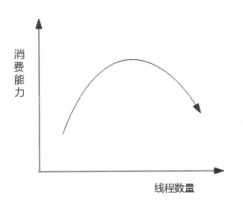

过多的线程会导致上下文切换的开销变大，而工作在用户态的协程则能大大减少上下文切换的开销。协程调度器把可运行的协程逐个调度到线程中执行，同时及时把阻塞的协程调度出线程，从而有效地避免了线程的频繁切换，达到了使用少量线程实现高并发的效果。

多个协程分享操作系统分给线程的时间片，从而达到充分利用 CPU 算力的目的，协程调度器则决定了协程运行的顺序。如下图所示，线程运行调度器指派的协程，但每一时刻只能运行一个协程。

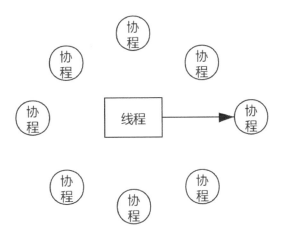

3.2 调度模型

1. 线程模型

线程可分为用户线程和内核线程，用户线程由用户创建、同步和销毁，内核线程则由内核来管理。根据用户线程管理方式的不同，分为三种线程模型。

- 一种是 $N:1$ 模型，即 N 个用户线程运行在 1 个内核线程中，优点是用户线程上下文切换快，缺点是无法充分利用 CPU 多核的算力。
- 另一种是 $1:1$ 模型，即每个用户线程对应一个内核线程，优点是充分利用 CPU 的算力，缺点是线程上下文切换较慢。
- Go 实现的是 $M:N$ 模型，即前两种模型的组合，M 个用户线程（协程）运行在 N 个线程中，优点是充分利用 CPU 的算力且协程上下文切换快，缺点则是该模型的调度算法较为复杂。

2. Go 调度器模型

Go 协程调度模型中包含三个关键实体，machine（简称 M）、processor（简称 P）和 goroutine（简称 G），如下图所示。

- M（machine）：工作线程，它由操作系统调度。
- P（processor）：处理器（Go 定义的一个概念，不是指 CPU），包含运行 Go 代码的必要资源，也有调度 goroutine 的能力。
- G（goroutine）：即 Go 协程，每个 go 关键字都会创建一个协程。

M 必须持有 P 才可以执行代码，跟系统中的其他线程一样，M 也会被系统调用阻塞。P 的个数在程序启动时决定，默认情况下等同于 CPU 的核数，可以使用环境变量 GOMAXPROCS 或在程序中使用 runtime.GOMAXPROCS() 方法指定 P 的个数。

例如，使用环境变量设置 GOMAXPROCS 为 80：

```
export GOMAXPROCS=80
```

使用 runtime.GOMAXPROCS()方法设置 GOMAXPROCS 为 80：

```
runtime.GOMAXPROCS(80)
```

M 的个数通常稍大于 P 的个数，因为除了运行 Go 代码，runtime 包还有其他内置任务需要处理。

一个简单的调度器模型如下图所示。

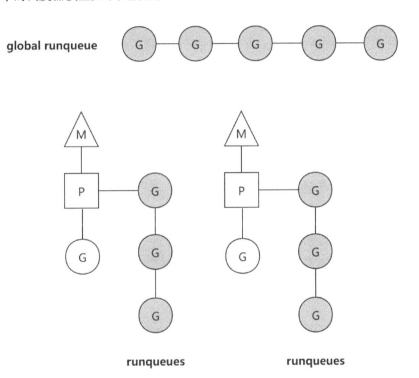

上图中包括两个工作线程 M，每个 M 持有一个处理器 P，并且每个 M 中有一个协程 G 在运行。灰色背景的协程正在等待被调度，它们位于被称为 runqueues 的队列中。每个处理器 P 中拥有一个 runqueues 队列，此外还有一个全局的 runqueues 队列，由多个处理器共享。

早期的调度器实现中（Go 1.1 之前）只包含全局的 runqueues，多个处理器 P 通过互斥锁来调度队列中的协程，在多 CPU 或多核环境中，多个处理器需要经常争抢锁来调度全局队列中的协程，严重影响了并发执行效率。后来便引入了局部的 runqueues，每个处理器 P 访问自己的 runqueues 时不需要加锁，大大提高了效率。

一般来说，处理器 P 中的协程 G 额外再创建的协程会加入本地的 runqueues 中，但如果本地的队列已满，或者阻塞的协程被唤醒，则协程会被放入全局的 runqueues 中，处理器 P 除了调度本地的 runqueues 中的协程，还会周期性地从全局 runqueues 中摘取协程来调度。

了解完调度器模型，我们接下来介绍几种常见的调度策略。

3.3 调度策略

Go 协程调度器也是不断演进的，使得 Go 支持越来越多的调度策略，以便在不同的应用场景下都能产生优异的并发效果。

1. 队列轮转

每个处理器 P 维护着一个协程 G 的队列，处理器 P 依次将协程 G 调度到 M 中执行。

协程 G 执行结束后，处理器 P 会再次调度一个协程 G 到 M 中执行（协程进入系统调用和协程长时间运行的场景略为复杂，后面再详细介绍）。

同时，每个 P 会周期性地查看全局队列中是否有 G 待运行并将其调度到 M 中执行，全局队列中的 G 主要来自从系统调用中恢复的 G。之所以 P 会周期性地查看全局队列，也是为了防止全局队列中的 G 长时间得不到调度机会而被"饿死"。

2. 系统调用

我们知道，当线程在执行系统调用时，可能会被阻塞，对应到调度器模型，如果一个协程发起系统调用，那么对应的工作线程会被阻塞，这样一来，处理器 P 的 runqueues 队列中的协程将得不到调度，相当于队列中的所有协程都被阻塞。

前面提到 P 的个数默认等于 CPU 的核数，每个 M 必须持有一个 P 才可以执行 G。一般情况下 M 的个数会略大于 P 的个数，多出来的 M 将会在 G 产生系统调用时发挥作用。与线程池类似，Go 也提供一个 M 的池子，需要时从池子中获取，用完放回池子，不够用时就再创建一个。

当 M 运行的某个 G 产生系统调用时，过程如下图所示。

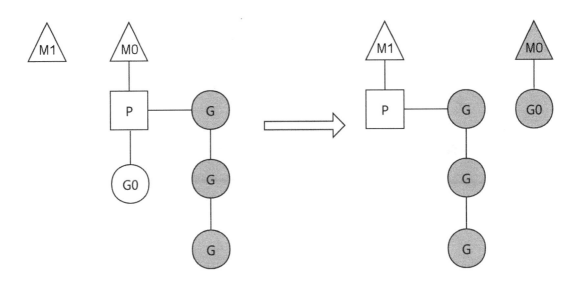

如上图所示，当 G0 即将进入系统调用时，M0 将释放 P，进而某个冗余的 M1 获取 P，继续执行 P 队列中剩下的 G。M0 由于陷入系统调用而被阻塞，M1 接替 M0 的工作，只要 P 不空闲，就可以保证充分地利用 CPU。

冗余的 M 的来源有可能是缓存池，也可能是新建的。当 G0 结束系统调用后，根据 M0 是否能获取到 P，对 G0 进行不同的处理：

◎ 如果有空闲的 P，则获取一个 P，继续执行 G0。
◎ 如果没有空闲的 P，则将 G0 放入全局队列，等待被其他的 P 调度。然后 M0 将进入缓存池睡眠。

3. 工作量窃取

通过 go 关键字创建的协程通常会优先放到当前协程对应的处理器队列中，可能有些协程自身不断地派生新的协程，而有些协程不派生协程。如此一来，多个处理器 P 中维护的 G 队列有可能是不均衡的，如果不加以控制，则有可能出现部分处理器 P 非常繁忙，而部分处理器 P 怠工的情况。

为此，Go 调度器提供了工作量窃取策略，即当某个处理器 P 没有需要调度的协程时，将从其他处理器中偷取协程，如下图所示。

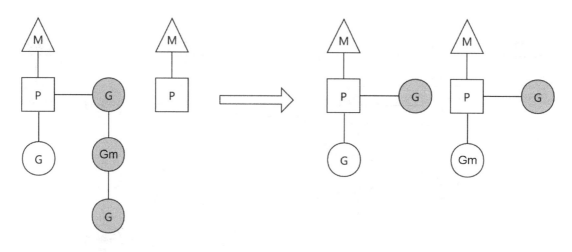

发生窃取前（图中左半部分），右侧的处理器 P 在没有协程需要调度时会查询全局队列，如果全局队列中也没有协程需要调度，则会从另一个正在运行的处理器 P 中偷取协程，每次偷取一半，偷取完的效果如图中右半部分所示。

4. 抢占式调度

所谓抢占式调度，是指避免某个协程长时间执行，而阻碍其他协程被调度的机制。

调度器会监控每个协程的执行时间，一旦执行时间过长且有其他协程在等待时，会把协程暂停，转而调度等待的协程，以达到类似于时间片轮转的效果。

在 Go 1.14 之前，Go 协程调度器抢占式调度机制是有一定局限性的，在该设计中，在函数调用间隙检查协程是否可被抢占，如果协程没有函数调用，则会无限期地占用执行权，如以下代码所示。

```
func main() {
    runtime.GOMAXPROCS(1)
    go func() {
        for {
            // 无函数调用的无限循环
        }
    }()
    time.Sleep(1 * time.Second) // 系统调用，出让执行权给上面的协程
    println("Done")
}
```

上面的代码在 Go 1.14 之前会陷入协程的无限循环中，协程永远无法被抢占，导致主协程无法继续执行。直到在 Go 1.14 中，调度器引入了基于信号的抢占机制，这个问题才得到了解决。

5. GOMAXPROCS 对性能的影响

一般来讲，程序运行时就将 GOMAXPROCS 的大小设置为 CPU 的核数，可让 Go 程序充分利用 CPU。在某些 I/O 密集型的应用中，这个值可能并不意味着性能最好。理论上当某个 goroutine 进入系统调用时，会有一个新的 M 被启用或创建，继续占满 CPU。但由于 Go 调度器检测到 M 被阻塞是有一定延迟的，即旧的 M 被阻塞和新的 M 得到运行之间是有一定间隔的，所以在 I/O 密集型应用中不妨把 GOMAXPROCS 的值设置得大一些，或许会有好的效果。

第 4 章
内存管理

本章主要介绍 Go 语言的自动垃圾回收机制。

自动垃圾回收是 Go 语言最大的特色之一，也是很有争议的话题。因为自动垃圾回收解放了程序员，使其不用担心内存泄漏的问题，争议在于垃圾回收的性能，在某些应用场景下垃圾回收会暂时停止程序的运行。

本章从内存分配的原理讲起，然后分析垃圾回收的原理，最后聊一些与垃圾回收性能优化相关的话题。

4.1 内存分配

编写过 C 语言程序的读者肯定知道 malloc() 方法用于动态申请内存，其中内存分配器使用的是 glibc 提供的 ptmalloc2。除了 glibc，业界比较出名的内存分配器有 Google 的 tcmalloc 和 Facebook 的 jemalloc，二者在避免内存碎片和性能上均比 glibc 有比较大的优势，在多线程环境中效果更明显。

Go 语言也实现了内存分配器，原理与 tcmalloc 类似，简单地说就是维护一块大的全局内存，每个线程（Go 中为处理器 P）维护一块小的私有内存，私有内存不足时再从全局申请。

另外，内存分配与 GC（垃圾回收）的关系密切，所以了解 GC 前有必要了解内存分配的原理。

1. 基础概念

为了方便自主管理内存，一般做法是先向系统申请一块内存，然后将内存切割成小块，通过一定的内存分配算法管理内存。以 64 位系统为例，Go 程序启动时向系统申请的内存如下图所示。

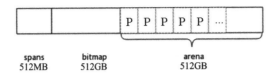

预申请的内存划分为 spans、bitmap、arena 三部分。其中 arena 即所谓的堆区，应用中需要的内存从这里分配，spans 和 bitmap 是为了管理 arena 区而存在的。

arena 的大小为 512GB，为了方便管理，把 arena 区域划分成一个个的 page（页，图中用 P 表示），每个页的大小为 8KB，一共有 512GB/8KB 个页。

spans 区域存放 span 的指针，每个指针对应一个或多个 page，所以 span 区域的大小为（512GB/8KB）×指针大小（8byte）= 512MB。

bitmap 区域的大小也是通过 arena 计算出来的，不过主要用于 GC。

1）span

span 是用于管理 arena 页的关键数据，每个 span 中包含 1 个或多个连续页。为了满足小对象分配，会将 span 中的一页会划分为更小的粒度，而对于大对象比如超过页大小，则通过多页实现。

（1）class。

根据对象大小，划分了一系列 class，每个 class 都代表一个固定大小的对象，以及每个 span 的大小，如下所示。

```
// class  bytes/obj  bytes/span  objects  waste bytes
//   1         8        8192      1024         0
//   2        16        8192       512         0
//   3        32        8192       256         0
//   4        48        8192       170        32
//   5        64        8192       128         0
//   6        80        8192       102        32
//   7        96        8192        85        32
//   8       112        8192        73        16
//   9       128        8192        64         0
//  10       144        8192        56       128
```

```
// 11    160     8192     51    32
// 12    176     8192     46    96
// 13    192     8192     42    128
// 14    208     8192     39    80
// 15    224     8192     36    128
// 16    240     8192     34    32
// 17    256     8192     32    0
// 18    288     8192     28    128
// 19    320     8192     25    192
// 20    352     8192     23    96
// 21    384     8192     21    128
// 22    416     8192     19    288
// 23    448     8192     18    128
// 24    480     8192     17    32
// 25    512     8192     16    0
// 26    576     8192     14    128
// 27    640     8192     12    512
// 28    704     8192     11    448
// 29    768     8192     10    512
// 30    896     8192     9     128
// 31    1024    8192     8     0
// 32    1152    8192     7     128
// 33    1280    8192     6     512
// 34    1408    16384    11    896
// 35    1536    8192     5     512
// 36    1792    16384    9     256
// 37    2048    8192     4     0
// 38    2304    16384    7     256
// 39    2688    8192     3     128
// 40    3072    24576    8     0
// 41    3200    16384    5     384
// 42    3456    24576    7     384
// 43    4096    8192     2     0
// 44    4864    24576    5     256
// 45    5376    16384    3     256
// 46    6144    24576    4     0
// 47    6528    32768    5     128
// 48    6784    40960    6     256
// 49    6912    49152    7     768
// 50    8192    8192     1     0
// 51    9472    57344    6     512
```

```
// 52      9728     49152    5    512
// 53      10240    40960    4    0
// 54      10880    32768    3    128
// 55      12288    24576    2    0
// 56      13568    40960    3    256
// 57      14336    57344    4    0
// 58      16384    16384    1    0
// 59      18432    73728    4    0
// 60      19072    57344    3    128
// 61      20480    40960    2    0
// 62      21760    65536    3    256
// 63      24576    24576    1    0
// 64      27264    81920    3    128
// 65      28672    57344    2    0
// 66      32768    32768    1    0
```

每列的含义如下。

◎ class：class ID，每个 span 结构中都有一个 class ID，表示该 span 可处理的对象类型；
◎ bytes/obj：该 class 代表对象的字节数；
◎ bytes/span：每个 span 占用堆的字节数，即页数×页大小；
◎ objects：每个 span 可分配的对象个数，即（bytes/span）/（bytes/obj）；
◎ waste bytes：每个 span 产生的内存碎片，即（bytes/span）%（bytes/obj）。

上面最大的对象的大小是 32KB，超过 32KB 大小的对象由特殊的 class 表示，该 class ID 为 0，每个 class 只包含一个对象。

（2）span 的数据结构。

span 是内存管理的基本单位，每个 span 用于管理特定的 class 对象，根据对象大小，span 将一个或多个页拆分成多个块进行管理。

src/runtime/mheap.go:mspan 定义了其数据结构：

```
type mspan struct {
    next *mspan               // 链表前向指针，用于将 span 链接起来
    prev *mspan               // 链表前向指针，用于将 span 链接起来
    startAddr uintptr         // 起始地址，即所管理页的地址
    npages    uintptr         // 管理的页数

    nelems uintptr            // 块个数，即有多少个块可供分配
```

```
    allocBits    *gcBits              // 分配位图，每一位代表一个块是否已分配

    allocCount   uint16               // 已分配块的个数
    spanclass    spanClass            // class 表中的 class ID

    elemsize     uintptr              // class 表中的对象大小，即块大小
}
```

以 class 10 为例，span 和管理的内存如下图所示。

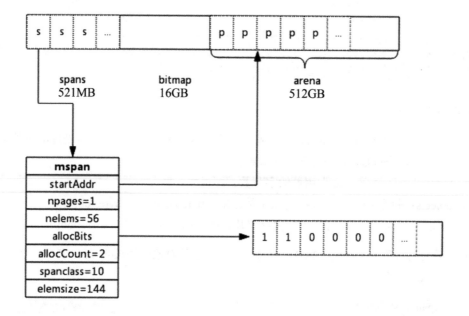

spanclass 为 10，参照 class 表可得出 npages=1、nelems=56、elemsize=144。其中 startAddr 是在 span 初始化时就指定了某个页的地址。allocBits 指向一个位图，每位代表一个块是否被分配，本例中有两个块已经被分配，其 allocCount 也为 2。

next 和 prev 用于将多个 span 链接起来，这有利于管理多个 span，接下来会进行说明。

2）cache

有了管理内存的基本单位 span，还要有一个数据结构来管理 span，这个数据结构叫 mcentral，各线程需要内存时从 mcentral 管理的 span 中申请内存，为了避免多线程申请内存时不断地加锁，Go 为每个线程分配了 span 的缓存，这个缓存即 cache。

src/runtime/mcache.go:mcache 定义了 cache 的数据结构:

```
type mcache struct {
    alloc [67*2]*mspan // 按 class 分组的 mspan 列表
}
```

alloc 为 mspan 的指针数组,数组大小为 class 总数的 2 倍。数组中的每个元素代表一种 class 类型的 span 列表,每种 class 类型都有两组 span 列表,第一组列表中所表示的对象包含了指针,第二组列表中所表示的对象不包含指针,这么做是为了提高 GC 扫描性能,对于不包含指针的 span 列表,没必要去扫描。

根据对象是否包含指针,将对象分为 noscan 和 scan 两类,其中 noscan 代表没有指针,而 scan 则代表有指针,需要 GC 进行扫描。

mcache 和 mspan 的对应关系如下图所示。

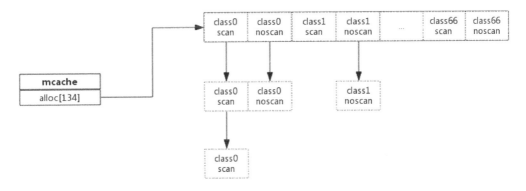

cache 在初始化时是没有任何 span 的,在使用过程中会动态地从 central 中获取并缓存下来,根据使用情况,每种 class 的 span 个数也不相同。如上图所示,class 0 的 span 数比 class1 的要多,说明本线程中分配的小对象要多一些。

3)central

cache 作为线程的私有资源为单个线程服务,而 central 则是全局资源,为多个线程服务,当某个线程的内存不足时会向 central 申请,当某个线程释放内存时又会回收进 central。

src/runtime/mcentral.go:mcentral 定义了 central 的数据结构:

```
type mcentral struct {
    lock       mutex            // 互斥锁
    spanclass  spanClass        // span class ID
```

```
    nonempty    mSpanList        // 指还有空闲块的 span 列表
    empty       mSpanList        // 指没有空闲块的 span 列表

    nmalloc  uint64              // 已累计分配的对象个数
}
```

- lock：线程间的互斥锁，防止多线程读写冲突；
- spanclass：每个 mcentral 管理一组有相同 class 的 span 列表；
- nonempty：指还有内存可用的 span 列表；
- empty：指没有内存可用的 span 列表；
- nmalloc：指累计分配的对象个数。

线程从 central 中获取 span 的步骤如下：

（1）加锁。

（2）从 nonempty 列表获取一个可用 span，并将其从链表中删除。

（3）将取出的 span 放入 empty 链表。

（4）将 span 返回给线程。

（5）解锁。

（6）线程将该 span 缓存进 cache。

线程将 span 归还的步骤如下：

（1）加锁。

（2）将 span 从 empty 列表中删除。

（3）将 span 加入 noneempty 列表。

（4）解锁。

上述线程从 central 中获取 span 和归还 span 只是简单流程，并未对具体细节展开。

4）heap

由 central 的数据结构可见，每个 mcentral 对象只管理特定的 class 规格的 span。事实上每种 class 都会对应一个 mcentral，这个 mcentral 的集合存放于 mheap 数据结构中。

src/runtime/mheap.go:mheap 定义了 heap 的数据结构：

```
type mheap struct {
```

```
    lock       mutex

    spans []*mspan

    bitmap         uintptr     // 指向 bitmap 的首地址，bitmap 是从高地址向低地址增长的

    arena_start uintptr       // 指示 arena 区域的首地址
    arena_used  uintptr       // 指示 arena 区域已使用的地址位置

    central [67*2]struct {
        mcentral mcentral
        pad [sys.CacheLineSize - unsafe.Sizeof(mcentral{})%sys.CacheLineSize] byte
    }
}
```

- lock：互斥锁；
- spans：指向 spans 区域，用于映射 span 和 page 的关系；
- bitmap：bitmap 的起始地址；
- arena_start：arena 区域的首地址；
- arena_used：当前 arena 已使用区域的最大地址；
- central：每种 class 对应的两个 mcentral。

由数据结构可见，mheap 管理着全部的内存，事实上 Go 就是通过一个 mheap 类型的全局变量进行内存管理的。

mheap 管理内存的示意图如下图所示。

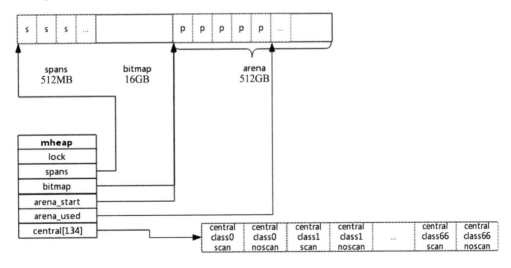

系统预分配的内存分为 spans、bitmap、arean 三个区域，通过 mheap 管理。接下来看一下内存分配过程。

2. 内存分配过程

针对待分配对象大小的不同有不同的分配逻辑：

- (0, 16B) 且不包含指针的对象：Tiny 分配；
- (0, 16B) 且包含指针的对象：正常分配；
- [16B, 32KB]：正常分配；
- (32KB, ∞)：大对象分配。

其中 Tiny 分配和大对象分配都属于内存管理的优化范畴，这里暂时仅关注一般的分配方法。

以申请 size 为 n 的内存为例，分配步骤如下：

（1）获取当前线程的私有缓存 mcache。

（2）根据 size 计算出适合的 class 的 ID。

（3）从 mcache 的 alloc[class] 链表中查询可用的 span。

（4）如果 mcache 没有可用的 span，则从 mcentral 申请一个新的 span 加入 mcache。

（5）如果 mcentral 中也没有可用的 span，则从 mheap 中申请一个新的 span 加入 mcentral。

（6）从该 span 中获取空闲对象地址并返回。

3. 小结

Go 的内存分配是一个相当复杂的过程，其中还掺杂了 GC 的处理，这里仅对其关键的数据结构进行了说明，了解其原理而又不至于深陷实现细节。

- Go 程序启动时申请一大块内存，并划分成 spans、bitmap、arena 区域；
- arena 区域按页划分成一个个小块；
- span 管理一个或多个页；
- mcentral 管理多个 span 供线程申请使用；
- mcache 作为线程私有资源，资源来源于 mcentral。

4.2 垃圾回收

所谓垃圾就是不再需要的内存块，这些垃圾如果不清理就没办法再次被分配使用，在不支持垃圾回收的编程语言里，这些垃圾内存就是泄漏的内存。

Go 的垃圾回收（GC）也是内存管理的一部分，了解垃圾回收最好先了解前面介绍的内存分配的原理。

1. 垃圾回收算法

业界常见的垃圾回收算法有以下几种：

- ◎ 引用计数：对每个对象维护一个引用计数，当引用该对象的对象被销毁时，引用计数减 1，当引用计数器为 0 时回收该对象。

  - 优点：对象可以很快地被回收，不会出现内存耗尽或达到某个阈值时才回收；
  - 缺点：不能很好地处理循环引用，而且实时维护引用计数也有一定的代价；
  - 代表语言：Python、PHP、Swift。

- ◎ 标记—清除：从根变量开始遍历所有引用的对象，引用的对象标记为"被引用"，没有标记的对象被回收。

  - 优点：解决了引用计数的缺点；
  - 缺点：需要 STW，即暂时停止程序运行；
  - 代表语言：Go（其采用三色标记法）。

- ◎ 分代收集：按照对象生命周期的长短划分不同的代空间，生命周期长的放入老年代，而短的放入新生代，不同代有不同的回收算法和回收频率。

  - 优点：回收性能好；
  - 缺点：算法复杂；
  - 代表语言：Java。

2. Go 垃圾回收

1）垃圾回收的原理

简单地说，垃圾回收的核心就是标记出哪些内存还在使用中（即被引用到），哪些内存不再使用了（即未被引用），把未被引用的内存回收，以供后续内存分配时使用。

下图展示了一段内存，内存中既有已分配的内存，也有未分配的内存，垃圾回收的目标就是把那些已经分配但没有对象引用的内存找出来并回收。

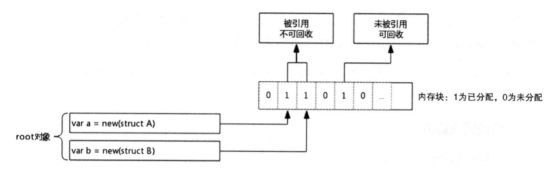

上图中，内存的 1、2、4 号位上的内存块已被分配（数字 1 表示已被分配，0 表示未分配）。变量 a、b 为指针，指向内存的 1、2 号位。内存块的 4 号位曾经被使用过，但现在没有任何对象引用了，就需要被回收。

垃圾回收开始时从 root 对象扫描，把 root 对象引用的内存标记为"被引用"，考虑到内存块中存放的可能是指针，所以还需要递归地进行标记，全部标记完成后，只保留被标记的内存，未被标记的内存全部标记为未分配即完成了回收。

2）内存标记（Mark）

前面介绍内存分配时，介绍过 span 的数据结构，span 中维护了一个个内存块，并由一个位图 allocBits 表示每个内存块的分配情况。在 span 的数据结构中还有另一个位图 gcmarkBits，用于标记内存块被引用的情况。

如下图所示，allocBits 记录了每块内存的分配情况，而 gcmarkBits 记录了每块内存的标记情况。标记阶段对每块内存进行标记，有对象引用的内存标记为 1（如图中灰色部分所示），没有引用到的内存保持为 0（默认）。

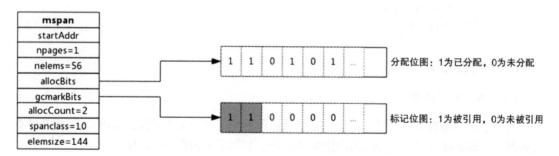

allocBits 和 gcmarkBits 的数据结构是完全一样的，标记结束就是内存回收，回收时将 allocBits 指向 gcmarkBits，代表标记过的内存才是存活的，gcmarkBits 则会在下次标记时重新分配内存，设计非常巧妙。

3）三色标记法

前面介绍了对象标记状态的存储方式，还需要有一个标记队列来存放待标记的对象，可以简单想象成把对象从标记队列中取出，将对象的引用状态标记在 span 的 gcmarkBits 中，把对象引用到的其他对象再放入队列。

三色只是为了叙述方便而抽象出来的一种说法，实际上对象并没有颜色之分。这里的三色对应了垃圾回收过程中对象的三种状态。

- 灰色：对象还在标记队列中等待；
- 黑色：对象已被标记，gcmarkBits 对应的位为 1（该对象不会在本次 GC 中被清理）；
- 白色：对象未被标记，gcmarkBits 对应的位为 0（该对象会在本次 GC 中被清理）。

例如，当前内存中有 A~F 共 6 个对象，根对象 a、b 本身为栈上分配的局部变量，根对象 a、b 分别引用了对象 A、B，而 B 对象又引用了对象 D，则 GC 开始前各对象的状态如下图所示。

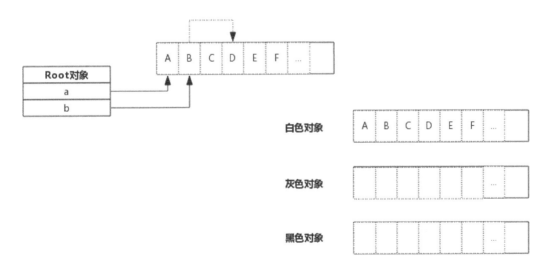

初始状态下所有对象都是白色的。

接着开始扫描根对象 a、b，如下图所示。

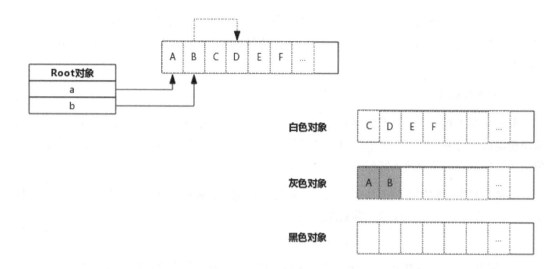

由于根对象引用了对象 A、B，那么 A、B 变为灰色对象。接下来开始分析灰色对象，分析 A 时，A 没有引用其他对象，很快就转为黑色对象，B 引用了 D，则 B 转入黑色的同时还需要将 D 转为灰色对象进行接下来的分析，如下图所示。

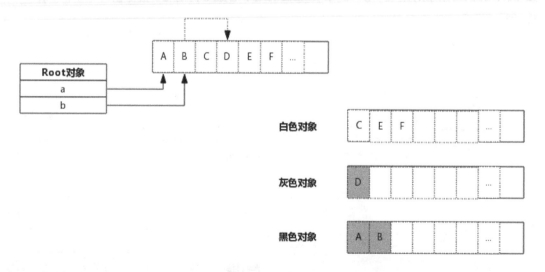

上图中的灰色对象只有 D，由于 D 没有引用其他对象，所以 D 转为黑色对象，标记过程结束，如下图所示。

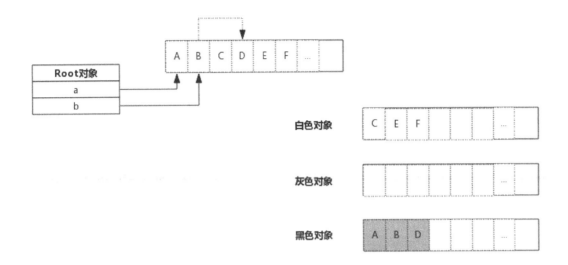

最终,黑色对象会被保留下来,白色对象会被回收。

4)Stop The World

印度电影《苏丹》中描述摔跤的一句台词是:"所谓摔跤,就是把对手控制住,然后摔倒他。"

对于垃圾回收来说,在回收过程中也需要控制内存的变化,否则在回收过程中指针传递会引起内存引用关系变化,如果错误地回收了还在使用的内存,那么结果将是灾难性的。

Go 中的 STW(Stop The World)就是停止所有的 goroutine,专心做垃圾回收,待垃圾回收结束后再恢复 goroutine。

STW 时间的长短直接影响了应用的执行,时间过长对于一些 Web 应用来说是不可接受的,这也是其广受诟病的原因之一。

3. 垃圾回收优化

为了缩短 STW 的时间,Go 也在不断地优化垃圾回收算法。

1)写屏障(Write Barrier)

前面说过 STW 的目的是防止 GC 扫描时内存变化而停止 goroutine,而写屏障就是让 goroutine 与 GC 同时运行的手段。虽然写屏障不能完全消除 STW,但是可以大大缩短 STW 的时间。

写屏障类似一种开关，在 GC 的特定时机开启，开启后指针传递时会标记指针，即本轮不回收，下次 GC 时再确定。

GC 过程中新分配的内存会被立即标记，用的正是写屏障技术，即 GC 过程中分配的内存不会在本轮 GC 中回收。

2）辅助 GC（Mutator Assist）

为了防止内存分配过快，在 GC 执行过程中，如果 goroutine 需要分配内存，那么该 goroutine 会参与一部分 GC 的工作，即帮助 GC 做一部分工作，这个机制叫作 Mutator Assist。

4. 垃圾回收的触发时机

1）内存分配量达到阈值触发 GC

每次内存分配时都会检查当前内存分配量是否已达到阈值，如果达到阈值则立即启动 GC。

> 阈值 = 上次 GC 内存分配量 × 内存增长率

内存增长率由环境变量 GOGC 控制，默认为 100，即每当内存扩大一倍时启动 GC。

2）定期触发 GC

默认情况下，最长 2 分钟触发一次 GC，这个间隔在 `src/runtime/proc.go:forcegcperiod` 变量中被声明：

```
// forcegcperiod is the maximum time in nanoseconds between garbage
// collections. If we go this long without a garbage collection, one
// is forced to run.
//
// This is a variable for testing purposes. It normally doesn't change.
var forcegcperiod int64 = 2 * 60 * 1e9
```

3）手动触发

程序代码中也可以使用 `runtime.GC()` 来手动触发 GC，主要用于 GC 的性能测试和统计。

5. GC 性能优化

GC 性能与对象数量负相关，对象越多 GC 性能越差，对程序影响越大。

所以 GC 性能优化的思路之一就是减少对象分配的个数，比如对象复用或使用大对象组合多个小对象，等等。

另外，由于内存逃逸现象会产生一些隐式的内存分配，也有可能成为 GC 的负担。

4.3 逃逸分析

逃逸分析（Escape analysis）是指由编译器决定内存分配的位置，不需要程序员指定。在函数中申请一个新的对象：

◎ 如果分配在栈中，则函数执行结束后可自动将内存回收；
◎ 如果分配在堆中，则函数执行结束后可交给 GC（垃圾回收）处理。

有了逃逸分析，返回函数局部变量将变得可能。除此之外，逃逸分析还跟闭包息息相关，了解哪些场景下对象会逃逸至关重要。

1. 逃逸策略

在函数中申请新的对象时，编译器会根据该对象是否被函数外部引用来决定是否逃逸：

◎ 如果函数外部没有引用，则优先放到栈中；
◎ 如果函数外部存在引用，则必定放到堆中。

注意，对于仅在函数内部使用的变量，也有可能放到堆中，比如内存过大超过栈的存储能力。

2. 逃逸场景

1）指针逃逸

我们知道 Go 可以返回局部变量指针，这其实是一个典型的变量逃逸案例，示例代码如下：

```
package main

type Student struct {
    Name string
    Age  int
}

func StudentRegister(name string, age int) *Student {
    s := new(Student) // 局部变量s逃逸到堆中

    s.Name = name
```

```
        s.Age = age

    return s
}

func main() {
    StudentRegister("Jim", 18)
}
```

函数 StudentRegister()内部的 s 为局部变量，其值通过函数返回值返回，s 本身为一个指针，其指向的内存地址不会是栈而是堆，这就是典型的逃逸案例。

通过编译参数-gcflag=-m 可以查看编译过程中的逃逸分析过程：

```
D:\SourceCode\GoExpert\src>go build -gcflags=-m
# _/D_/SourceCode/GoExpert/src
.\main.go:8: can inline StudentRegister
.\main.go:17: can inline main
.\main.go:18: inlining call to StudentRegister
.\main.go:8: leaking param: name
.\main.go:9: new(Student) escapes to heap
.\main.go:18: main new(Student) does not escape
```

在 StudentRegister()函数中，代码第 9 行显示"escapes to heap"，表示该行内存分配发生了逃逸现象。

2）栈空间不足逃逸

下面的代码是否会产生逃逸呢？

```
package main

func Slice() {
    s := make([]int, 1000, 1000)

    for index, _ := range s {
        s[index] = index
    }
}

func main() {
    Slice()
}
```

上面代码的 Slice()函数中分配了一个长度为 1000 的切片,是否逃逸取决于栈空间是否足够大。直接查看编译提示,如下:

```
D:\SourceCode\GoExpert\src>go build -gcflags=-m
# _/D_/SourceCode/GoExpert/src
.\main.go:4: Slice make([]int, 1000, 1000) does not escape
```

我们发现此处并没有发生逃逸。那么把切片长度扩大 10 倍即 10000 会如何呢?

```
D:\SourceCode\GoExpert\src>go build -gcflags=-m
# _/D_/SourceCode/GoExpert/src
.\main.go:4: make([]int, 10000, 10000) escapes to heap
```

我们发现当切片长度扩大到 10000 时就会发生逃逸。

实际上当栈空间不足以存放当前对象或无法判断当前切片长度时会将对象分配到堆中。

3)动态类型逃逸

很多函数的参数为 interface 类型,比如 fmt.Println(a ...interface{}),编译期间很难确定其参数的具体类型,也会产生逃逸,如以下代码所示。

```
package main

import "fmt"

func main() {
    s := "Escape"
    fmt.Println(s)
}
```

上述代码中的 s 变量只是一个 string 类型变量,调用 fmt.Println()时会产生逃逸:

```
D:\SourceCode\GoExpert\src>go build -gcflags=-m
# _/D_/SourceCode/GoExpert/src
.\main.go:7: s escapes to heap
.\main.go:7: main ... argument does not escape
```

4)闭包引用对象逃逸

某著名的开源框架实现了某个返回 Fibonacci 数列的函数:

```
func Fibonacci() func() int {
    a, b := 0, 1
    return func() int {
```

```
        a, b = b, a+b
        return a
    }
}
```

该函数返回一个闭包,闭包引用了函数的局部变量 a 和 b,使用时通过该函数获取闭包,然后每次执行闭包都会依次输出 Fibonacci 数列。完整的示例程序如下:

```
package main

import "fmt"

func Fibonacci() func() int {
    a, b := 0, 1
    return func() int {
        a, b = b, a+b
        return a
    }
}

func main() {
    f := Fibonacci()

    for i := 0; i < 10; i++ {
        fmt.Printf("Fibonacci: %d\n", f())
    }
}
```

上述代码通过 Fibonacci()获取一个闭包,每次执行闭包就会打印一个 Fibonacci 数值。输出如下:

```
D:\SourceCode\GoExpert\src>src.exe
Fibonacci: 1
Fibonacci: 1
Fibonacci: 2
Fibonacci: 3
Fibonacci: 5
Fibonacci: 8
Fibonacci: 13
Fibonacci: 21
Fibonacci: 34
Fibonacci: 55
```

Fibonacci()函数中原本属于局部变量的 a 和 b 由于闭包的引用，不得不将二者放到堆中，以致产生逃逸：

```
D:\SourceCode\GoExpert\src>go build -gcflags=-m
# _/D_/SourceCode/GoExpert/src
.\main.go:7: can inline Fibonacci.func1
.\main.go:7: func literal escapes to heap
.\main.go:7: func literal escapes to heap
.\main.go:8: &a escapes to heap
.\main.go:6: moved to heap: a
.\main.go:8: &b escapes to heap
.\main.go:6: moved to heap: b
.\main.go:17: f() escapes to heap
.\main.go:17: main ... argument does not escape
```

3. 小结

- 栈上分配内存比在堆中分配内存有更高的效率；
- 栈上分配的内存不需要 GC 处理；
- 堆上分配的内存使用完毕会交给 GC 处理；
- 逃逸分析的目的是决定分配地址是栈还是堆；
- 逃逸分析在编译阶段完成。

4. 编程 Tips

思考一下这个问题：函数传递指针真的比传值的效率高吗？

我们知道传递指针可以减少底层值的复制，可以提高效率，但是如果复制的数据量小，由于指针传递会产生逃逸，则可能会使用堆，也可能增加 GC 的负担，所以传递指针不一定是高效的。

第 5 章
并发控制

本章主要介绍 Go 语言开发过程中经常使用的并发控制。

我们考虑这么一种场景，协程 A 在执行过程中需要创建子协程 A1、A2、A3…An，协程 A 创建完子协程后就等待子协程退出。针对这种场景，Go 提供了三种解决方案。

◎ Channel：使用 channel 控制子协程；
◎ WaitGroup：使用信号量机制控制子协程；
◎ Context：使用上下文控制子协程。

三种方案各有优劣，比如 Channel 的优点是实现简单，清晰易懂，WaitGroup 的优点是子协程个数可动态调整，Context 的优点是对子协程派生出来的孙子协程的控制。各种解决方案的缺点是相对而言的，要结合实例应用场景进行选择。

此外，本章还包括对传统的互斥锁和读写锁的实现原理的探究。

5.1　channel

channel 一般用于协程之间的通信，不过 channel 也可以用于并发控制。比如主协程启动 N 个子协程，主协程等待所有子协程退出后再继续后续流程，这种场景下 channel 也可轻易实现并发控制。

1. 场景示例

下面的程序展示了一个使用 channel 控制子协程的例子：

```
package main
```

```go
import (
    "time"
    "fmt"
)

func Process(ch chan int) {
    //Do some work...
    time.Sleep(time.Second)

    ch <- 1 // 在管道中写入一个元素表示当前协程已结束
}

func main() {
    channels := make([]chan int, 10)  // 创建一个包含10个元素的切片，元素类型为channel

    for i:= 0; i < 10; i++ {
        channels[i] = make(chan int)    // 在切片中放入一个channel
        go Process(channels[i])         // 启动协程，传一个管道用于通信
    }

    for i, ch := range channels {       // 遍历切片，等待子协程结束
        <-ch
        fmt.Println("Routine ", i, " quit!")
    }
}
```

上面的程序通过创建 N 个 channel 来管理 N 个协程，每个协程都有一个 channel 用于跟父协程通信，父协程创建完所有协程后等待所有协程结束。

在这个例子中，父协程仅仅是等待子协程结束，其实父协程也可以向管道中写入数据通知子协程结束，这时子协程需要定期地探测管道中是否有消息出现。

2. 小结

使用 channel 控制子协程的优点是实现简单，缺点是当需要大量创建协程时就需要有相同数量的 channel，而且对于子协程继续派生出来的协程不方便控制。

后面继续介绍的 WaitGroup、Context 看起来比 channel 优雅一些，在各种开源组件中使用的频率比 channel 高得多。

5.2 WaitGroup

WaitGroup 是 Go 应用开发过程中经常使用的并发控制技术。

WaitGroup 可理解为 Wait-Goroutine-Group，即等待一组 goroutine 结束。比如某个 goroutine 需要等待其他几个 goroutine 全部完成，那么使用 WaitGroup 可以轻松实现。

下面的程序展示了一个 goroutine 等待另外两个 goroutine 结束的例子：

```go
package main

import (
    "fmt"
    "time"
    "sync"
)

func main() {
    var wg sync.WaitGroup

    wg.Add(2) // 设置计数器，数值即 goroutine 的个数
    go func() {
        //Do some work
        time.Sleep(1*time.Second)

        fmt.Println("Goroutine 1 finished!")
        wg.Done() // goroutine 执行结束后将计数器减 1
    }()

    go func() {
        //Do some work
        time.Sleep(2*time.Second)

        fmt.Println("Goroutine 2 finished!")
        wg.Done() // goroutine 执行结束后将计数器减 1
    }()

    wg.Wait() // 主 goroutine 阻塞等待计数器变为 0
    fmt.Printf("All Goroutine finished!")
}
```

简单地说，上面的程序中 wg 内部维护了一个计数器：

◎ 启动 goroutine 前通过 Add(2)将计数器设置为待启动的 goroutine 个数；
◎ 启动 goroutine 后，使用 Wait()方法阻塞自己，等待计数器变为 0；
◎ 每个 goroutine 执行结束后通过 Done()方法将计数器减 1；
◎ 计数器变为 0 后，阻塞的 goroutine 被唤醒。

其实 WaitGroup 也可以实现一组 goroutine 等待另一组 goroutine，这有点像"玩杂技"，很容易出错，如果不了解其实现原理更是如此。实际上，WaitGroup 的实现源码非常简单。

1. 基础知识

信号量是 UNIX 系统提供的一种保护共享资源的机制，用于防止多个线程同时访问某个资源。

信号量可简单理解为一个数值：

◎ 当信号量>0 时，表示资源可用，获取信号量时系统自动将信号量减 1；
◎ 当信号量==0 时，表示资源暂不可用，获取信号量时，当前线程会进入睡眠，当信号量为正时被唤醒。

由于 WaitGroup 实现中也使用了信号量，在此做一个简单的介绍。

2. WaitGroup

1）数据结构

源码包中 `src/sync/waitgroup.go:WaitGroup` 定义了其数据结构：

```
type WaitGroup struct {
    state1 [3]uint32
}
```

state1 是一个长度为 3 的数组，其中包含 state 和一个信号量，而 state 实际上是两个计数器。

◎ counter：当前还未执行结束的 goroutine 计数器；
◎ waiter count：等待 goroutine-group 结束的 goroutine 数量，即有多少个等候者；
◎ semaphore：信号量。

考虑到字节是否对齐，三者出现的位置不同，为简单起见，依照字节已对齐的情况下，三者在内存中的位置如下图所示。

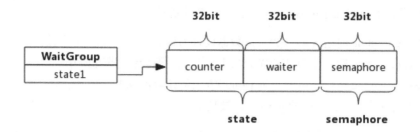

WaitGroup 对外提供了三个接口。

◎ Add(delta int)：将 delta 值加到 counter 中；
◎ Wait()：waiter 递增 1，并阻塞等待信号量 semaphore；
◎ Done()：counter 递减 1，按照 waiter 数值释放相应次数的信号量。

下面分别介绍这三个函数的实现细节。

2）Add(delta int)

Add()做了两件事，一是把 delta 值累加到 counter 中，因为 delta 可以为负值，也就是说 counter 有可能变成 0 或负值，所以第二件事就是当 counter 的值变为 0 时，根据 waiter 数值释放等量的信号量，把等待的 goroutine 全部唤醒，如果 counter 变为负值，则触发 panic。

Add()的伪代码如下：

```
func (wg *WaitGroup) Add(delta int) {
    statep, semap := wg.state() // 获取 state 和 semaphore 地址指针

    state := atomic.AddUint64(statep, uint64(delta)<<32) // 把 delta 左移 32 位
                                                         //累加到 state 中，即累加到 counter 中
    v := int32(state >> 32) // 获取 counter 值
    w := uint32(state)      // 获取 waiter 值

    if v < 0 {              // 经过累加后 counter 值变为负值，触发 panic
        panic("sync: negative WaitGroup counter")
    }

    // 经过累加后，此时 counter≥0
    // 如果 counter 为正，则说明不需要释放信号量，直接退出
    // 如果 waiter 为 0，则说明没有等待者，也不需要释放信号量，直接退出
    if v > 0 || w == 0 {
        return
```

```
    // 此时 counter 一定等于 0，而 waiter 一定大于 0（内部维护 waiter，不会出现小于 0 的情况）
    // 先把 counter 置为 0，再释放 waiter 个数的信号量
    *statep = 0
    for ; w != 0; w-- {
        runtime_Semrelease(semap, false) // 释放信号量，执行一次释放一个，唤醒一个等待者
    }
}
```

3) Wait()

Wait()方法也做了两件事，一是累加 waiter，二是阻塞等待信号量。

```
func (wg *WaitGroup) Wait() {
    statep, semap := wg.state() // 获取 state 和 semaphore 地址指针
    for {
        state := atomic.LoadUint64(statep) // 获取 state 值
        v := int32(state >> 32)            // 获取 counter 值
        w := uint32(state)                 // 获取 waiter 值
        if v == 0 {        //如果 counter 值为 0，则说明所有 goroutine 都退出了，不需要
                           //等待，直接返回
            return
        }
        // 使用 CAS（比较交换算法）累加 waiter，累加可能会失败，失败后通过 for loop 下次重试
        if atomic.CompareAndSwapUint64(statep, state, state+1) {
            runtime_Semacquire(semap) // 累加成功后，等待信号量唤醒自己
            return
        }
    }
}
```

这里用到了 CAS 算法，保证有多个 goroutine 同时执行 Wait()时也能正确累加 waiter。

4) Done()

Done()只做一件事，即把 counter 减 1，我们知道 Add()可以接受负值，所以 Done 实际上只是调用了 Add(-1)。源码如下：

```
func (wg *WaitGroup) Done() {
    wg.Add(-1)
}
```

Done()的执行逻辑就转到了 Add()，实际上也正是最后一个完成的 goroutine 把等待者唤醒的。

3. 编程 Tips

- Add()操作必须早于 Wait()，否则会触发 panic。
- Add()设置的值必须与实际等待的 goroutine 的个数一致，否则会触发 panic。

5.3　context

Go 语言的 context 是应用开发常用的并发控制技术，它与 WaitGroup 最大的不同点是 context 对于派生 goroutine 有更强的控制力，它可以控制多级的 goroutine。

context 翻译成中文是"上下文"，即它可以控制一组呈树状结构的 goroutine，每个 goroutine 拥有相同的上下文。

典型的使用场景如下图所示（goroutine 用 G 代替）。

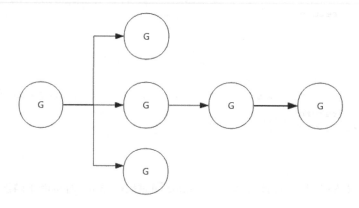

上图中由于 goroutine 派生出子 goroutine，而子 goroutine 又继续派生新的 goroutine，这种情况下使用 WaitGroup 就不太容易，因为子 goroutine 的个数不容易确定。而使用 context 就可以很容易实现。

1. context 的实现原理

context 实际上只定义了接口，凡是实现该接口的类都可称为是一种 context，官方包中实现了几个常用的 context，分别用于不同的场景。

1）接口定义

源码包中 `src/context/context.go:Context` 定义了该接口：

```
type Context interface {
    Deadline() (deadline time.Time, ok bool)

    Done() <-chan struct{}

    Err() error

    Value(key interface{}) interface{}
}
```

基础的 context 接口只定义了 4 个方法，下面分别简要说明一下。

（1）Deadline()。

该方法返回一个 deadline 和标识是否已设置 deadline 的 bool 值，如果没有设置 deadline，则 ok == false，此时 deadline 为一个初始值的 time.Time 值。

（2）Done()。

该方法返回一个用于探测 Context 是否取消的 channel，当 Context 取消时会自动将该 channel 关闭。

需要注意的是，对于不支持取消的 Context，该方法可能会返回 nil，例如 context.Backgroud()。

（3）Err()。

该方法描述 context 关闭的原因。关闭原因由 context 实现控制，不需要用户设置。比如 Deadline context，关闭原因可能是因为 deadline，也可能提前被主动关闭：

◎ 因 deadline 关闭：`context deadline exceeded`；
◎ 因主动关闭：`context canceled`。

当 context 关闭后，Err() 返回 context 的关闭原因；当 context 还未关闭时，Err() 返回 nil。

（4）Value()。

有一种 context，它不是用于控制呈树状分布的 goroutine，而是用于在树状分布的 goroutine

之间传递信息。

Value()方法就是用于此种类型的 context，该方法根据 key 值查询 map 中的 value。具体使用在后面示例中说明。

2）空 context

context 包中定义了一个空的 context，名为 emptyCtx，用于 context 的根节点，空的 context 只是简单地实现了 Context，本身不包含任何值，仅用于其他 context 的父节点。

emptyCtx 类型的定义如下：

```go
type emptyCtx int

func (*emptyCtx) Deadline() (deadline time.Time, ok bool) {
    return
}

func (*emptyCtx) Done() <-chan struct{} {
    return nil
}

func (*emptyCtx) Err() error {
    return nil
}

func (*emptyCtx) Value(key interface{}) interface{} {
    return nil
}
```

context 包中定义了一个公用的 emptCtx 全局变量，名为 background，可以使用 context.Background()获取它，实现代码如下：

```go
var background = new(emptyCtx)
func Background() Context {
    return background
}
```

context 包提供了四个方法创建不同类型的 context，使用这四个方法时如果没有父 context，则都需要传入 backgroud，即将 backgroud 作为其父节点：

◎ WithCancel();

◎ WithDeadline();
◎ WithTimeout();
◎ WithValue()。

context 包中实现 Context 接口的 struct，除了 emptyCtx，还有 cancelCtx、timerCtx 和 valueCtx 三种，正是基于这三种 context 实例，实现了上述四种类型的 context。

context 包中各 context 类型之间的关系如下图所示。

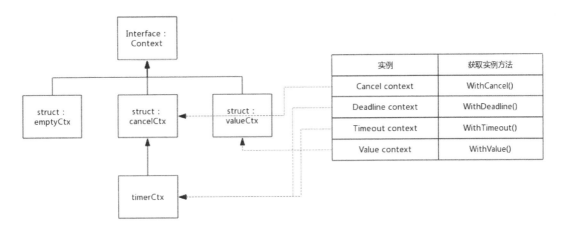

struct cancelCtx、timerCtx、valueCtx 都继承于 Context，下面分别介绍这三个 struct。

3）cancelCtx

源码包中 `src/context/context.go:cancelCtx` 定义了该类型的 context：

```
type cancelCtx struct {
    Context

    mu       sync.Mutex            // protects following fields
    done     chan struct{}         // created lazily, closed by first cancel call
    children map[canceler]struct{} // set to nil by the first cancel call
    err      error                 // set to non-nil by the first cancel call
}
```

children 中记录了由此 context 派生的所有 child，此 context 被"cancel"时会把其中的所有 child 都"cancel"掉。

cancelCtx 与 deadline 和 value 无关，所以只需要实现 Done() 和 Err() 外露接口即可。

（1）Done()接口的实现。

按照 Context 的定义，Done()接口只需要返回一个 channel 即可，对于 cancelCtx 来说只需要返回成员变量 done 即可。

这里直接看一下源码，非常简单：

```
func (c *cancelCtx) Done() <-chan struct{} {
    c.mu.Lock()
    if c.done == nil {
        c.done = make(chan struct{})
    }
    d := c.done
    c.mu.Unlock()
    return d
}
```

由于 cancelCtx 没有指定初始化函数，cancelCtx.done 可能还未分配，所以需要考虑初始化。cancelCtx.done 会在 context 被 "cancel" 时关闭，所以 cancelCtx.done 的值一般经历如下三个阶段：nil→chan struct{}→closed chan。

（2）Err()接口的实现。

按照 Context 的定义，Err()只需要返回一个 error 告知 context 被关闭的原因即可，对于 cancelCtx 来说只需要返回成员变量 err 即可。

还是直接看一下源码：

```
func (c *cancelCtx) Err() error {
    c.mu.Lock()
    err := c.err
    c.mu.Unlock()
    return err
}
```

cancelCtx.err 默认是 nil，在 context 被 "cancel" 时指定一个 error 变量：`var Canceled = errors.New("context canceled")`。

（3）cancel()接口的实现。

cancel()内部方法是理解 cancelCtx 的关键，其作用是关闭自己及其后代，其后代存储在 cancelCtx.children 的 map 中，其中 key 值即后代对象，value 值并没有意义，这里使用 map 只是为了方便查询而已。

cancel 方法实现的伪代码如下:

```go
func (c *cancelCtx) cancel(removeFromParent bool, err error) {
    c.mu.Lock()

    c.err = err                         // 设置一个 error,说明关闭原因
    close(c.done)                       // 将 channel 关闭,以此通知派生的 context

    for child := range c.children {     // 遍历所有 children,逐个调用 cancel 方法
        child.cancel(false, err)
    }
    c.children = nil
    c.mu.Unlock()

    if removeFromParent {               // 正常情况下,需要将自己从 parent 中删除
        removeChild(c.Context, c)
    }
}
```

实际上,WithCancel()返回的第二个用于 cancel context 的方法正是此 cancel()。

(4) WithCancel()方法的实现。

WithCancel()方法做了三件事:

- 初始化一个 cancelCtx 实例;
- 将 cancelCtx 实例添加到其父节点的 children 中(如果父节点也可以被"cancel");
- 返回 cancelCtx 实例和 cancel()方法。

其实现源码如下:

```go
func WithCancel(parent Context) (ctx Context, cancel CancelFunc) {
    c := newCancelCtx(parent)
    propagateCancel(parent, &c)    // 将自身添加到父节点
    return &c, func() { c.cancel(true, Canceled) }
}
```

将自身添加到父节点的过程有必要简单说明一下:

- 如果父节点也支持 cancel,也就是说其父节点肯定有 children 成员,那么把新 context 添加到 children 中即可;

- 如果父节点不支持 cancel，就继续向上查询，直到找到一个支持 cancel 的节点，把新 context 添加到 children 中；
- 如果所有的父节点均不支持 cancel，则启动一个协程等待父节点结束，再把当前 context 结束。

（5）典型使用案例。

一个典型的使用 cancel context 的例子如下：

```go
package main

import (
    "fmt"
    "time"
    "context"
)

func HandelRequest(ctx context.Context) {
    go WriteRedis(ctx)
    go WriteDatabase(ctx)
    for {
        select {
        case <-ctx.Done():
            fmt.Println("HandelRequest Done.")
            return
        default:
            fmt.Println("HandelRequest running")
            time.Sleep(2 * time.Second)
        }
    }
}

func WriteRedis(ctx context.Context) {
    for {
        select {
        case <-ctx.Done():
            fmt.Println("WriteRedis Done.")
            return
        default:
            fmt.Println("WriteRedis running")
            time.Sleep(2 * time.Second)
```

```go
            }
        }
    }

func WriteDatabase(ctx context.Context) {
    for {
        select {
        case <-ctx.Done():
            fmt.Println("WriteDatabase Done.")
            return
        default:
            fmt.Println("WriteDatabase running")
            time.Sleep(2 * time.Second)
        }
    }
}

func main() {
    ctx, cancel := context.WithCancel(context.Background())
    go HandelRequest(ctx)

    time.Sleep(5 * time.Second)
    fmt.Println("It's time to stop all sub goroutines!")
    cancel()

    //Just for test whether sub goroutines exit or not
    time.Sleep(5 * time.Second)
}
```

上面代码中协程 HandelRequest()用于处理某个请求,其又会创建两个协程:WriteRedis()、WriteDatabase()。main 协程创建 context,并把 context 在各子协程间传递,main 协程在适当的时机可以 "cancel" 掉所有子协程。

程序输出如下:

```
HandelRequest running
WriteDatabase running
WriteRedis running
HandelRequest running
WriteDatabase running
WriteRedis running
HandelRequest running
```

```
WriteDatabase running
WriteRedis running
It's time to stop all sub goroutines!
WriteDatabase Done.
HandelRequest Done.
WriteRedis Done.
```

4）timerCtx

源码包中 src/context/context.go:timerCtx 定义了该类型的 context：

```go
type timerCtx struct {
    cancelCtx
    timer *time.Timer // Under cancelCtx.mu.

    deadline time.Time
}
```

timerCtx 在 cancelCtx 的基础上增加了 deadline，用于标示自动 cancel 的最终时间，而 timer 就是一个触发自动 cancel 的定时器。由此衍生出 WithDeadline() 和 WithTimeout()。实际上这两种类型的实现原理一样，只不过使用语境不一样。

◎ deadline：指定最后期限，比如 context 将于 2018.10.20 00:00:00 之时自动结束；

◎ timeout：指定最长存活时间，比如 context 将在 30s 后结束。

对于接口来说，timerCtx 在 cancelCtx 的基础上还需要实现 Deadline() 和 cancel() 方法，其中 cancel() 方法是重写的。

（1）Deadline() 接口的实现。

Deadline() 仅仅是返回 timerCtx.deadline 而已，而 timerCtx.deadline 是 WithDeadline() 或 WithTimeout() 方法设置的。

（2）cancel() 接口的实现。

cancel() 基本继承 cancelCtx，只需要额外把 timer 关闭即可。

timerCtx 被关闭后，timerCtx.cancelCtx.err 将存储关闭原因：

◎ 如果 deadline 到来之前手动关闭，则关闭原因与 cancelCtx 显示一致；

◎ 如果 deadline 到来时自动关闭，则原因为 `context deadline exceeded`。

(3) WithDeadline()方法的实现。

WithDeadline()方法的实现步骤如下：

◎ 初始化一个 timerCtx 实例；
◎ 将 timerCtx 实例添加到其父节点的 children 中（如果父节点也可以被 "cancel"）；
◎ 启动定时器，定时器到期后会自动 "cancel" 本 context；
◎ 返回 timerCtx 实例和 cancel()方法。

也就是说，timerCtx 类型的 context 不仅支持手动 cancel，也会在定时器到来后自动"cancel"。

(4) WithTimeout()方法的实现。

WithTimeout()方法实际上调用了 WithDeadline()方法，二者的实现原理一致。

代码如下：

```go
func WithTimeout(parent Context, timeout time.Duration) (Context, CancelFunc) {
    return WithDeadline(parent, time.Now().Add(timeout))
}
```

(5) 典型使用案例。

下面的例子中使用 WithTimeout()方法获得一个 context 并在其子协程中传递：

```go
package main

import (
    "fmt"
    "time"
    "context"
)

func HandelRequest(ctx context.Context) {
    go WriteRedis(ctx)
    go WriteDatabase(ctx)
    for {
        select {
        case <-ctx.Done():
            fmt.Println("HandelRequest Done.")
            return
        default:
```

```go
            fmt.Println("HandelRequest running")
            time.Sleep(2 * time.Second)
        }
    }
}

func WriteRedis(ctx context.Context) {
    for {
        select {
        case <-ctx.Done():
            fmt.Println("WriteRedis Done.")
            return
        default:
            fmt.Println("WriteRedis running")
            time.Sleep(2 * time.Second)
        }
    }
}

func WriteDatabase(ctx context.Context) {
    for {
        select {
        case <-ctx.Done():
            fmt.Println("WriteDatabase Done.")
            return
        default:
            fmt.Println("WriteDatabase running")
            time.Sleep(2 * time.Second)
        }
    }
}

func main() {
    ctx, _ := context.WithTimeout(context.Background(), 5 * time.Second)
    go HandelRequest(ctx)

    time.Sleep(10 * time.Second)
}
```

main 函数中创建了一个 5s 超时的 context，并将其传递给子协程，context 超时后会引发子协程退出。程序输出如下：

```
HandelRequest running
WriteRedis running
WriteDatabase running
HandelRequest running
WriteRedis running
WriteDatabase running
HandelRequest running
WriteRedis running
WriteDatabase running
HandelRequest Done.
WriteDatabase Done.
WriteRedis Done.
```

5）valueCtx

源码包中 `src/context/context.go:valueCtx` 定义了该类型的 context：

```
type valueCtx struct {
    Context
    key, val interface{}
}
```

valueCtx 只是在 Context 的基础上增加了一个 key-value 对，用于在各级协程间传递一些数据。

由于 valueCtx 既不需要 cancel，也不需要 deadline，那么只需要实现 Value() 接口即可。

（1）Value() 接口的实现。

由 valueCtx 数据结构的定义可见，valueCtx.key 和 valueCtx.val 分别代表其 key 和 value 值。实现也很简单：

```
func (c *valueCtx) Value(key interface{}) interface{} {
    if c.key == key {
        return c.val
    }
    return c.Context.Value(key)
}
```

这里有一个细节需要关注，即当前 context 查找不到 key 时，会向父节点查找，如果查询不到则最终返回 interface{}。也就是说，可以通过子 context 查询到父节点的 value 值。

（2）WithValue()方法的实现。

WithValue()方法的实现也是非常简单的，伪代码如下：

```go
func WithValue(parent Context, key, val interface{}) Context {
    if key == nil {
        panic("nil key")
    }
    return &valueCtx{parent, key, val}
}
```

（3）典型使用案例。

下面的示例程序展示了 valueCtx 的用法：

```go
package main

import (
    "fmt"
    "time"
    "context"
)

func HandelRequest(ctx context.Context) {
    for {
        select {
        case <-ctx.Done():
            fmt.Println("HandelRequest Done.")
            return
        default:
            fmt.Println("HandelRequest running, parameter: ", ctx.Value("parameter"))
            time.Sleep(2 * time.Second)
        }
    }
}

func main() {
    ctx := context.WithValue(context.Background(), "parameter", "1")
    go HandelRequest(ctx)

    time.Sleep(10 * time.Second)
}
```

上例中 main() 通过 WithValue() 方法获得一个 context，需要指定一个父 context、key 和 value。然后通过该 context 传递给子协程 HandelRequest，子协程可以读取 context 的 key-value。

注意：本例中子协程无法自动结束，因为 context 是不支持 cancel 的，也就是说 <-ctx.Done() 永远无法返回。如果需要返回，则需要在创建 context 时指定一个可以 cancel 的 context 作为父节点，使用父节点的 cancel() 在适当的时机结束整个 context。

2. 小结

- Context 仅仅是一个接口定义，根据实现的不同，可以衍生出不同类型的 context；
- cancelCtx 实现了 Context 接口，通过 WithCancel() 创建 cancelCtx 实例；
- timerCtx 实现了 Context 接口，通过 WithDeadline() 和 WithTimeout() 创建 timerCtx 实例；
- valueCtx 实现了 Context 接口，通过 WithValue() 创建 valueCtx 实例；
- 三种 context 实例可互为父节点，从而可以组合成不同的应用形式。

5.4 Mutex

互斥锁是在并发程序中对共享资源进行访问控制的主要手段，对此 Go 语言提供了非常简单易用的 Mutex，Mutex 为一结构体类型，对外暴露 Lock() 和 Unlock() 两个方法，分别用于加锁和解锁。

Mutex 使用起来非常方便，但其内部实现却复杂得多。另外，我们也想探究一下 Mutex 重复解锁引起 panic 的原因。

按照惯例，本节内容从源码入手，分析其实现原理，又不会过分纠结于实现细节。

1. Mutex 的数据结构

1）Mutex 的结构体

源码包中 `src/sync/mutex.go:Mutex` 定义了互斥锁的数据结构：

```
type Mutex struct {
    state int32
    sema  uint32
}
```

- Mutex.state 表示互斥锁的状态，比如是否被锁定等；
- Mutex.sema 表示信号量，协程阻塞等待该信号量，解锁的协程释放信号量从而唤醒等待信号量的协程。

我们看到 Mutex.state 是 32 位的整型变量，内部实现时把该变量分成四份，用于记录 Mutex 的四种状态。

下图展示了 Mutex 的内存布局。

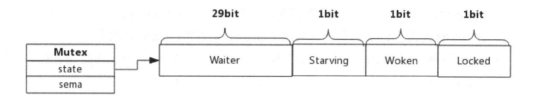

- Locked：表示该 Mutex 是否已被锁定，0 表示没有锁定，1 表示已被锁定。
- Woken：表示是否有协程已被唤醒，0 表示没有协程唤醒，1 表示已有协程唤醒，正在加锁过程中。
- Starving：表示该 Mutex 是否处于饥饿状态，0 表示没有饥饿，1 表示饥饿状态，说明有协程阻塞了超过 1ms。
- Waiter：表示阻塞等待锁的协程个数，协程解锁时根据此值来判断是否需要释放信号量。

协程之间的抢锁实际上是争抢给 Locked 赋值的权利，能给 Locked 域置 1，就说明抢锁成功。抢不到就阻塞等待 Mutex.sema 信号量，一旦持有锁的协程解锁，那么等待的协程会依次被唤醒。

Woken 和 Starving 主要用于控制协程间的抢锁过程，后面再进行讲解。

2）Mutex 的方法

Mutex 对外提供两个方法，实际上也只有这两个方法。

- Lock()：加锁方法；
- Unlock()：解锁方法。

下面我们分析一下加锁和解锁的过程，加锁分成功和失败两种情况，成功后直接获取锁，失败后当前协程被阻塞。同样，解锁时根据是否有阻塞协程也分两种处理方法。

2. 加解锁过程

1）简单加锁

假定当前只有一个协程在加锁，没有其他协程干扰，过程如下图所示。

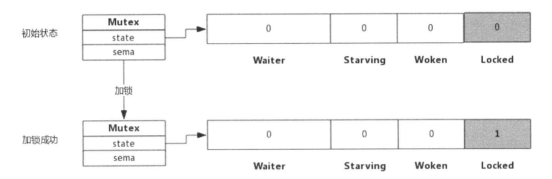

在加锁过程中会判断 Locked 标志位是否为 0，如果是 0 则把 Locked 位置 1，代表加锁成功。由上图可见，加锁成功后，只是 Locked 位置 1，其他状态位没发生变化。

2）加锁被阻塞

假定加锁时锁已被其他协程占用了，此时加锁过程如下图所示。

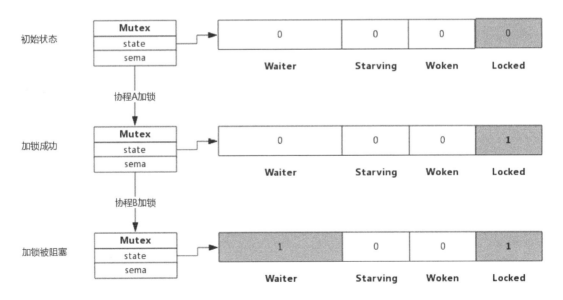

由上图可见，当协程 B 对一个已被占用的锁再次加锁时，Waiter 计数器增加了 1，此时协程 B 将被阻塞，直到 Locked 值变为 0 后才会被唤醒。

3）简单解锁

假定解锁时没有其他协程阻塞，此时解锁过程如下图所示。

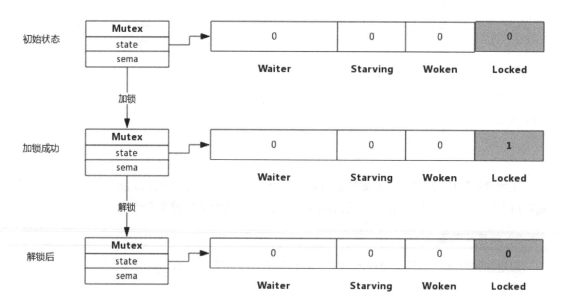

由于没有其他协程阻塞等待加锁，所以解锁时只需要把 Locked 位置为 0 即可，不需要释放信号量。

4）解锁并唤醒协程

假定解锁时有 1 个或多个协程阻塞，此时解锁过程如下图所示。

第 5 章 并发控制

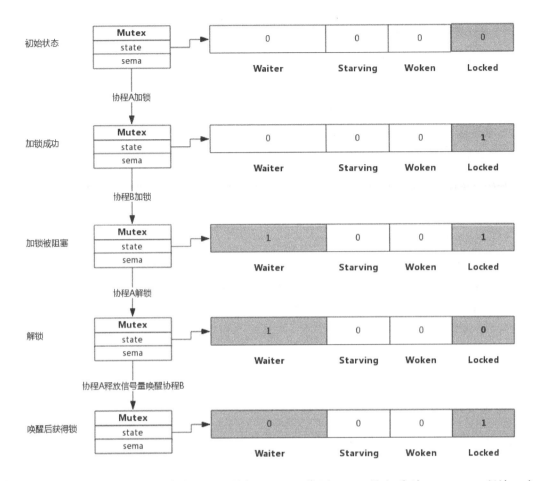

协程 A 解锁过程分为两个步骤，一是把 Locked 位置 0，二是查看到 Waiter>0，释放一个信号量，唤醒一个阻塞的协程，被唤醒的协程 B 把 Locked 位置 1，于是协程 B 获得锁。

3. 自旋过程

加锁时，如果当前 Locked 位为 1，则说明当前该锁由其他协程持有，尝试加锁的协程并不是马上转入阻塞，而是会持续地探测 Locked 位是否变为 0，这个过程为自旋过程。

自旋的时间很短，如果在自旋过程中发现锁已被释放，那么协程可以立即获取锁。此时即便有协程被唤醒也无法获取锁，只能再次阻塞。

自旋的好处是，当加锁失败时不必立即转入阻塞，有一定机会获取到锁，这样可以避免协程的切换。

1）什么是自旋

自旋对应于 CPU 的 PAUSE 指令，CPU 对该指令什么都不做，相当于 CPU 空转，对程序而言相当于"sleep"了一小段时间，时间非常短，当前实现是 30 个时钟周期。

自旋过程中会持续探测 Locked 位是否变为 0，连续两次探测间隔就是在执行这些 PAUSE 指令，它不同于 sleep，不需要将协程转为睡眠状态。

2）自旋条件

加锁时程序会自动判断是否可以自旋，无限制的自旋将给 CPU 带来巨大压力，所以判断是否可以自旋就很重要了。

自旋必须满足以下所有条件：

- 自旋次数要足够少，通常为 4，即自旋最多 4 次；
- CPU 核数要大于 1，否则自旋没有意义，因为此时不可能有其他协程释放锁；
- 协程调度机制中的 Process 的数量要大于 1，比如使用 GOMAXPROCS()将处理器设置为 1 就不能启用自旋；
- 协程调度机制中的可运行队列必须为空，否则会延迟协程调度。

可见自旋的条件是很苛刻的，总而言之就是不忙的时候才会启用自旋。

3）自旋的优势

自旋的优势是更充分地利用 CPU，尽量避免协程切换。因为当前申请加锁的协程拥有 CPU，如果经过短时间的自旋可以获得锁，则当前协程可以继续运行，不必进入阻塞状态。

4）自旋的问题

如果自旋过程中获得锁，那么之前被阻塞的协程将无法获得锁。如果加锁的协程特别多，每次都通过自旋获得锁，那么之前被阻塞的进程将很难获得锁，从而进入"饥饿"状态。

为了避免协程长时间无法获取锁，自 1.8 版本以来增加了一个状态，即 Mutex 的 Starving 状态。在这个状态下不会自旋，一旦有协程释放锁，那么一定会唤醒一个协程并成功加锁。

4. Mutex 的模式

前面分析加锁和解锁的过程中只关注了 Waiter 和 Locked 位的变化，现在我们看一下 Starving 位的作用。

每个 Mutex 都有两种模式，称为 Normal 和 Starving。下面分别说明这两个模式。

1）Normal 模式

默认情况下，Mutex 的模式为 Normal。

在该模式下，协程如果加锁不成功则不会立即转入阻塞排队，而是判断是否满足自旋的条件，如果满足则会启动自旋过程，尝试抢锁。

2）Starving 模式

自旋过程中能抢到锁，一定意味着同一时刻有协程释放了锁。我们知道释放锁时如果发现有阻塞等待的协程，那么还会释放一个信号量来唤醒一个等待协程，被唤醒的协程得到 CPU 后开始运行，此时发现锁已被抢占了，自己只好再次阻塞，不过阻塞前会判断自上次阻塞到本次阻塞经过了多长时间，如果超过 1ms，则会将 Mutex 标记为"饥饿"模式，然后阻塞。

在"饥饿"模式下，不会启动自旋过程，即一旦有协程释放了锁，那么一定会唤醒协程，被唤醒的协程将成功获取锁，同时会把等待计数减 1。

5. Woken 状态

Woken 状态用于加锁和解锁过程中的通信。举个例子，同一时刻，两个协程一个在加锁，另一个在解锁，在加锁的协程可能在自旋过程中，此时把 Woken 标记为 1，用于通知解锁协程不必释放信号量了，好比在说：你只管解锁好了，不必释放信号量，我马上就拿到锁了。

6. 为什么重复解锁要触发 panic

可能你会想，为什么 Go 不能实现得更健壮些，多次执行 Unlock() 也不要触发 panic？

仔细想想 Unlock 的逻辑就可以理解，这实际上很难做到。Unlock 分为将 Locked 置为 0 和判断 Waiter 值两个过程，如果值>0，则释放信号量。

如果多次执行 Unlock()，那么可能每次都释放一个信号量，这样会唤醒多个协程，多个协程唤醒后会继续在 Lock() 的逻辑里抢锁，势必会增加 Lock() 实现的复杂度，也会引起不必要的协程切换。

7. 编程 Tips

1）使用 defer 避免死锁

加锁后立即使用 defer 对其解锁，可以有效地避免死锁。

2）加锁和解锁应该成对出现

加锁和解锁最好出现在同一个层次的代码块中，比如同一个函数。重复解锁会触发 panic，应避免这种操作的可能性。

5.5 RWMutex

前面我们分析了互斥锁 Mutex，所谓读写锁 RWMutex，完整的表述应该是读写互斥锁，可以说是 Mutex 的一个改进版，在某些场景下可以发挥更加灵活的控制能力，比如读取数据频率远大于写数据频率的场景。

例如，程序中写操作少而读操作多，简单地说，如果执行过程是 1 次写然后 N 次读，则使用 Mutex，这个过程将是串行的，因为即便 N 次读操作互相之间并不影响，但也都需要持有 Mutex 后才可以操作。如果使用读写锁，那么多个读操作可以同时持有锁，并发能力将大大提升。

实现读写锁需要解决如下几个问题。

◎ 写锁需要阻塞写锁：一个协程拥有写锁时，其他协程写锁定需要阻塞；
◎ 写锁需要阻塞读锁：一个协程拥有写锁时，其他协程读锁定需要阻塞；
◎ 读锁需要阻塞写锁：一个协程拥有读锁时，其他协程写锁定需要阻塞；
◎ 读锁不能阻塞读锁：一个协程拥有读锁时，其他协程也可以拥有读锁。

下面我们将按照这个思路，即读写锁是如何解决这些问题的，来分析读写锁的实现。

读写锁基于 Mutex 实现，实现源码非常简洁，又有一定的技巧在里面。

5.5.1 读写锁的数据结构

1. 数据结构

源码包中 `src/sync/rwmutex.go:RWMutex` 定义了读写锁的数据结构：

```
type RWMutex struct {
    w           Mutex  // 用于控制多个写锁，获得写锁首先要获取该锁
    writerSem   uint32 // 写阻塞等待的信号量，最后一个读者释放锁时会释放信号量
    readerSem   uint32 // 读阻塞的协程等待的信号量，持有写锁的协程释放锁后会释放信号量
    readerCount int32  // 记录读者个数
    readerWait  int32  // 记录写阻塞时的读者个数
}
```

由以上数据结构可见，读写锁内部仍有一个互斥锁，用于将多个写操作隔离开来，其他的几个都用于隔离读操作和写操作。

第 5 章 并发控制

下面我们简单看一下 RWMutex 提供的 4 个接口，后面再根据使用场景具体分析这几个成员是如何配合工作的。

2. 接口的定义

RWMutex 提供了 4 个简单的接口。

◎ RLock()：读锁定（记忆为 ReadLock）；
◎ RUnlock()：解除读锁定（记忆为 ReadUnlock）；
◎ Lock()：写锁定，与 Mutex 完全一致；
◎ Unlock()：解除写锁定，与 Mutex 完全一致。

1）Lock() 的实现逻辑

写锁定操作需要做两件事：

◎ 获取互斥锁；
◎ 阻塞等待所有读操作结束（如果有的话）。

`func (rw *RWMutex) Lock()` 接口的实现流程如下图所示。

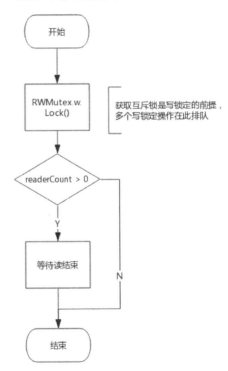

2) Unlock()的实现逻辑

解除写锁定要做两件事：

◎ 唤醒因读锁定而被阻塞的协程（如果有的话）；
◎ 解除互斥锁。

func (rw *RWMutex) Unlock()接口的实现流程如下图所示。

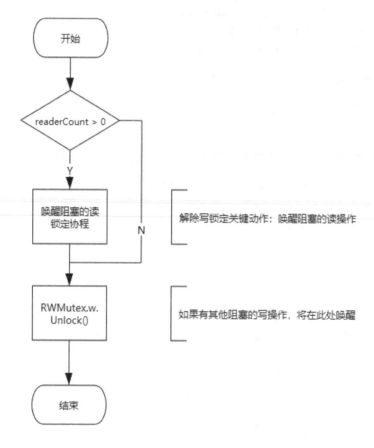

3) RLock()的实现逻辑

读锁定操作需要做两件事：

◎ 增加读操作计数，即 readerCount++；
◎ 阻塞等待写操作结束（如果有的话）。

func (rw *RWMutex) RLock()接口的实现流程如下图所示。

```
        开始
         ↓
   readerCount++
         ↓
      已有写锁定？
       ↓Y    ↓N
   阻塞等待写操      写操作结束后会唤醒所有因读锁定而阻塞的协程
   作结束
         ↓
        结束
```

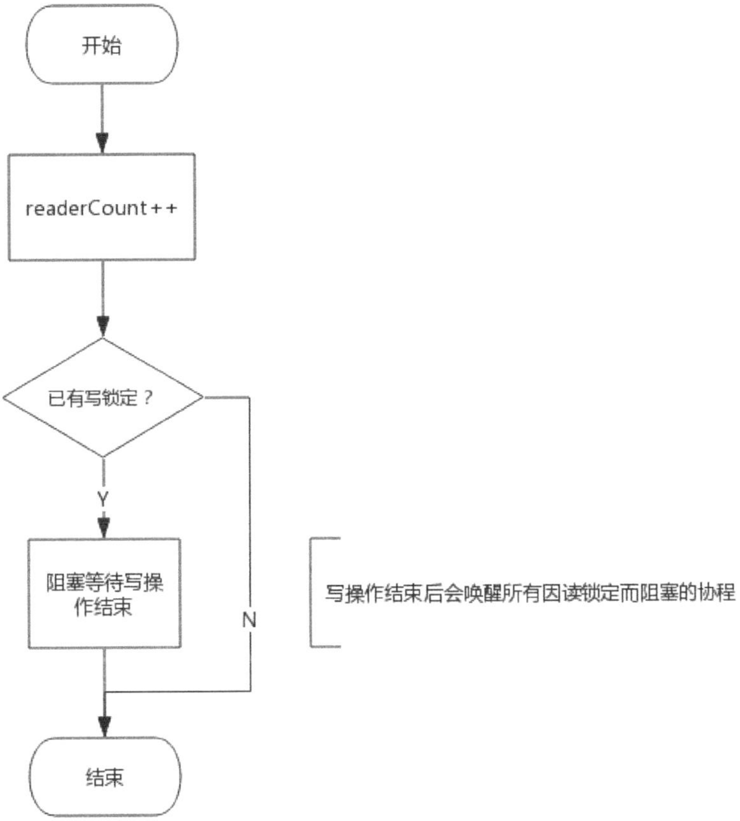

4）RUnlock()的实现逻辑

解除读锁定需要做两件事：

◎ 减少读操作计数，即 readerCount--；
◎ 唤醒等待写操作的协程（如果有的话）。

func (rw *RWMutex) RUnlock()接口的实现流程如下图所示。

注意：即便有协程阻塞等待写操作，也并不是所有的解除读锁定操作都会唤醒该协程，而是最后一个解除读锁定的协程才会释放信号量将该协程唤醒，因为只有当所有读操作的协程释放锁后才可以唤醒协程。

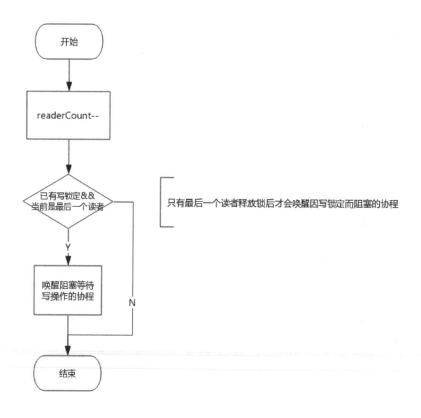

5.5.2 场景分析

上面我们简单了解了 4 个接口的实现原理，接下来我们看一下是如何解决前面提到的几个问题的。

1. 写操作是如何阻止写操作的

读写锁包含一个互斥锁（Mutex），写锁定必须先获取该互斥锁，如果互斥锁已被协程 A 获取（或者协程 A 在阻塞等待读结束），则意味着协程 A 获取了互斥锁，那么协程 B 只能阻塞等待该互斥锁。

所以，写操作依赖互斥锁阻止其他的写操作。

2. 写操作是如何阻止读操作的

这个是读写锁实现中最精华的技巧。

我们知道 RWMutex.readerCount 是一个整型值，用于表示读者数量，在不考虑写操作的情况下，每次读锁定将该值加 1，每次解除读锁定将该值减 1，所以 readerCount 的取值为[0, N]，N 为读者个数，实际上最大可支持 2^{30} 个并发读者。

当进行写锁定时，会先将 readerCount 减去 2^{30}，从而 readerCount 变成了负值，此时再有读锁定到来时检测到 readerCount 为负值，便知道有写操作在进行，只好阻塞等待。而真实的读操作个数并不会丢失，只需要将 readerCount 加上 2^{30} 即可获得。

所以，写操作是将 readerCount 变成负值来阻止读操作的。

3. 读操作是如何阻止写操作的

读锁定会先将 RWMutex.readerCount 的值加 1，此时写操作到来时发现读者数量不为 0，会阻塞等待所有读操作结束。

所以，读操作是通过 readerCount 来阻止写操作的。

4. 为什么写锁定不会被"饿死"

我们知道写操作要等待读操作结束后才可以获得锁，写操作等待期间可能还有新的读操作持续到来，如果写操作等待所有读操作结束，则很可能被"饿死"。然而通过 RWMutex.readerWait 可完美解决这个问题。

写操作到来时，会把 RWMutex.readerCount 的值复制到 RWMutex.readerWait 中，用于标记排在写操作前面的读者个数。

前面的读操作结束后，除了会递减 RWMutex.readerCount 的值，还会递减 RWMutex.readerWait 的值，当 RWMutex.readerWait 的值变为 0 时唤醒写操作。

所以，写操作就相当于把一段连续的读操作划分成两部分，前面的读操作结束后唤醒写操作，写操作结束后唤醒后面的读操作，如下图所示。

第 6 章 反射

反射是什么？

- ◎ 反射是运行时检查自身结构的机制；
- ◎ 反射是困惑的源泉。

反射特性与 interface 紧密相关，同时它也与 Go 类型系统关系密切，这可能都是理解反射的障碍。

本章我们试图通过一些简单的例子快速地浏览一下反射机制，从而从宏观上把握反射机制的梗概。

6.1 热身测验

1. 热身题目

1）题目一

如何判断 Foo 结构体中的两个变量是否相等？是否可以用 "==" 操作符进行比较？

```
type Foo struct {
    A int
    B string
    C interface{}
}
```

2）题目二

如何判断空接口类型中的两个变量是否相等？是否可以用 "==" 操作符进行比较？

```go
func IsEqual(a, b interface{}) bool {
    // TODO
}
```

2. 参考答案

1) 题目一

使用 "==" 操作符可以比较两个结构体变量，但仅限于结构体成员类型为简单类型，不能包含诸如 slice、map 等不可比较类型。实际项目中常常使用 reflect.DeepEqual()函数来比较两个结构体变量，它支持任意两个结构体变量的比较。

2) 题目二

使用 "==" 操作符可以比较两个空接口类型变量，但仅限于接口底层类型一致且不包含诸如 slice、map 等不可比较类型。实际项目中常常使用 reflect.DeepEqual()函数来比较两个空接口变量，它支持任意接口变量的比较。

6.2 接口

1. 类型

我们知道 Go 是静态类型语言，比如 int、float32、[]byte，等等。每个变量都有一个静态类型，而且在编译时就确定了。

考虑如下几类变量声明：

```go
type Myint int

var i int
var j Myint
```

请问，变量 i 和 j 是相同的类型吗？不是的，二者拥有不同的静态类型，尽管二者的底层类型都是 int，但在没有类型转换的情况下是不可以相互赋值的。

Go 提供了布尔、数值和字符串类型的基础类型，还有一些使用这些基础类型组成的复合类型，比如数组、结构体、指针、切片、map 和 channel 等。interface 也可以称为一种复合类型。

2. interface 类型

每个 interface 类型代表一个特定的方法集，方法集中的方法称为接口。比如：

```
type Animal interface {
    Speak() string
}
```

Animal 就是一个接口类型，其包含一个 Speak()方法。

1）interface 变量

就像任何其他类型一样，我们也可以声明 interface 类型的变量。比如：

```
var animal Animal
```

上面的 animal 变量的值为 nil，它没有赋值，它可以存储什么值呢？

2）实现接口

任何类型只要实现了 interface 类型的所有方法，就可以声称该类型实现了这个接口，该类型的变量就可以存储到 interface 变量中。

比如结构体 Cat 实现了 Speak()方法：

```
type Cat struct {
}

func (c Cat) Speak() string {
    return "Meow"
}
```

结构体 Cat 的变量就可以存储到 animal 变量中：

```
var animal Animal
var cat Cat
animal = cat
```

事实上，interface 变量可以存储任意实现了该接口类型的变量。

3）复合类型

为什么 interface 变量可以存储任意实现了该接口类型的变量呢？

因为 interface 类型的变量在存储某个变量时会同时保存变量类型和变量值。我们看一下 Go 运行时是如何表示 interface 类型的：

```
type iface struct {
    tab  *itab // 保存变量类型（以及方法集）
    data unsafe.Pointer // 变量值位于堆栈的指针
}
```

这里我们不想对 iface 展开介绍，暂时只需要明白，interface 变量同时保存变量值和变量类型即可。

Go 的反射就是在运行时操作 interface 中的值和类型的特性，这是了解反射的前提。

4）空 interface

此外，空 interface 是一种非常特殊的 interface 类型，它没有指定任何方法集，如此一来，任意类型都可以声称实现了空接口，那么接口变量也就可以存储任意值。

```
var emptyInf interface{}
```

6.3 反射定律

前面之所以讲类型，是为了引出 interface，进而想说明的是 interface 类型有一个（value，type）对，而反射就是操纵 interface 的这个（value, type）对的机制。具体一点说就是 Go 提供一组方法来获取 interface 的 value 和 type。

那么反射机制是如何操纵 interface 的呢？我们通过反射的三条定律来说明。

1. reflect 包

在开始之前，有必要先介绍一下 reflect 包，reflect 包中提供了 reflect.Type 和 reflect.Value 两个类型，分别代表 interface 中的 value 和类型。

reflect 包中同时提供两个方法来获取 interface 的 value 和类型：

```
func ValueOf(i interface{}) Value
func TypeOf(i interface{}) Type
```

具体关系如下图所示。

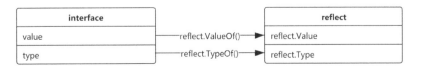

在下面的描述中，我们称 reflect.Type 和 reflect.Value 为 interface 的反射对象。

2. 反射定律

1）第一定律：反射可以将 interface 类型变量转换成反射对象

我们通过一个例子来演示如何通过反射获取一个 interface 变量的值和类型：

```go
package main

import (
    "fmt"
    "reflect"
)

func main() {
    var x float64 = 3.4
    t := reflect.TypeOf(x)    //t is reflect.Type
    fmt.Println("type:", t)

    v := reflect.ValueOf(x) //v is reflect.Value
    fmt.Println("value:", v)
}
```

程序输出如下：

```
type: float64
value: 3.4
```

在上面的例子中，好像没有 interface 变量，实则不然，变量 x 在传入 reflect.TypeOf()函数时，实际上做了一次转换，x 变量被转换成一个空接口传入，reflect.ValueOf(x)也是如此。该例展示了反射的一个能力，即可以获取 interface 变量的类型和值，这是反射进一步操纵 interface 变量的基础。

2）第二定律：反射可以将反射对象还原成 interface 对象

之所以叫"反射"，是因为反射对象与 interface 对象是可以互相转化的。看下面的例子：

```go
func foo() {
    var A interface{}
    A = 100

    v := reflect.ValueOf(A)
```

```
    B := v.Interface()

    if A == B { // true
        fmt.Printf("They are same!\n")
    }
}
```

在上面的函数中,通过 reflect.ValueOf()获取接口变量 A 的反射对象,然后又通过反射对象的 Interface()获取 B,结果 A 和 B 是相同的。

这个例子展示了反射的第二个能力,即能够从一个反射对象还原到原来的 interface 对象。

3)第三定律:反射对象可修改,value 值必须是可设置的

通过反射可以将 interface 类型的变量转换成反射对象,可以使用该反射对象设置 interface 变量持有的值。

我们可以通过 reflect.Value 的一系列 SetXXX()方法来设置反射对象的值。先看一个失败的例子:

```
package main

import (
    "reflect"
)

func main() {
    var x float64 = 3.4
    v := reflect.ValueOf(x)
    v.SetFloat(7.1) // Error: will panic.
}
```

在上面的代码中,通过反射对象 v 设置新值,会触发 panic。报错如下:

```
panic: reflect: reflect.Value.SetFloat using unaddressable value
```

错误原因是 v 是不可修改的,为什么会如此呢?

反射对象是否可修改取决于其所存储的值,回想一下函数传参时是传值还是传址就不难理解上例中为何失败了。

上例中传入 reflect.ValueOf()函数的其实是 x 的值,而非 x 本身,即通过 v 修改其值是无法影响 x 的,也是无效的修改,所以会报错。

想到此处，即可明白，如果构建 v 时使用 x 的地址就可实现修改了，但此时 v 代表的是指针地址，我们要设置的是指针所指向的内容，即我们想要修改的是*v。那怎么通过 v 修改 x 的值呢？

`reflect.Value` 提供了 `Elem()` 方法，可以获得指向 value 的指针。修正后的代码如下：

```go
package main

import (
    "reflect"
    "fmt"
)

func main() {
    var x float64 = 3.4
    v := reflect.ValueOf(&x)
    v.Elem().SetFloat(7.1)
    fmt.Println("x :", v.Elem().Interface())
}
```

输出如下：

```
x : 7.1
```

该例演示了反射的第三个能力，即通过反射可以修改 interface 变量，但必须获得 interface 变量的地址。

第 7 章

测试

Go 语言提供了 go test 命令行工具,使用该工具可以很方便地进行测试。

不仅 Go 语言源码中大量使用 go test,其在各种开源框架中的应用也极为普遍。

目前 go test 支持的测试类型有:

◎ 单元测试;
◎ 性能测试;
◎ 示例测试。

本章我们先快速掌握这几种测试的基本用法,然后根据源码来学习这些测试的实现机制。

7.1 快速开始

Go 自身的测试系统使用起来非常简单,只需要添加很少的代码就可以快速开始测试。

目前 Go 测试系统支持单元测试、性能测试和示例测试。

1. 单元测试

单元测试是指对软件中的最小可测试单元进行检查和验证,比如对一个函数的测试。

2. 性能测试

性能测试也称为基准测试,可以测试一段程序的性能,可以得到时间消耗、内存使用情况的报告。

3. 示例测试

示例测试广泛应用于 Go 源码和各种开源框架中，用于展示某个包或某个方法的用法。

比如，在 Go 标准库中，mail 包展示了如何从一个字符串中解析出邮件列表的用法，非常直观易懂。

源码位于 src/net/mail/example_test.go 中：

```go
func ExampleParseAddressList() {
    const list = "Alice <alice@example.com>, Bob <bob@example.com>, Eve <eve@example.com>"
    emails, err := mail.ParseAddressList(list)
    if err != nil {
        log.Fatal(err)
    }

    for _, v := range emails {
        fmt.Println(v.Name, v.Address)
    }

    // Output:
    // Alice alice@example.com
    // Bob bob@example.com
    // Eve eve@example.com
}
```

本节我们通过简单的例子快速体验一下如何使用 Go 的测试系统进行测试。

7.1.1 单元测试

1. 源代码目录结构

在 gotest 包中创建两个文件，目录结构如下所示。

```
[GoExpert]
|--[src]
    |--[gotest]
        |--unit.go
        |--unit_test.go
```

其中 unit.go 为源代码文件，unit_test.go 为测试文件，要保证测试文件以 _test.go 结尾。

2. 源代码文件

源代码文件 unit.go 中包含一个 Add() 方法：

```go
package gotest

// Add()用于演示 go test 的使用方法
func Add(a int, b int) int {
    return a + b
}
```

Add() 仅提供两数加法，实际项目中不可能出现类似的方法，此处仅供单元测试示例。

3. 测试文件

测试文件 unit_test.go 中包含一个测试方法 TestAdd()：

```go
package gotest_test

import (
    "testing"
    "gotest"
)

func TestAdd(t *testing.T) {
    var a = 1
    var b = 2
    var expected = 3

    actual := gotest.Add(a, b)
    if actual != expected {
        t.Errorf("Add(%d, %d) = %d; expected: %d", a, b, actual, expected)
    }
}
```

通过 package 语句可以看到，测试文件属于 gotest_test 包，测试文件也可以跟源文件在同一个包中，但常见的做法是创建一个包专门用于测试，这样可以使测试文件和源文件隔离。Go 源代码及其他知名的开源框架通常会创建测试包，而且规则是在原包名上加上 _test。

测试函数的命名规则为 `TestXxx`，其中 `Test` 为单元测试的固定开头，go test 只会执行以此为开头的方法。紧跟 `Test` 的是以首字母大写的单词，用于识别待测试函数。

测试函数参数并不是必须要使用的，但 testing.T 提供了丰富的方法帮助控制测试流程。

t.Errorf()用于标记测试失败，标记失败还有几个方法，在介绍 testing.T 结构时再详细介绍。

4. 执行测试

在命令行下使用 `go test` 命令即可启动单元测试：

```
E:\OpenSource\GitHub\RainbowMango\GoExpertProgrammingSourceCode\GoExpert\src
\gotest>go test
PASS
ok      gotest  0.378s

E:\OpenSource\GitHub\RainbowMango\GoExpertProgrammingSourceCode\GoExpert\src
\gotest>
```

通过打印结果可知，测试通过，花费时间为 0.378s。

5. 小结

编写一个单元测试并执行是非常方便的，只需要遵循一定的规则：

- 测试文件名必须以 `_test.go` 结尾；
- 测试函数名必须以 `TestXxx` 开始；
- 在命令行下使用 `go test` 即可启动测试。

7.1.2 基准测试

1. 源代码目录结构

在 gotest 包中创建两个文件，目录结构如下所示。

```
[GoExpert]
|--[src]
   |--[gotest]
      |--benchmark.go
      |--benchmark_test.go
```

其中 benchmark.go 为源代码文件，benchmark_test.go 为测试文件。

2. 源代码文件

源代码文件 benchmark.go 中包含 MakeSliceWithoutAlloc() 和 MakeSliceWithPreAlloc() 两个方法，如下所示。

```go
package gotest

// MakeSliceWithPreAlloc，不预分配
func MakeSliceWithoutAlloc() []int {
    var newSlice []int

    for i := 0; i < 100000; i++ {
        newSlice = append(newSlice, i)
    }

    return newSlice
}

// MakeSliceWithPreAlloc，通过预分配 Slice 的存储空间构造
func MakeSliceWithPreAlloc() []int {
    var newSlice []int

    newSlice = make([]int, 0, 100000)
    for i := 0; i < 100000; i++ {
        newSlice = append(newSlice, i)
    }

    return newSlice
}
```

两个方法都会构造一个容量为 100000 的切片，所不同的是 MakeSliceWithPreAlloc() 会预先分配内存，而 MakeSliceWithoutAlloc() 不预先分配内存，二者在理论上存在性能差异，下面测试一下二者的性能差异。

3. 测试文件

测试文件 benchmark_test.go 中包含两个测试方法，用于测试源代码中两个方法的性能，测试文件如下：

```go
package gotest_test

import (
    "testing"
    "gotest"
)

func BenchmarkMakeSliceWithoutAlloc(b *testing.B) {
    for i := 0; i < b.N; i++ {
        gotest.MakeSliceWithoutAlloc()
    }
}

func BenchmarkMakeSliceWithPreAlloc(b *testing.B) {
    for i := 0; i < b.N; i++ {
        gotest.MakeSliceWithPreAlloc()
    }
}
```

性能测试函数的命名规则为 `BenchmarkXxx`，其中 `Xxx` 为自定义的标识，需要以大写字母开头，通常为待测函数。

`testing.B` 提供了一系列用于辅助性能测试的方法或成员，比如本例中的 `b.N` 表示循环执行的次数，而 N 值不用程序员特别关心，N 值是动态调整的，直到可靠地算出程序执行时间后才会停止，具体执行次数会在执行结束后打印出来（关于 N 值动态调整的细节，将在后续实现原理部分详细介绍）。

4. 执行测试

在命令行下，使用 `go test -bench=.` 命令即可启动性能测试：

```
E:\OpenSource\GitHub\RainbowMango\GoExpertProgrammingSourceCode\GoExpert\src
\gotest>go test -bench=.
BenchmarkMakeSliceWithoutAlloc-4            2000            1103822 ns/op
BenchmarkMakeSliceWithPreAlloc-4            5000             328944 ns/op
PASS
ok      gotest  4.445s
```

其中 `-bench` 为 `go test` 的 flag，该 flag 指示 `go test` 进行性能测试，即执行测试文件中符合 `BenchmarkXxx` 规则的方法。紧跟 flag 的为 flag 的参数，本例中表示执行当前所有的性能测试。

通过输出可以直观地看出，`BenchmarkMakeSliceWithoutAlloc` 执行了 2000 次，平均每次 `1103822` 纳秒，`BenchmarkMakeSliceWithPreAlloc` 执行了 5000 次，平均每次 `328944` 纳秒。

从测试结果上看，虽然构造切片很快，但通过给切片预分配内存，性能还可以进一步提升，符合预期。关于原理分析，请参考 slice 相关章节。

5. 小结

从上面的例子可以看出，编写并执行性能测试是非常简单的，只需要遵循一些规则：

- 文件名必须以 `_test.go` 结尾；
- 函数名必须以 `BenchmarkXxx` 开始；
- 使用 `go test -bench=.` 命令即可开始性能测试。

7.1.3 示例测试

1. 源代码目录结构

在 gotest 包中创建两个文件，目录结构如下所示。

```
[GoExpert]
|--[src]
   |--[gotest]
      |--example.go
      |--example_test.go
```

其中 `example.go` 为源代码文件，`example_test.go` 为测试文件。

2. 源代码文件

源代码文件 `example.go` 中包含 `SayHello()`、`SayGoodbye()` 和 `PrintNames()` 三个方法，如下所示。

```go
package gotest

import "fmt"

// SayHello, 打印一行字符串
func SayHello() {
    fmt.Println("Hello World")
```

```go
}

// SayGoodbye, 打印两行字符串
func SayGoodbye() {
    fmt.Println("Hello,")
    fmt.Println("goodbye")
}

// PrintNames, 打印学生姓名
func PrintNames() {
    students := make(map[int]string, 4)
    students[1] = "Jim"
    students[2] = "Bob"
    students[3] = "Tom"
    students[4] = "Sue"
    for _, value := range students {
        fmt.Println(value)
    }
}
```

这几个方法打印的内容略有不同，分别代表一种典型的场景。

- SayHello()：只有一行打印输出；
- SayGoodbye()：有两行打印输出；
- PrintNames()：有多行打印输出，且由于 Map 数据结构的原因，多行打印的次序是随机的。

3. 测试文件

测试文件 example_test.go 中包含三个测试方法，与源代码文件中的三个方法一一对应，测试文件如下：

```go
package gotest_test

import "gotest"

// 检测单行输出
func ExampleSayHello() {
    gotest.SayHello()
    // OutPut: Hello World
}
```

```go
// 检测多行输出
func ExampleSayGoodbye() {
    gotest.SayGoodbye()
    // OutPut:
    // Hello,
    // goodbye
}

// 检测乱序输出
func ExamplePrintNames() {
    gotest.PrintNames()
    // Unordered output:
    // Jim
    // Bob
    // Tom
    // Sue
}
```

例子测试函数的命名规则为 `ExampleXxx`，其中 `Xxx` 为自定义的标识，通常为待测函数名称。

这三个测试函数分别代表三种场景。

- ExampleSayHello()：待测试函数只有一行输出，使用`// OutPut:`检测。
- ExampleSayGoodbye()：待测试函数有多行输出，使用`// OutPut:`检测，其中期望值也是多行。
- ExamplePrintNames()：待测试函数有多行输出，但输出次序不确定，使用`// Unordered output:`检测。

注：字符串比较时会忽略前后的空白字符。

4. 执行测试

在命令行下使用 `go test` 或 `go test example_test.go` 命令即可启动测试：

```
E:\OpenSource\GitHub\RainbowMango\GoExpertProgrammingSourceCode\GoExpert\src
\gotest>go test example_test.go
ok      command-line-arguments  0.331s
```

5. 小结

- 示例测试函数名需要以 `Example` 开头；
- 检测单行输出格式为`// Output: <期望字符串>`；
- 检测多行输出格式为`// Output: \n <期望字符串> \n <期望字符串>`，每个期望字符串占一行；
- 检测无序输出格式为`// Unordered output: \n <期望字符串> \n <期望字符串>`，每个期望字符串占一行；
- 测试字符串时会自动忽略字符串前后的空白字符；
- 如果测试函数中没有 `Output` 标识，则该测试函数不会被执行；
- 执行测试可以使用 `go test`，此时该目录下的其他测试文件也会一并执行；
- 执行测试可以使用 `go test <xxx_test.go>`，此时仅执行特定文件中的测试函数。

7.2 进阶测试

前面我们通过简单的示例快速了解了测试的用法。本节我们进一步探索测试的其他用法，以便应对稍微复杂一些的场景。

7.2.1 子测试

1. 简介

简单地说，子测试提供了一种在一个测试函数中执行多个测试的能力，比如有 TestA、TestB 和 TestC 三个测试函数，每个测试函数执行初始都需要做一些相同的初始化工作，那么可以利用子测试将这三个测试合并到一个测试中，这样只需要做一次初始化工作。

除此之外，子测试还提供了诸多便利，下面我们逐一说明。

2. 简单例子

我们先看一个简单的例子，以便快速了解子测试的基本用法。

```
package gotest_test

import (
```

```go
    "testing"
    "gotest"
)

// sub1 为子测试，只做加法测试
func sub1(t *testing.T) {
    var a = 1
    var b = 2
    var expected = 3

    actual := gotest.Add(a, b)
    if actual != expected {
        t.Errorf("Add(%d, %d) = %d; expected: %d", a, b, actual, expected)
    }
}

// sub2 为子测试，只做加法测试
func sub2(t *testing.T) {
    var a = 1
    var b = 2
    var expected = 3

    actual := gotest.Add(a, b)
    if actual != expected {
        t.Errorf("Add(%d, %d) = %d; expected: %d", a, b, actual, expected)
    }
}

// sub3 为子测试，只做加法测试
func sub3(t *testing.T) {
    var a = 1
    var b = 2
    var expected = 3

    actual := gotest.Add(a, b)
    if actual != expected {
        t.Errorf("Add(%d, %d) = %d; expected: %d", a, b, actual, expected)
    }
}

// TestSub 内部调用 sub1、sub2 和 sub3 三个子测试
```

```go
func TestSub(t *testing.T) {
    // setup code

    t.Run("A=1", sub1)
    t.Run("A=2", sub2)
    t.Run("B=1", sub3)

    // tear-down code
}
```

本例中 TestSub() 通过 t.Run() 依次执行三个子测试。t.Run() 函数声明如下：

```go
func (t *T) Run(name string, f func(t *T)) bool
```

name 参数为子测试的名字，f 为子测试函数，本例中 Run() 一直阻塞到 f 执行结束后才返回，返回值为 f 的执行结果。Run() 会启动新的协程来执行 f，并阻塞等待 f 执行结束才返回，除非 f 中使用 t.Parallel() 设置子测试为并发。

本例中 TestSub() 把三个子测试合并起来，可以共享 setup 和 tear-down 部分的代码。

在命令行下使用 -v 参数执行测试：

```
E:\OpenSource\GitHub\RainbowMango\GoExpertProgrammingSourceCode\GoExpert\src
\gotest>go test subunit_test.go -v
=== RUN   TestSub
=== RUN   TestSub/A=1
=== RUN   TestSub/A=2
=== RUN   TestSub/B=1
--- PASS: TestSub (0.00s)
    --- PASS: TestSub/A=1 (0.00s)
    --- PASS: TestSub/A=2 (0.00s)
    --- PASS: TestSub/B=1 (0.00s)
PASS
ok      command-line-arguments  0.354s
```

从输出中可以看出，三个子测试都被执行了，而且执行次序与调用次序一致。

3. 子测试命名规则

通过上面的例子我们知道 Run() 方法的第一个参数为子测试的名字，而实际上子测试的内部命名规则为 <父测试名字>/<传递给 Run 的名字>。比如，传递给 Run() 的名字是 A=1，那么子测试名字为 TestSub/A=1。这个在上面的命令行输出中也可以看出。

4. 过滤筛选

通过测试的名字，可以在执行中过滤掉一部分测试。

比如，只执行上例中 A=* 的子测试，那么执行时使用 -run Sub/A= 参数即可：

```
E:\OpenSource\GitHub\RainbowMango\GoExpertProgrammingSourceCode\GoExpert\src
\gotest>go test subunit_test.go -v -run Sub/A=
=== RUN   TestSub
=== RUN   TestSub/A=1
=== RUN   TestSub/A=2
--- PASS: TestSub (0.00s)
    --- PASS: TestSub/A=1 (0.00s)
    --- PASS: TestSub/A=2 (0.00s)
PASS
ok      command-line-arguments  0.340s
```

上例中，使用参数 -run Sub/A= 只会执行 TestSub/A=1 和 TestSub/A=2 两个子测试。

对于子性能测试则使用 -bench 参数来筛选，此处不再赘述。

注意：此处的筛选不是严格的正则匹配，而是包含匹配。比如，-run A=，所有测试（含子测试）的名字中如果包含 A= 则会被选中执行。

5. 子测试并发

前面提到的多个子测试共享 setup 和 teardown 的一个前提是子测试没有并发，如果子测试使用 t.Parallel() 指定并发，那么就没办法共享 teardown 了，因为执行顺序很可能是 setup→子测试 1→teardown→子测试 2……

如果子测试可能并发，则可以把子测试通过 Run() 再嵌套一层，Run() 可以保证其下的所有子测试执行结束后再返回。

为了便于说明，我们创建 subparallel_test.go 文件：

```
package gotest_test

import (
    "testing"
    "time"
)

// 并发子测试，无实际测试工作，仅用于演示
```

```go
func parallelTest1(t *testing.T) {
    t.Parallel()
    time.Sleep(3 * time.Second)
    // do some testing
}

// 并发子测试，无实际测试工作，仅用于演示
func parallelTest2(t *testing.T) {
    t.Parallel()
    time.Sleep(2 * time.Second)
    // do some testing
}

// 并发子测试，无实际测试工作，仅用于演示
func parallelTest3(t *testing.T) {
    t.Parallel()
    time.Sleep(1 * time.Second)
    // do some testing
}

// 把多个子测试放到一个组中并发执行，同时多个子测试可以共享 setup 和 tear-down
func TestSubParallel(t *testing.T) {
    // setup
    t.Logf("Setup")

    t.Run("group", func(t *testing.T) {
        t.Run("Test1", parallelTest1)
        t.Run("Test2", parallelTest2)
        t.Run("Test3", parallelTest3)
    })

    // tear down
    t.Logf("teardown")
}
```

上面三个子测试中分别"sleep"了 3s、2s、1s，用于观察并发执行顺序。通过 Run() 将多个子测试"封装"到一个组中，可以保证所有子测试全部执行结束后再执行 tear-down。

命令行下的输出如下：

```
E:\OpenSource\GitHub\RainbowMango\GoExpertProgrammingSourceCode\GoExpert\src
\gotest>go test subparallel_test.go -v -run SubParallel
=== RUN   TestSubParallel
```

```
=== RUN    TestSubParallel/group
=== RUN    TestSubParallel/group/Test1
=== RUN    TestSubParallel/group/Test2
=== RUN    TestSubParallel/group/Test3
--- PASS: TestSubParallel (3.01s)
        subparallel_test.go:25: Setup
    --- PASS: TestSubParallel/group (0.00s)
        --- PASS: TestSubParallel/group/Test3 (1.00s)
        --- PASS: TestSubParallel/group/Test2 (2.01s)
        --- PASS: TestSubParallel/group/Test1 (3.01s)
        subparallel_test.go:34: teardown
PASS
ok      command-line-arguments   3.353s
```

通过该输出可以看出：

◎ 子测试是并发执行的（Test1 最先被执行却最后结束）；
◎ tear-down 在所有子测试结束后才执行。

6. 小结

◎ 子测试适用于单元测试和性能测试；
◎ 子测试可以控制并发；
◎ 子测试提供一种类似 table-driven 风格的测试；
◎ 子测试可以共享 setup 和 tear-down。

7.2.2 Main 测试

1. 简介

我们知道子测试的一个方便之处在于可以让多个测试共享 setup 和 tear-down。但这种程度的共享有时并不能满足需求，有时我们希望在整个测试程序中做一些全局的 setup 和 tear-down 操作，这时就需要 Main 测试了。

所谓 Main 测试，即声明一个 `func TestMain(m *testing.M)`，它是名字比较特殊的测试，参数类型为 `testing.M` 指针。如果声明了这样一个函数，则当前测试程序将不是直接执行各项测试，而是将测试交给 TestMain 调度。

2. 示例

下面通过一个例子来展示 Main 测试的用法：

```
// TestMain 用于主动执行各种测试，可以在测试前后做 setup 和 tear-down 操作
func TestMain(m *testing.M) {
    println("TestMain setup.")

    retCode := m.Run() // 执行测试，包括单元测试、性能测试和示例测试

    println("TestMain tear-down.")

    os.Exit(retCode)
}
```

在上述例子中，日志打印的两行内容分别对应 setup 和 tear-down 代码，m.Run()为执行所有的测试，m.Run()的返回结果通过 os.Exit()返回。

如果所有测试均通过，则 m.Run()返回 0，如果 m.Run()返回 1，则代表测试失败。

有一点需要注意的是，TestMain 在执行时，命令行参数还未解析，如果测试程序需要依赖参数，则可以使用 `flag.Parse()` 解析参数，m.Run()方法内部还会再次解析参数，此处解析不会影响原测试过程。

7.3 实现原理

本节我们重点探索一下 go test 的实现原理。

首先，我们会先从数据结构入手，查看测试是如何被组织起来的。其次，我们会关注测试的关键实现方法，尽量呈现源码并配以示例来了解其实现原理。

为了叙述方便，本节部分源码隐去了部分与话题无关的代码，更多的源码解释可以通过源码注释来了解。

7.3.1 testing.common

1. 简介

我们知道单元测试函数需要传递一个 `testing.T` 类型的参数，而性能测试函数需要传递一

个 testing.B 类型的参数，该参数可用于控制测试的流程，比如标记测试失败等。

testing.T 和 testing.B 属于 testing 包中的两个数据类型，该类型提供一系列的方法用于控制函数的执行流程，考虑到二者有一定的相似性，所以 Go 实现时抽象出一个 testing.common 作为基础类型，而 testing.T 和 testing.B 则属于 testing.common 的扩展。

本节我们重点查看 testing.common，通过其成员及方法来了解其实现原理。

2. 数据结构

```go
// common holds the elements common between T and B and
// captures common methods such as Errorf.
type common struct {
    mu       sync.RWMutex   // guards this group of fields
    output   []byte         // Output generated by test or benchmark.
    w        io.Writer      // For flushToParent.
    ran      bool // Test or benchmark (or one of its subtests) was executed.
    failed   bool           // Test or benchmark has failed.
    skipped  bool           // Test of benchmark has been skipped.
    done     bool           // Test is finished and all subtests have completed.
    helpers  map[string]struct{} // functions to be skipped when writing
                                 // file/line info

    chatty     bool         // A copy of the chatty flag.
    finished   bool         // Test function has completed.
    hasSub     int32        // written atomically
    raceErrors int          // number of races detected during test
    runner     string       // function name of tRunner running the test

    parent   *common
    level    int            // Nesting depth of test or benchmark.
    creator  []uintptr      // If level > 0, the stack trace at the point
                            // where the parent called t.Run.
    name     string         // Name of test or benchmark.
    start    time.Time      // Time test or benchmark started
    duration time.Duration
    barrier  chan bool      // To signal parallel subtests they may start.
    signal   chan bool      // To signal a test is done.
    sub      []*T           // Queue of subtests to be run in parallel.
}
```

1）common.mu

读写锁仅用于控制本数据内的成员访问。

2）common.output

存储当前测试产生的日志，每产生一条日志就追加到该切片中，待测试结束后再一并输出。

3）common.w

子测试执行结束后需要把产生的日志输送到父测试的 output 切片中，传递时需要考虑缩进等格式调整，通过 w 把日志传递到父测试中。

4）common.ran

仅表示是否已执行过。比如，根据某个规范筛选测试，如果没有测试被匹配到，则 common.ran 为 false，表示没有运行过测试。

5）common.failed

如果当前测试执行失败，则置为 true。

6）common.skipped

标记是否已跳过当前测试。

7）common.done

表示当前测试及其子测试已结束，此状态下再执行 Fail()之类的方法标记测试状态会产生 panic。

8）common.helpers

标记当前为函数为 help 函数，其中打印的日志，在记录日志时不会显示其文件名及行号。

9）common.chatty

对应命令行中的-v 参数，默认为 false，如果为 true 则打印更多详细日志。

10）common.finished

如果当前测试结束，则置为 true。

11）common.hasSub

标记当前测试是否包含子测试，当使用 t.Run()方法启动子测试时，t.hasSub 置为 1。

12）common.raceErrors

竞态检测错误数。

13）common.runner

执行当前测试的函数名。

14）common.parent

如果当前测试为子测试，则置为父测试的指针。

15）common.level

测试嵌套层数，比如创建子测试时，子测试嵌套层数就会加 1。

16）common.creator

测试函数调用栈。

17）common.name

记录每个测试函数名，比如测试函数 `TestAdd(t *testing.T)`，其中 t.name 为 `TestAdd`。测试结束，打印测试结果时会用到该成员。

18）common.start

记录测试开始的时间。

19）common.duration

记录测试所花费的时间。

20）common.barrier

用于控制父测试和子测试执行的 channel，如果测试为 Parallel，则会阻塞等待父测试结束后再继续。

21）common.signal

通知当前测试结束。

22）common.sub

子测试列表。

3. 成员方法

1）common.Name()

```go
// Name returns the name of the running test or benchmark.
func (c *common) Name() string {
    return c.name
}
```

该方法直接返回 common 结构体中存储的名称。

2）common.Fail()

```go
// Fail marks the function as having failed but continues execution.
func (c *common) Fail() {
    if c.parent != nil {
        c.parent.Fail()
    }
    c.mu.Lock()
    defer c.mu.Unlock()
    // c.done needs to be locked to synchronize checks to c.done in parent tests.
    if c.done {
        panic("Fail in goroutine after " + c.name + " has completed")
    }
    c.failed = true
}
```

Fail()方法会标记当前测试为失败，然后继续运行，并不会立即退出当前测试。如果是子测试，则除了标记当前测试结果，还通过 `c.parent.Fail()` 来标记父测试失败。

3）common.FailNow()

```go
func (c *common) FailNow() {
    c.Fail()
    c.finished = true
    runtime.Goexit()
}
```

FailNow()内部会调用 Fail()标记测试失败，还会标记测试结束并退出当前测试协程。可以简单地把一个测试理解为一个协程，FailNow()只会退出当前协程，并不会影响其他测试协程，但要保证在当前测试协程中调用 FailNow()才有效，不可以在当前测试创建的协程中调用该方法。

4）common.log()

```go
func (c *common) log(s string) {
```

```
    c.mu.Lock()
    defer c.mu.Unlock()
    c.output = append(c.output, c.decorate(s)...)
}
```

common.log()为内部记录日志的入口，日志会统一记录到 common.output 切片中，测试结束后再统一打印出来。记录日志时会调用 common.decorate()进行装饰，即加上文件名和行号，还会做一些其他格式化处理。调用 common.log()的方法有 Log()、Logf()、Error()、Errorf()、Fatal()、Fatalf()、Skip()、Skipf()等。

注意：单元测试中记录的日志只有在执行失败或指定了-v 参数时才会打印，否则不会打印。而在性能测试中则总是被打印出来，因为是否打印日志有可能影响性能测试结果。

5）common.Log(args ...interface{})

```
func (c *common) Log(args ...interface{}) {
    c.log(fmt.Sprintln(args...))
}
```

common.Log()方法用于记录简单日志，通过 fmt.Sprintln()方法生成日志字符串后记录。

6）common.Logf(format string, args ...interface{})

```
func (c *common) Logf(format string, args ...interface{}) {
    c.log(fmt.Sprintf(format, args...))
}
```

common.Logf()方法用于格式化记录日志，通过 fmt.Sprintf()生成字符串后记录。

7）common.Error(args ...interface{})

```
// Error is equivalent to Log followed by Fail.
func (c *common) Error(args ...interface{}) {
    c.log(fmt.Sprintln(args...))
    c.Fail()
}
```

common.Error()方法等同于 common.Log()+common.Fail()，即记录日志并标记失败，但测试继续进行。

8）common.Errorf(format string, args ...interface{})

```
// Errorf is equivalent to Logf followed by Fail.
func (c *common) Errorf(format string, args ...interface{}) {
```

```
        c.log(fmt.Sprintf(format, args...))
        c.Fail()
}
```

common.Errorf()方法等同于 common.Logf()+common.Fail()，即记录日志并标记失败，但测试继续进行。

9）common.Fatal(args ...interface{})

```
// Fatal is equivalent to Log followed by FailNow.
func (c *common) Fatal(args ...interface{}) {
        c.log(fmt.Sprintln(args...))
        c.FailNow()
}
```

common.Fatal()方法等同于 common.Log()+common.FailNow()，即记录日志、标记失败并退出当前测试。

10）common.Fatalf(format string, args ...interface{})

```
// Fatalf is equivalent to Logf followed by FailNow.
func (c *common) Fatalf(format string, args ...interface{}) {
        c.log(fmt.Sprintf(format, args...))
        c.FailNow()
}
```

common.Fatalf()方法等同于 common.Logf()+common.FailNow()，即记录日志、标记失败并退出当前测试。

11）common.skip()

```
func (c *common) skip() {
        c.mu.Lock()
        defer c.mu.Unlock()
        c.skipped = true
}
```

common.skip()方法标记当前测试为已跳过状态，比如测试中检测到某种条件，不再继续测试。该函数仅标记测试跳过，与测试结果无关。测试结果仍然取决于 common.failed。

12）common.SkipNow()

```
func (c *common) SkipNow() {
        c.skip()
```

```
    c.finished = true
    runtime.Goexit()
}
```

common.SkipNow()方法标记测试跳过，并标记测试结束，最后退出当前测试。

13）common.Skip(args ...interface{})

```
// Skip is equivalent to Log followed by SkipNow.
func (c *common) Skip(args ...interface{}) {
    c.log(fmt.Sprintln(args...))
    c.SkipNow()
}
```

common.Skip()方法等同于 common.Log()+common.SkipNow()。

14）common.Skipf(format string, args ...interface{})

```
// Skipf is equivalent to Logf followed by SkipNow.
func (c *common) Skipf(format string, args ...interface{}) {
    c.log(fmt.Sprintf(format, args...))
    c.SkipNow()
}
```

common.Skipf()方法等同于 common.Logf() + common.SkipNow()。

15）common.Helper()

```
// Helper marks the calling function as a test helper function.
// When printing file and line information, that function will be skipped.
// Helper may be called simultaneously from multiple goroutines.
func (c *common) Helper() {
    c.mu.Lock()
    defer c.mu.Unlock()
    if c.helpers == nil {
        c.helpers = make(map[string]struct{})
    }
    c.helpers[callerName(1)] = struct{}{}
}
```

common.Helper()方法标记当前函数为 help 函数，所谓 help 函数，即其中打印的日志不记录 help 函数的函数名及行号，而是记录上一层函数的函数名和行号。

7.3.2 testing.TB 接口

1. 简介

顾名思义，TB 接口是 testing.T（单元测试）和 testing.B（性能测试）共用的接口。

TB 接口通过在接口中定义一个名为 private()的私有方法，保证了即使用户实现了类似的接口，也不会跟 testing.TB 接口冲突。

其实，这些接口在 testing.T 和 testing.B 的公共成员 testing.common 中已经实现。

2. 接口定义

在 src/testing/testing.go 中定义了 testing.TB 接口：

```go
// TB is the interface common to T and B.
type TB interface {
    Error(args ...interface{})
    Errorf(format string, args ...interface{})
    Fail()
    FailNow()
    Failed() bool
    Fatal(args ...interface{})
    Fatalf(format string, args ...interface{})
    Log(args ...interface{})
    Logf(format string, args ...interface{})
    Name() string
    Skip(args ...interface{})
    SkipNow()
    Skipf(format string, args ...interface{})
    Skipped() bool
    Helper()

    // A private method to prevent users implementing the
    // interface and so future additions to it will not
    // violate Go 1 compatibility.
    private()
}
```

其中对外接口需要 testing.T 和 testing.B 实现，但由于 testing.T 和 testing.B 都继承了 testing.common，而 testing.common 已经实现了这些接口，所以 testing.T 和 testing.B 天然实现

了 TB 接口。

其中私有接口 private()用于控制该接口的唯一性，即便用户代码中某个类型实现了这些方法，由于无法实现这个私有接口，也不能被认为是实现了 TB 接口，所以不会跟用户代码产生冲突。

3. 接口分类

我们在 testing.common 部分介绍过每个接口的实现，接下来就从函数功能上对接口进行分类。

以单元测试为例，每个测试函数都需要接收一个 testing.T 类型的指针作为函数参数，该参数主要用于控制测试流程（如结束和跳过）和记录日志。

1）记录日志

◎ Log(args ...interface{})
◎ Logf(format string, args ...interface{})

Log()和 Logf()负责记录日志，其区别在于是否支持格式化参数。

2）标记失败+记录日志

◎ Error(args ...interface{})
◎ Errorf(format string, args ...interface{})

Error()和 Errorf()负责标记当前测试失败并记录日志。只标记测试状态为失败，并不影响测试函数流程，不会结束当前测试，也不会退出当前测试。

3）标记失败+记录日志+结束测试

◎ Fatal(args ...interface{})
◎ Fatalf(format string, args ...interface{})

Fatal()和 Fatalf()负责标记当前测试失败、记录日志，并退出当前测试。

4）标记失败

◎ Fail()

Fail()仅标记录前测试状态为失败。

5）标记失败并退出

◎ FailNow()

FailNow()标记当前测试状态为失败并退出当前测试。

6）跳过测试+记录日志并退出

◎ Skip(args ...interface{})
◎ Skipf(format string, args ...interface{})

Skip()和 Skipf()标记当前测试状态为跳过并记录日志，最后退出当前测试。

7）跳过测试并退出

◎ SkipNow()

SkipNow()标记测试状态为跳过，并退出当前测试。

4. 私有接口避免冲突

接口定义中的 private()方法是一个值得学习的用法，其目的是限定 testing.TB 接口的全局唯一性，即便用户的某个类型实现了除 private()方法外的其他方法，也不能说明实现了 testing.TB 接口，因为无法实现 private()方法，private()方法属于 testing 包内部可见，外部不可见。

7.3.3 单元测试的实现原理

1. 简介

在了解过 testing.common 后，我们进一步了解 testing.T 的数据结构，以便了解单元测试执行的更多细节。

2. 数据结构

源码包中 `src/testing/testing.go:T` 定义了其数据结构：

```
type T struct {
    common
    isParallel bool
    context    *testContext // For running tests and subtests.
}
```

其成员简单介绍如下。

◎ common：即前面介绍的 testing.common；
◎ isParallel：表示当前测试是否需要并发，如果测试中执行了 t.Parallel()，则此值为 true；
◎ context：控制测试的并发调度。

因为 context 直接决定了单元测试的调度，在介绍 testing.T 支持的方法前，有必要先了解一下 context。

3. testContext

源码包中 src/testing/testing.go:testContext 定义了其数据结构：

```go
type testContext struct {
    match *matcher

    mu sync.Mutex

    // Channel used to signal tests that are ready to be run in parallel.
    startParallel chan bool

    // running is the number of tests currently running in parallel.
    // This does not include tests that are waiting for subtests to complete.
    running int

    // numWaiting is the number tests waiting to be run in parallel.
    numWaiting int

    // maxParallel is a copy of the parallel flag.
    maxParallel int
}
```

testContext 成员简单介绍如下。

◎ match：匹配器，用于管理测试名称的匹配、过滤等；
◎ mu：互斥锁，用于控制 testContext 成员的互斥访问；
◎ startParallel：用于通知测试可以并发执行的控制管道，测试并发达到最大限制时，需要阻塞等待该管道的通知事件；
◎ running：当前并发执行的测试个数；

- numWaiting：等待并发执行的测试个数，所有等待执行的测试都阻塞在 startParallel 管道处；
- maxParallel：最大并发数，默认为系统 CPU 数，可以通过参数 `-parallel n` 指定。

testContext 实现了两个方法，用于控制测试的并发调度。

1）等待并发执行：testContext.waitParallel()

如果一个测试使用 `t.Parallel()` 启动并发，那么这个测试并不是立即被并发执行，而是需要检查当前并发执行的测试数量是否达到最大值，这个检查工作统一放在 testContext.waitParallel() 中实现。

testContext.waitParallel()函数的源码如下：

```go
func (c *testContext) waitParallel() {
    c.mu.Lock()
    if c.running < c.maxParallel {   // 如果当前运行的测试数未达到最大值，则直接返回
        c.running++
        c.mu.Unlock()
        return
    }
    c.numWaiting++                    // 如果当前运行的测试数已达到最大值，则需要阻塞等待
    c.mu.Unlock()
    <-c.startParallel
}
```

函数实现比较简单，如果当前运行的测试数未达到最大值，则执行 `c.running++` 后直接返回即可，否则执行 `c.numWaiting++` 并阻塞等待其他并发测试结束。

这里有一个小细节，阻塞等待后面并没有累加 c.running，因为其他并发的测试结束后也不会递减 c.running，所以这里阻塞返回时也不用累加，一个测试结束，随即另一个测试开始，c.running 的个数没有变化。

2）并发测试结束：testContext.release()

当并发测试结束后，会通过 release() 方法释放一个信号，用于启动其他等待并发测试的函数。

testContext.release()函数的源码如下：

```go
func (c *testContext) release() {
    c.mu.Lock()
```

```
    if c.numWaiting == 0 {          // 如果没有函数在等待,则直接返回
        c.running--
        c.mu.Unlock()
        return
    }
    c.numWaiting--                   // 如果有函数在等待,则释放一个信号
    c.mu.Unlock()
    c.startParallel <- true          // Pick a waiting test to be run.
}
```

4. 测试执行:tRunner()

tRunner 函数用于执行一个测试,在不考虑并发测试和子测试场景下,其处理逻辑如下:

```
func tRunner(t *T, fn func(t *T)) {
    defer func() {
        t.duration += time.Since(t.start)
        signal := true

        t.report() // 测试执行结束后向父测试报告日志

        t.done = true
        t.signal <- signal // 向调度者发送结束信号
    }()

    t.start = time.Now()
    fn(t)

    t.finished = true
}
```

tRunner 传递一个经调度者设置过的 testing.T 参数和一个测试函数,执行时记录开始时间,然后将 testing.T 参数传入测试函数并同步等待其结果。

tRunner 在 defer 语句中记录测试执行耗时,并上报日志,最后发送结束信号。

为了避免困惑,上述代码屏蔽了一些子测试和并发测试的细节,比如,在 defer 语句中,如果当前测试包含子测试,则需要等所有子测试结束;如果当前测试为并发测试,则需要唤醒其他等待并发的测试。更多细节,等我们分析 Parallel() 和 Run() 时再讨论。

5. 启动子测试：Run()

Run()函数的完整函数声明为：

```
func (t *T) Run(name string, f func(t *T)) bool
```

Run()函数启动一个单独的协程来运行名字为 `name` 的子测试 `f`，并且会阻塞等待其执行结束，除非子测试 `f` 显式地调用 `t.Parallel()` 将自己变成一个可并行的测试，最后返回 `bool` 类型的测试结果。

比如，当在测试 `func TestXxx(t *testing.T)` 中调用 `Run(name, f)` 时，Run()将启动一个名为 `TestXxx/name` 的子测试。

另外需要知道的是，所有的测试，包括 `func TestXxx(t *testing.T)` 自身，都是由 `TestMain` 使用 Run()方法直接或间接启动的。

按照惯例，隐去部分代码后的 Run()方法如下所示。

```
func (t *T) Run(name string, f func(t *T)) bool {
    t = &T{ // 创建一个新的 testing.T 用于执行子测试
        common: common{
            barrier: make(chan bool),
            signal:  make(chan bool),
            name:    testName,     // 测试名字，由 name 及父测试名字组合而成
            parent:  &t.common,
            level:   t.level + 1,  // 子测试层次+1
            chatty:  t.chatty,
        },
        context: t.context, // 子测试的 context 与父测试相同
    }
    go tRunner(t, f) // 启动协程执行子测试
    if !<-t.signal { // 阻塞等待子测试结束信号，子测试要么执行结束，要么是子测试设置了
                     // Parallel()。如果信号为 false，则说明出现异常退出
        runtime.Goexit()
    }
    return !t.failed // 返回子测试的执行结果
}
```

每启动一个子测试都会创建一个 testing.T 变量，该变量继承当前测试的部分属性，然后以新协程去执行，当前测试会在子测试结束后返回子测试的结果。

子测试的退出条件要么是子测试执行结束，要么是子测试设置了 Paraller()，否则异常退出。

6. 启动并发测试：Parallel()

Parallel()方法将当前测试加入并发队列中，其实现方法如下：

```go
func (t *T) Parallel() {
    t.isParallel = true

    t.duration += time.Since(t.start) // 启动并发测试有可能要等待，等待期间的耗时需
                                      // 要剔除，此处相当于先记录当前耗时，并发执行开始后再累加

    t.parent.sub = append(t.parent.sub, t) // 将当前测试加入父测试的列表中，由父测试调度

    t.signal <- true    // 当前测试即将进入并发模式，标记测试结束，以便父测试不必等待并
                        // 退出 Run()
    <-t.parent.barrier  // 等待父测试发送子测试启动信号
    t.context.waitParallel() // 阻塞等待并发调度

    t.start = time.Now() // 开始并发执行，重新标记启动时间，这是第二段耗时
}
```

关于测试耗时统计，看过前面的 testContext 实现后，我们知道启动一个并发测试后，当并发数达到最大值时，新的并发测试需要等待，等待期间的时间消耗不能统计到测试的耗时中，所以需要先计算当前耗时，在测试真正被并发调度后才清空 t.start 以跳过等待时间。

看过前面的 Run()方法实现机制后，我们知道一旦子测试以并发模式执行，就需要通知父测试，其通知机制便是向 t.signal 管道中写入一个信号，父测试便从 Run()方法中唤醒，继续执行。

看过前面 tRunner()方法的实现机制后，不难理解，父测试唤醒后继续执行，结束后进入 defer 流程，在 defer 中将启动所有子测试并等待子测试执行结束。

7. 完整的测试执行：tRunner()

与简单版的测试执行所不同的是，完整的测试执行在 defer 语句中增加了子测试、并发测试的处理逻辑，相对完整的 tRunner()代码如下：

```go
func tRunner(t *T, fn func(t *T)) {
    t.runner = callerName(0)

    defer func() {
        t.duration += time.Since(t.start) // 进入 defer 后立即记录测试执行时间，后
                                          // 续流程所花费的时间不应该统计到本测试执行用时中
```

```go
        if len(t.sub) > 0 { // 如果存在子测试,则启动并等待其完成
            t.context.release() // 减少运行计数
            close(t.barrier)    // 启动子测试
            for _, sub := range t.sub { // 等待所有子测试结束
                <-sub.signal
            }
            if !t.isParallel { // 如果当前测试非并发模式,则等待并发执行,类似于在测
                               // 试函数中执行t.Parallel()
                t.context.waitParallel()
            }
        } else if t.isParallel { // 如果当前测试是并发模式,则释放信号以启动新的测试
            t.context.release()
        }
        t.report() // 测试执行结束后向父测试报告日志

        t.done = true
        t.signal <- signal // 向父测试发送结束信号,以便结束Run()
    }()

    t.start = time.Now() // 记录测试开始时间
    fn(t)

    // code beyond here will not be executed when FailNow is invoked
    t.finished = true
}
```

测试执行结束,进入 defer 后需要启动子测试,启动方法为关闭 t.barrier 管道,然后等待所有子测试执行结束。

需要注意的是,关闭 t.barrier 管道,阻塞在 t.barrier 管道上的协程同样会被唤醒,这也是发送信号的一种方式。关于管道的更多实现细节,请参考管道实现原理的相关章节。

在 defer 中,如果检测到当前测试本身也处于并发中,那么结束后需要释放一个信号(t.context.release())来启动一个等待的测试。

7.3.4 性能测试的实现原理

1. 简介

在性能测试中,常常让人感到好奇的是 b.N 的取值问题,官方文档中提到 b.N 取值会自动

调整,其调整机制是怎样的呢?

本节我们先分析 testing.B 的数据结构,再看几个典型的成员函数,以期从源码中寻找以下问题的答案:

◎ b.N 是如何自动调整的?
◎ 内存统计是如何实现的?
◎ SetBytes() 的使用场景是什么?

2. 数据结构

源码包中 `src/testing/benchmark.go:B` 定义了性能测试的数据结构,我们提取其中比较重要的一些成员进行分析:

```
type B struct {
    common
    importPath       string         // import path of the package containing the
                                    // benchmark
    context          *benchContext
    N                int            // 目标代码执行次数,不需要用户了解具体值,会自动调整
    previousN        int            // number of iterations in the previous run
    previousDuration time.Duration  // total duration of the previous run
    benchFunc        func(b *B)     // 性能测试函数
    benchTime        time.Duration  // 性能测试函数最少执行的时间,默认为 1s
    bytes            int64          // 每次迭代处理的字节数
    missingBytes     bool // one of the subbenchmarks does not have bytes set.
    timerOn          bool // 是否已开始计时
    showAllocResult  bool
    result           BenchmarkResult // 测试结果
    parallelism      int // RunParallel creates parallelism*GOMAXPROCS
                         // goroutines
    // The initial states of memStats.Mallocs and memStats.TotalAlloc.
    startAllocs uint64   // 计时开始时堆中分配的对象总数
    startBytes  uint64   // 计时开始时堆中分配的字节总数
    // The net total of this test after being run.
    netAllocs uint64     // 计时结束时堆中增加的对象总数
    netBytes  uint64     // 计时结束时堆中增加的字节总数
}
```

其主要成员如下。

- common：与 testing.T 共享的 testing.common，管理着日志、状态等；
- N：每个测试中用户代码的执行次数；
- benchFunc：测试函数；
- benchTime：性能测试最少执行时间，默认为 1s，等同于 go test 参数 `-benchtime 1s`；
- bytes：每次迭代处理的字节数；
- timerOn：计时启动标志，默认为 false，启动计时为 true；
- startAllocs：测试启动时记录堆中分配的对象数；
- startBytes：测试启动时记录堆中分配的字节数；
- netAllocs：测试结束后记录堆中新增加的对象数；
- netBytes：测试结束后记录堆中新增加的字节数；

3. 关键函数

1）启动计时：B.StartTimer()

StartTimer()负责启动计时并初始化内存相关计数，测试执行时会自动调用，一般不需要用户启动。

```go
func (b *B) StartTimer() {
    if !b.timerOn {
        runtime.ReadMemStats(&memStats)          // 读取当前堆内存的分配信息
        b.startAllocs = memStats.Mallocs         // 记录当前堆内存分配的对象数
        b.startBytes = memStats.TotalAlloc       // 记录当前堆内存分配的字节数
        b.start = time.Now()                     // 记录测试启动时间
        b.timerOn = true                         // 标记计时标志
    }
}
```

StartTimer()负责启动计时，并记录当前内存的分配情况。不管是否有 `-benchmem` 参数，内存都会被统计，该参数只决定是否要在结果中输出。

2）停止计时：B.StopTimer()

StopTimer()负责停止计时，并累加相应的统计值。

```go
func (b *B) StopTimer() {
    if b.timerOn {
        b.duration += time.Since(b.start)        // 累加测试耗时
```

```
        runtime.ReadMemStats(&memStats)            // 读取当前堆内存的分配信息
        b.netAllocs += memStats.Mallocs - b.startAllocs  // 累加堆内存分配的对象数
        b.netBytes += memStats.TotalAlloc - b.startBytes // 累加堆内存分配的字节数
        b.timerOn = false                          // 标记计时标志
    }
}
```

需要注意的是，StopTimer()并不一定是测试结束，一个测试中可能有多个统计阶段，所以其统计值是累加的。

3）重置计时：B.ResetTimer()

ResetTimer()用于重置计时器，相应地也会把其他统计值重置。

```
func (b *B) ResetTimer() {
    if b.timerOn {
        runtime.ReadMemStats(&memStats)        // 读取当前堆内存的分配信息
        b.startAllocs = memStats.Mallocs       // 记录当前堆内存分配的对象数
        b.startBytes = memStats.TotalAlloc     // 记录当前堆内存分配的字节数
        b.start = time.Now()                   // 记录测试启动时间
    }
    b.duration = 0                             // 清空耗时
    b.netAllocs = 0                            // 清空内存分配的对象数
    b.netBytes = 0                             // 清空内存分配的字节数
}
```

ResetTimer()比较常用，典型使用场景是在一个测试中，初始化部分耗时较长，初始化后再开始计时。

4）设置处理字节数：B.SetBytes(n int64)

```
// SetBytes records the number of bytes processed in a single operation.
// If this is called, the benchmark will report ns/op and MB/s.
func (b *B) SetBytes(n int64) {
    b.bytes = n
}
```

这是一个比较"含糊"的函数，通过其函数说明很难明白其作用。

其实它用来设置单次迭代处理的字节数，一旦设置了这个字节数，那么输出报告中将呈现"xxx MB/s"的信息，用来表示待测函数处理字节的性能。待测函数每次处理多少字节数只有用户清楚，所以需要用户设置。

举个例子，待测函数每次处理 1MB 数据，如果我们想查看待测函数处理数据的性能，那

么在测试中设置 `SetBytes(1024×1024)`。假如待测函数需要执行 1s，那么结果中将会出现"1 MB/s"（约等于）的信息。示例代码如下：

```go
func BenchmarkSetBytes(b *testing.B) {
    b.SetBytes(1024 * 1024)
    for i := 0; i < b.N; i++ {
        time.Sleep(1 * time.Second) // 模拟待测函数
    }
}
```

打印结果：

```
E:\OpenSource\GitHub\RainbowMango\GoExpertProgrammingSourceCode\GoExpert\src
\gotest>go test -bench SetBytes benchmark_test.go
BenchmarkSetBytes-4            1        1010392800 ns/op           1.04 MB/s
PASS
ok      command-line-arguments  1.412s
```

可以看到测试执行了一次，花费时间约为 1s，数据处理能力约为 1MB/s。

5）报告内存信息

```go
func (b *B) ReportAllocs() {
    b.showAllocResult = true
}
```

ReportAllocs()用于设置是否打印内存统计信息，与命令行参数 `-benchmem` 一致，但本方法只作用于单个测试函数。

4. 性能测试是如何启动的

性能测试要经过多次迭代，每次迭代可能会有不同的 b.N 值，每次迭代执行测试函数一次，根据此次迭代的测试结果来决定要不要继续下一次迭代。

我们先看一下每次迭代时所用到的 runN()方法：

```go
func (b *B) runN(n int) {
    b.N = n
    b.ResetTimer()       // 指定b.N的值
                         // 清空统计数据
    b.StartTimer()       // 开始计时
    b.benchFunc(b)       // 执行测试
    b.StopTimer()        // 停止计时
}
```

该方法指定 b.N 的值，执行一次测试函数。

与 T.Run()类似，B.Run()也用于启动一个子测试，实际上用户编写的任何一个测试都是使用 Run()方法启动的，我们看一下 B.Run()的伪代码：

```
func (b *B) Run(name string, f func(b *B)) bool {
    sub := &B{                              // 新建子测试数据结构
        common: common{
            signal: make(chan bool),
            name:   name,
            parent: &b.common,
        },
        benchFunc: f,
    }
    if sub.run1() { // 先执行一次子测试，如果子测试不出错且子测试没有子测试则继续执行
                   // sub.run()
        sub.run()              // run()里决定要执行多少次 runN()
    }
    b.add(sub.result)    // 累加统计结果到父测试中
    return !sub.failed
}
```

所有的测试都是先使用 run1()方法执行一次测试，run1()方法中实际上调用了 runN(1)，执行一次后再决定要不要继续迭代。

测试结果实际上以最后一次迭代的数据为准，当然，最后一次迭代往往意味着 b.N 的值更大，测试准确性相对更高。

5. b.N 是如何调整的

B.launch()方法里最终决定 b.N 的值。我们看一下伪代码：

```
func (b *B) launch() { // 此方法自动测算执行次数，但调用前必须调用 run1 以便自动计算次数
    d := b.benchTime
    for n := 1; !b.failed && b.duration < d && n < 1e9; { // 最少执行
                                    // b.benchTime（默认为1s）时间，最多执行 1e9 次
        last := n
        n = int(d.Nanoseconds()) // 预测接下来要执行多少次，b.benchTime/每个操作耗时
        if nsop := b.nsPerOp(); nsop != 0 {
            n /= int(nsop)
        }
        n = max(min(n+n/5, 100*last), last+1) // 避免增长较快，先增长20%，至少增长1次
```

```
            n = roundUp(n)  // 下次迭代次数向上取整到 10 的指数，方便阅读
            b.runN(n)
    }
}
```

在不考虑程序出错，而且用户没有主动停止测试的场景下，每个性能测试至少要执行 b.benchTime 长的时间（秒），默认为 1s。先执行一遍的意义在于查看用户代码执行一次要花费多长时间，如果时间较短，那么 b.N 值要足够大才可以测得更精确，如果时间较长，b.N 值相应会减少，否则会影响测试效率。

最终的 b.N 值会被定格在某个 10 的指数级，是为了方便阅读测试报告。

6. 内存是如何统计的

我们知道在测试开始时，会把当前内存值记入 b.startAllocs 和 b.startBytes 中，测试结束时，会用最终的内存值与开始时的内存值相减，得到净增加的内存值，并记入 b.netAllocs 和 b.netBytes 中。

每个测试结束后会把结果保存到 BenchmarkResult 对象中，该对象中保存了输出报告所必需的统计信息：

```
type BenchmarkResult struct {
    N         int              // 用户代码执行的次数
    T         time.Duration    // 测试耗时
    Bytes     int64            // 用户代码每次处理的字节数，SetBytes()设置的值
    MemAllocs uint64           // 内存对象净增加值
    MemBytes  uint64           // 内存字节数净增加值
}
```

其中 MemAllocs 和 MemBytes 分别对应 b.netAllocs 和 b.netBytes。

最终统计时只需要把净增加值除以 b.N 即可得到每次新增多少内存了。

每个操作内存对象的新增值：

```
func (r BenchmarkResult) AllocsPerOp() int64 {
    return int64(r.MemAllocs) / int64(r.N)
}
```

每个操作内存字节数的新增值：

```
func (r BenchmarkResult) AllocedBytesPerOp() int64 {
```

```go
    if r.N <= 0 {
        return 0
    }
    return int64(r.MemBytes) / int64(r.N)
}
```

7.3.5 示例测试的实现原理

1. 简介

示例测试相对于单元测试和性能测试来说，其实现机制比较简单。它没有复杂的数据结构，也不需要额外的流程控制，其核心工作原理在于收集测试过程中打印的日志，然后与期望字符串做比较，最后得出是否一致的报告。

2. 数据结构

每个测试经过编译后都有一个数据结构来承载，这个数据结构即 `InternalExample`：

```go
type InternalExample struct {
    Name      string       // 测试名称
    F         func()       // 测试函数
    Output    string       // 期望字符串
    Unordered bool         // 输出是否是无序的
}
```

比如，示例测试如下：

```go
// 检测乱序输出
func ExamplePrintNames() {
    gotest.PrintNames()
    // Unordered output:
    // Jim
    // Bob
    // Tom
    // Sue
}
```

该示例测试经过编译后，产生的数据结构成员如下：

◎ InternalExample.Name = "ExamplePrintNames";
◎ InternalExample.F = ExamplePrintNames();

- ◎ InternalExample.Output = "Jim\n Bob\n Tom\n Sue\n";
- ◎ InternalExample.Unordered = true。

其中 Output 是包含换行符的字符串。

3. 捕获标准输出

在示例测试开始前，go test 会先捕获标准输出，以便获取测试执行过程中打印的日志。

捕获标准输出的方法是新建一个管道，将标准输出重定向到管道的入口（写口），这样所有打印到屏幕的日志都会输入管道中，如下图所示。

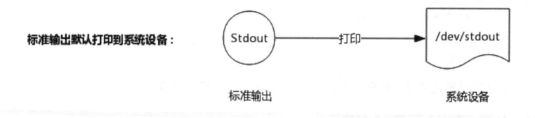

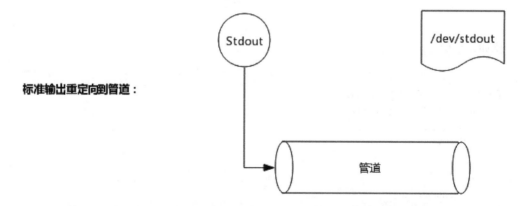

测试开始前捕获，测试结束后恢复标准输出，这样测试过程中的日志就可以从管道中读取了。

4. 比较测试结果

测试执行过程中输出的内容最终也会保存到一个 string 类型变量中，该变量会与 InternalExample.Output 进行比较，二者一致即代表测试通过，否则测试失败。

在输出有序的情况下，比较很简单，只是比较两个 string 类型的变量是否一致即可。在输出无序的情况下则需要把两个 string 类型的变量排序后再进行对比。

比如，期望字符串为 Jim\n Bob\n Tom\n Sue\n，排序后则变为 Bob\n Jim\n Sue\n Tom\n。

5. 测试执行

一个完整的测试过程分为如下步骤：

（1）捕获标准输出。

（2）执行测试。

（3）恢复标准输出。

（4）比较结果。

由于源码非常简单，下面直接给出源码：

```go
func runExample(eg InternalExample) (ok bool) {
    if *chatty {
        fmt.Printf("=== RUN   %s\n", eg.Name)
    }

    // Capture stdout.
    stdout := os.Stdout          // 备份标准输出文件
    r, w, err := os.Pipe()       // 创建一个管道
    if err != nil {
        fmt.Fprintln(os.Stderr, err)
        os.Exit(1)
    }
    os.Stdout = w                // 标准输出文件暂时修改为管道的入口，即所有的标准输出实际
                                 // 上都会进入管道
    outC := make(chan string)
    go func() {
        var buf strings.Builder
        _, err := io.Copy(&buf, r)   // 从管道中读出数据
        r.Close()
```

```go
        if err != nil {
            fmt.Fprintf(os.Stderr, "testing: copying pipe: %v\n", err)
            os.Exit(1)
        }
        outC <- buf.String()    // 将管道中读出的数据写入 channel
    }()

    start := time.Now()
    ok = true

    // Clean up in a deferred call so we can recover if the example panics.
    defer func() {
        dstr := fmtDuration(time.Since(start))        // 计时结束，记录测试用时

        // Close pipe, restore stdout, get output.
        w.Close()                    // 关闭管道
        os.Stdout = stdout           // 恢复原标准输出
        out := <-outC                // 从 channel 中取出数据

        var fail string
        err := recover()
        got := strings.TrimSpace(out)              // 实际得到的打印字符串
        want := strings.TrimSpace(eg.Output)       // 期望的字符串
        if eg.Unordered { // 如果输出是无序的，则把输出字符串和期望字符串排序后比较
            if sortLines(got) != sortLines(want) && err == nil {
                fail = fmt.Sprintf("got:\n%s\nwant (unordered):\n%s\n", out, eg.Output)
            }
        } else { // 如果输出是有序的，则直接比较输出字符串和期望字符串
            if got != want && err == nil {
                fail = fmt.Sprintf("got:\n%s\nwant:\n%s\n", got, want)
            }
        }
        if fail != "" || err != nil {
            fmt.Printf("--- FAIL: %s (%s)\n%s", eg.Name, dstr, fail)
            ok = false
        } else if *chatty {
            fmt.Printf("--- PASS: %s (%s)\n", eg.Name, dstr)
        }
        if err != nil {
            panic(err)
```

```
            }
        }()

        // Run example.
        eg.F()
        return
    }
```

示例测试执行时,在捕获标准输出后,马上启动一个协程阻塞在管道处读取数据,一直阻塞到管道关闭,管道关闭即读取结束,然后把日志通过 channel 发送到主协程中。

主协程直接执行示例测试,而在 defer 中执行关闭管道、接收日志、判断结果等操作。

7.3.6 Main 测试的实现原理

1. 简介

每一种测试(单元测试、性能测试或示例测试)都有一个数据类型与其对应。

◎ 单元测试:InternalTest;
◎ 性能测试:InternalBenchmark;
◎ 示例测试:InternalExample。

在测试编译阶段,每个测试都会被放到指定类型的切片中,测试执行时,这些测试会被放到 testing.M 中进行调度。而 testing.M 就是 MainTest 对应的数据结构。

2. 数据结构

源码包中 `src/testing/testing.go:M` 定义了 testing.M 的数据结构:

```
// M is a type passed to a TestMain function to run the actual tests.
type M struct {
    tests       []InternalTest          // 单元测试
    benchmarks  []InternalBenchmark     // 性能测试
    examples    []InternalExample       // 示例测试
    timer       *time.Timer             // 测试超时时间
}
```

单元测试、性能测试和示例测试在经过编译后都会被存放到一个 testing.M 的数据结构中,在测试执行时该数据结构将传递给 TestMain(),真正执行测试的是 testing.M 的 Run()方法,这个后面我们会继续分析。

timer 用于指定测试的超时时间，可以通过参数 `-timeout <n>` 指定，当测试执行超时后将立即结束并判定为失败。

3. 执行测试

TestMain()函数通常会有一个 m.Run()方法，该方法会执行单元测试、性能测试和示例测试，如果用户实现了 TestMain()但没有调用 m.Run()，那么什么测试都不会被执行。

m.Run()不仅会执行测试，还会做一些初始化工作，比如解析参数、启动定时器、根据参数指示创建一系列的文件等。

m.Run()使用三个独立的方法来执行三种测试。

- 单元测试：runTests(m.deps.MatchString, m.tests);
- 示例测试：runExamples(m.deps.MatchString, m.examples);
- 性能测试：runBenchmarks(m.deps.ImportPath(), m.deps.MatchString, m.benchmarks)。其中 m.deps 里存放了测试匹配相关的内容，暂时先不用关注。

7.3.7 go test 的工作机制

前面的章节我们分析了每种测试的数据结构及其实现原理，本节我们看一下 go test 的工作机制。

Go 有多个命令行工具，go test 只是其中一个。go test 命令的函数入口在 `src/cmd/go/internal/test/test.go:runTest()` 中，这个函数就是 go test 的 "大脑"。

1. runTest()

runTest()函数的应用场景如下：

```
func runTest(cmd *base.Command, args []string)
```

Go 命令行工具的实现中都遵循这种函数声明，其中 args 即命令行输入的全部参数。

runTest 首先会分析所有需要测试的包，为每个待测包生成一个二进制文件，然后执行。

2. 两种运行模式

go test 运行时，根据是否指定 package 分为两种模式，即本地目录模式和包列表模式。

1）本地目录模式

当执行测试并没有指定 package 时，则以本地目录模式运行，例如使用 `go test` 或 `go test -v` 来启动测试。

在本地目录模式下，`go test` 编译当前目录中的源码文件和测试文件，并生成一个二进制文件，最后执行并打印结果。

2）包列表模式

当执行测试并显式指定 package 时，则以包列表模式运行，例如使用 `go test math` 来启动测试。

在包列表模式下，`go test` 为每个包生成一个测试二进制文件，并分别执行它。包列表模式是在 Go 1.10 才引入的，它会把每个包的测试结果写入本地临时文件中作为缓存，下次执行时会直接从缓存中读取测试结果，以便节省测试时间。

3. 缓存机制

当满足一定的条件时，测试的缓存是自动启用的，也可以显式地关闭缓存。

1）缓存测试结果

如果在一次测试中，其参数全部来自"可缓存参数"集合，那么本次测试结果将被缓存。

可缓存参数集合如下：

- -cpu；
- -list；
- -parallel；
- -run；
- -short；
- -v。

需要注意的是，测试参数必须全部来自这个集合，其结果才会被缓存，没有参数或包含任一此集合之外的参数，结果都不会缓存。

2）使用缓存结果

如果满足条件，则测试不会真正执行，而是从缓存中取出结果并呈现，结果中会有"cached"字样，表示来自缓存。

使用缓存结果也需要满足一定的条件：

◎ 本次测试的二进制文件及测试参数与之前的一次完全一致；
◎ 本次测试的源文件及环境变量与之前的一次完全一致；
◎ 之前的一次测试结果是成功的；
◎ 本次测试的运行模式是列表模式。

下面演示一个使用缓存的例子：

```
E:\OpenSource\GitHub\RainbowMango\GoExpertProgrammingSourceCode\GoExpert\src
>go test gotest
    ok      gotest    3.434s

E:\OpenSource\GitHub\RainbowMango\GoExpertProgrammingSourceCode\GoExpert\src
>go test gotest
    ok      gotest    (cached)
```

前后两次执行测试，参数没变，源文件也没变化，第二次执行时会自动从缓存中获取结果，"cached"表示从缓存中获取结果。

3）禁用缓存

测试时使用一个不在"可缓存参数"集合中的参数，就不会使用缓存，比较常用的方法是指定一个参数-count=1。

下面演示一个禁用缓存的例子：

```
E:\OpenSource\GitHub\RainbowMango\GoExpertProgrammingSourceCode\GoExpert\src
>go test gotest
    ok      gotest    3.434s

E:\OpenSource\GitHub\RainbowMango\GoExpertProgrammingSourceCode\GoExpert\src
>go test gotest
    ok      gotest    (cached)

E:\OpenSource\GitHub\RainbowMango\GoExpertProgrammingSourceCode\GoExpert\src
>go test gotest -count=1
    ok      gotest    3.354s
```

第三次执行时使用了参数-count=1，所以执行时不会从缓存中获取结果。

7.4 扩展阅读

go test 非常容易上手，但并不代表其功能单一，它提供了丰富的参数接口以便满足各种测试场景。

本节我们主要介绍一些常用的参数，通过前面实现原理的学习和本节的示例，希望读者可以准确掌握其用法。

7.4.1 测试参数

go test 包含非常丰富的参数，一些参数用于控制测试的编译，另一些参数用于控制测试的执行。

有关测试覆盖率、vet 和 pprof 相关的参数先略过，我们在讨论相关内容时再详细介绍。

1. 控制编译的参数

1) -args

-args 指示 go test 把-args 后面的参数带到测试中去，具体的测试函数会根据此参数来控制测试流程。

-args 后面可以附带多个参数，所有参数都将以字符串形式传入，每个参数作为一个 string，并存放到字符串切片中。

```go
// TestArgs，用于演示如何解析-args
func TestArgs(t *testing.T) {
    if !flag.Parsed() {
        flag.Parse()
    }

    argList := flag.Args() // flag.Args()，返回-args 后面的所有参数，以切片表示，
                           // 每个元素代表一个参数
    for _, arg := range argList {
        if arg == "cloud" {
            t.Log("Running in cloud.")
        } else {
            t.Log("Running in other mode.")
```

            }
        }
    }

执行测试时带入参数：

```
E:\OpenSource\GitHub\RainbowMango\GoExpertProgrammingSourceCode\GoExpert\src
\gotest>go test -run TestArgs -v -args "cloud"
TestMain setup.
=== RUN   TestArgs
--- PASS: TestArgs (0.00s)
    unit_test.go:28: Running in cloud.
PASS
TestMain tear-down.
ok      gotest  0.353s
```

通过-args指定传递给测试的参数。

2）-json

-json用于指示go test将结果转换成JSON格式，以便在自动化测试解析时使用。

示例如下：

```
E:\OpenSource\GitHub\RainbowMango\GoExpertProgrammingSourceCode\GoExpert\src
\gotest>go test -run TestAdd -json
    {"Time":"2019-02-28T15:46:50.3756322+08:00","Action":"output","Package":
"gotest","Output":"TestMain setup.\n"}
    {"Time":"2019-02-28T15:46:50.4228258+08:00","Action":"run","Package":
"gotest","Test":"TestAdd"}
    {"Time":"2019-02-28T15:46:50.423809+08:00","Action":"output","Package":
"gotest","Test":"TestAdd","Output":"=== RUN   TestAdd\n"}
    {"Time":"2019-02-28T15:46:50.423809+08:00","Action":"output","Package":
"gotest","Test":"TestAdd","Output":"--- PASS: TestAdd (0.00s)\n"}
    {"Time":"2019-02-28T15:46:50.423809+08:00","Action":"pass","Package":
"gotest","Test":"TestAdd","Elapsed":0}
    {"Time":"2019-02-28T15:46:50.4247922+08:00","Action":"output","Package":
"gotest","Output":"PASS\n"}
    {"Time":"2019-02-28T15:46:50.4247922+08:00","Action":"output","Package":
"gotest","Output":"TestMain tear-down.\n"}
    {"Time":"2019-02-28T15:46:50.4257754+08:00","Action":"output","Package":
"gotest","Output":"ok  \tgotest\t0.465s\n"}
    {"Time":"2019-02-28T15:46:50.4257754+08:00","Action":"pass","Package":
"gotest","Elapsed":0.465}
```

3）-o

-o 指定生成的二进制可执行程序，并执行测试，测试结束后不会删除该程序。

没有此参数时，go test 生成的二进制可执行程序存放到临时目录中，执行结束后便删除。

示例如下：

```
E:\OpenSource\GitHub\RainbowMango\GoExpertProgrammingSourceCode\GoExpert\src
\gotest>go test -run TestAdd -o TestAdd
    TestMain setup.
    PASS
    TestMain tear-down.
    ok      gotest  0.439s
E:\OpenSource\GitHub\RainbowMango\GoExpertProgrammingSourceCode\GoExpert\src
\gotest>TestAdd
    TestMain setup.
    PASS
    TestMain tear-down.
```

本例中使用-o 指定生成二进制文件 `TestAdd` 并存放到当前目录中，测试执行结束后，仍然可以直接执行该二进制程序。

2. 控制测试的参数

1）-bench regexp

go test 默认不执行性能测试，使用-bench 才可以运行，而且只运行性能测试函数。

其中的正则表达式用于筛选所要执行的性能测试。如果要执行所有的性能测试，则使用参数`-bench .`或`-bench=.`。

此处的正则表达式不是严格意义上的正则，而是一种包含关系。

比如有如下三个性能测试：

◎ func BenchmarkMakeSliceWithoutAlloc(b *testing.B);
◎ func BenchmarkMakeSliceWithPreAlloc(b *testing.B);
◎ func BenchmarkSetBytes(b *testing.B)。

使用参数`-bench=Slice`，那么前两个测试因为都包含 `Slice`，所以都会被执行，第三个测试则不会执行。

在包含子测试的场景下,测试是按层匹配的。举一个包含子测试的例子:

```
func BenchmarkSub(b *testing.B) {
    b.Run("A=1", benchSub1)
    b.Run("A=2", benchSub2)
    b.Run("B=1", benchSub3)
}
```

测试函数的命名规则中,子测试的名字需要以父测试名字作为前缀并以 "/" 连接,上面的例子实际上包含四个测试:

◎ Sub;
◎ Sub/A=1;
◎ Sub/A=2;
◎ Sub/B=1。

如果想执行三个子测试,则使用参数 `-bench Sub`。如果只想执行 `Sub/A=1`,则使用参数 `-bench Sub/A=1`。如果想执行 `Sub/A=1` 和 `Sub/A=2`,则使用参数 `-bench Sub/A=`。

2)-benchtime s

-benchtime 指定每个性能测试的执行时间,如果不指定,则使用默认时间(1s)。

例如,指定每个性能测试执行 2s,则参数为 `go test -bench Sub/A=1 -benchtime 2s`。

3)-cpu 1,2,4

-cpu 提供了一个 CPU 个数的列表,提供此列表后,测试将按照这个列表指定的 CPU 数设置 GOMAXPROCS 并分别进行测试。

比如 -cpu 1,2,表示每个测试将执行两次,一次是用 1 个 CPU 执行,另一次是用 2 个 CPU 执行。例如,使用 `go test -bench Sub/A=1 -cpu 1,2,3,4` 命令执行测试:

```
BenchmarkSub/A=1            1000        1256835 ns/op
BenchmarkSub/A=1-2          2000         912109 ns/op
BenchmarkSub/A=1-3          2000         888671 ns/op
BenchmarkSub/A=1-4          2000         894531 ns/op
```

测试结果中测试名后面的 -2、-3、-4 分别代表执行时 GOMAXPROCS 的数值。如果 GOMAXPROCS 为 1,则不显示。

4）-count n

-count 指定每个测试执行的次数，默认执行一次。

例如，指定测试执行 2 次：

```
E:\OpenSource\GitHub\RainbowMango\GoExpertProgrammingSourceCode\GoExpert\src
\gotest>go test -bench Sub/A=1 -count 2
    TestMain setup.
    goos: windows
    goarch: amd64
    pkg: gotest
    BenchmarkSub/A=1-4              2000            917968 ns/op
    BenchmarkSub/A=1-4              2000            882812 ns/op
    PASS
    TestMain tear-down.
    ok      gotest  10.236s
```

可以看到结果中呈现两次测试的结果。

如果使用-count 指定执行次数的同时还使用-cpu 指定了多种 CPU，那么测试将在每种 CPU 下均执行-count 指定的次数。

注意，示例测试不关心-count 和-cpu，它总是执行一次。

5）-failfast

默认情况下，go test 将执行所有匹配到的测试，并最后打印测试结果，无论成功或失败。

-failfast 指定如果测试出现失败，则立即停止测试。在有大量的测试需要执行时，这样能够更快地发现问题。

6）-list regexp

-list 只是列出匹配成功的测试函数，并不真正执行，而且不会列出子函数。

例如，使用-list Sub 参数只会列出包含子测试的三个测试，但不会列出子测试：

```
E:\OpenSource\GitHub\RainbowMango\GoExpertProgrammingSourceCode\GoExpert\src
\gotest>go test -list Sub
    TestMain setup.
    TestSubParallel
    TestSub
    BenchmarkSub
```

```
TestMain tear-down.
ok      gotest  0.396s
```

7）-parallel n

-parallel n 指定测试的最大并发数。

当使用 t.Parallel()方法将测试转为并发时，将受到最大并发数的限制，默认情况下最多有 GOMAXPROCS 个测试并发，其他的测试只能阻塞等待。

8）-run regexp

-run regexp 的作用是根据正则表达式执行单元测试和示例测试。正则匹配规则与-bench 类似。

9）-timeout d

默认情况下，测试执行超过 10 分钟就会因超时而退出。

例如，我们把超时时间设置为 1s，本来需要 3s 的测试就会因超时而退出：

```
E:\OpenSource\GitHub\RainbowMango\GoExpertProgrammingSourceCode\GoExpert\src
\gotest>go test -timeout=1s
TestMain setup.
panic: test timed out after 1s
```

超时可以按秒、按分和按时进行设置。

- 按秒设置：-timeout xs 或-timeout=xs；
- 按分设置：-timeout xm 或-timeout=xm；
- 按时设置：-timeout xh 或-timeout=xh。

10）-v

默认情况下，只打印简单的测试结果，使用参数-v 可以打印详细的日志。

性能测试下，总是打印日志，因为日志有时会影响性能结果。

11）-benchmem

默认情况下，性能测试结果只打印运行次数、每个操作耗时。使用-benchmem 则可以打印每个操作分配的字节数和每个操作分配的对象数。

```
// 没有使用-benchmem
```

```
BenchmarkMakeSliceWithoutAlloc-4          2000          971191 ns/op

// 使用-benchmem
BenchmarkMakeSliceWithoutAlloc-4          2000          914550 ns/op
4654335 B/op          30 allocs/op
```

此处,每个操作的含义是放到循环中的操作,如以下示例所示。

```
func BenchmarkMakeSliceWithoutAlloc(b *testing.B) {
    for i := 0; i < b.N; i++ {
        gotest.MakeSliceWithoutAlloc() // 一次操作
    }
}
```

7.4.2 benchstat

benchmark 测试是实际项目中经常使用的性能测试方法,我们可以针对某个函数或某个功能点增加 benchmark 测试,以便在 CI 测试中监测其性能变化,当该函数或功能性能下降时能够及时发现。

此外,在日常开发活动中或参与开源贡献时也有可能针对某个函数或功能点做一些性能优化,此时,如何把 benchmark 测试数据呈现出来便非常重要了,因为很可能在优化前后执行多次 benchmark 测试,手工分析这些测试结果无疑是低效的。

本节简单介绍一款由 Go 官方推荐的性能测试分析工具 benchstat。

1. 认识数据

我们先看一个 benchmark 测试样本:

```
BenchmarkReadGoSum-4          2223          521556 ns/op
```

该样本包含一个测试名字 BenchmarkReadGoSum-4(其中-4 表示测试环境为 4 个 CPU)、测试迭代次数(2223)和每次迭代的花费的时间(521556ns)。

尽管每个样本中的时间已经是多次迭代后的平均值,但为了更好地分析性能,往往需要多个样本。

使用 go test 的-count=N 参数可以指定执行 benchmark N次,从而产生 N 个样本,比如产生 15 个样本:

BenchmarkReadGoSum-4	2223	521556 ns/op
BenchmarkReadGoSum-4	2347	516675 ns/op
BenchmarkReadGoSum-4	2340	538406 ns/op
BenchmarkReadGoSum-4	2130	548440 ns/op
BenchmarkReadGoSum-4	2391	514602 ns/op
BenchmarkReadGoSum-4	2394	527955 ns/op
BenchmarkReadGoSum-4	2313	536693 ns/op
BenchmarkReadGoSum-4	2330	538244 ns/op
BenchmarkReadGoSum-4	2360	516426 ns/op
BenchmarkReadGoSum-4	2407	541435 ns/op
BenchmarkReadGoSum-4	2154	544386 ns/op
BenchmarkReadGoSum-4	2362	540411 ns/op
BenchmarkReadGoSum-4	2305	581713 ns/op
BenchmarkReadGoSum-4	2204	519633 ns/op
BenchmarkReadGoSum-4	1867	602543 ns/op

手工分析多个样本将是一项非常有挑战的工作，因为你可能需要根据统计学规则抛弃一些异常的样本，再对剩下的样本取平均值。

2. benchstat

`benchstat` 可以针对一组或多组样本进行分析，如果同时分析两组样本（比如优化前和优化后），则还可以给出性能变化结果。

使用 `go get golang.org/x/perf/cmd/benchstat` 命令即可快捷安装 `benchstat`，它将被安装到 `$GOPATH/bin` 目录中，通常我们会将该目录添加到 `PATH` 环境变量中。

使用时我们需要把 `benchmark` 测试样本输出到文件中，`benchstat` 会读取这些文件，命令格式如下：

```
benchstat [options] old.txt [new.txt] [more.txt ...]
```

1）分析一组样本

我们把上面的 15 个样本输出到名为 `BenchmarkReadGoSum.before` 的文件中，然后使用 `benchstat` 进行分析：

```
# benchstat BenchmarkReadGoSum.before
name          time/op
ReadGoSum-4   531µs ± 3%
```

输出结果包括一个耗时平均值（531µs）和样本离散值（3%）。

2）分析两组样本

同上，我们把性能优化后的结果输出到名为 `BenchmarkReadGoSum.after` 的文件中，然后使用 `benchstat` 分析优化的效果：

```
# benchstat BenchmarkReadGoSum.before BenchmarkReadGoSum.after
name          old time/op    new time/op    delta
ReadGoSum-4   531µs ± 3%     518µs ± 7%    -2.41%  (p=0.033 n=13+15)
```

当只有两组样本时，`benchstat` 还会额外计算出差值（delta），比如在本例中，平均花费时间下降了 2.41%。delta 的计算公式为 `delta=((new/old)-1.0)×100.0`，比如原函数耗时为 100ms，优化后函数耗时 10ms，那么 delta 值则为-90%。

另外，p=0.033 表示结果的可信程度，p 值越大可信程度越低，统计学中通常把 p=0.05 作为临界值，超过此值说明结果不可信，可能是样本过少等原因导致的。

n=13+15 表示采用的样本数量，出于某些原因（比如数据值反常，过大或过小），`benchstat` 会舍弃某些样本，本例优化前的数据中舍弃了两个样本，优化后的数据没有舍弃，所以 13+15 表示两组样本分别采用了 13 和 15 个样本。

3. 小结

在 Go 语言社区贡献者指导文档中，特别提到如果提交的代码涉及性能变化，则需要将 `benchstat` 结果上传，以便代码审核者查看。

当然，这个工具在任何项目中都可以使用，比起手工分析样本，`benchstat` 可以显著地提升效率。

第 8 章
异常处理

异常处理是任何编程语言都绕不开的话题，Go 语言没有提供传统的 try...catch 语句来处理异常，而是使用 error 来处理错误，用 panic 和 recover 来处理异常。

8.1　error

Go 语言追求极简的设计哲学在 error 特性上体现得淋漓尽致。

在 Go 1.13 之前长达 10 余年的时间里，标准库对 error 的支持非常有限，仅有 errors.New() 和 fmt.Errorf() 两个函数用来构造 error 实例。然而 Go 语言仅提供了 error 的内置接口定义（type error interface），这样开发者可以定义任何类型的 error，并可以存储任意的内容。

在 Go 1.13 之前，已经有很多开源项目试图扩展标准库的 error 以满足实际项目的需求，比如 pkg/errors，该项目被大量应用于诸如 Kubernetes 这样的大型项目中。如果读者之前了解过这类项目，可能会发现 Go 1.13 针对 error 的优化与这些开源项目有异曲同工之妙。

Go 1.13 在保持对原有 error 兼容的前提下，提供了新的 error 类型，新的 error 类型在函数间传递时可以保存原始的 error 信息，本节我们称这类 error 为链式 error。

本节先从基础的 error 讲起，包括 error 的基本用法、痛点，接着延伸到 Go 1.13 的改进，方便读者了解 error 的演进脉络。

8.1.1 热身测验

1. 热身题目

1）题目一

以下 Example 测试能否通过（单选）？

```
func ExampleEmptyError() {
    err := errors.New("")
    if err != nil {
        fmt.Printf("empty error still is an error")
    }
    // OutPut:
    // empty error still is an error
}
```

A：能

B：不能

2）题目二

针对下面的语句，描述正确的是（多选）：

```
err := errors.New("not found")
err1 := fmt.Errorf("some context: %v", err)
err2 := fmt.Errorf("some context: %w", err)
```

A：err1 和 err2 的类型相同

B：err1 和 err2 的类型不同

C：err1 和 err2 的 Error()输出相同

D：err1 和 err2 的 Error()输出不同

3）题目三

针对下面的语句，描述正确的是（单选）：

```
err1 := errors.New("not found")
err2 := errors.Unwrap(err1)
```

A：err2 为 nil

B：err2 与 err1 相同

2. 参考答案

1）题目一

答案为 A，能通过测试。

语句 `errors.New("")` 创建 err，虽然内容为空，但仍然是一个实现了 error 接口的实例，所以不是 nil。内容为空的 error，其 Error() 返回值为空字符串，好比一个生病的幼儿，无法告诉医生哪里不舒服。

2）题目二

答案为 B 和 C。

fmt.Errorf() 的格式动词 `%v` 最终会调用 err 的 Error() 方法获取错误字符串，然后和 `some context:` 合并，生成 errors 包的 errorString 实例，而格式动词 `%w` 会生成 fmt 包的 wrapError 实例，所以二者的类型不同。但二者通过 Error() 调用获取的字符串完全相同。

比如下面的 Example 能够通过测试：

```go
func ExampleFormatVerb() {
    err := errors.New("not found")
    err1 := fmt.Errorf("some context: %v", err)
    err2 := fmt.Errorf("some context: %w", err)

    if err1 == err2 {
        fmt.Printf("two errors are equal\n")
    } else {
        fmt.Printf("two errors are different\n")
    }

    if err1.Error() != err2.Error() {
        panic("two errors's content should be same")
    }

    fmt.Printf("%s\n", reflect.TypeOf(err1).String())
    fmt.Printf("%s\n", reflect.TypeOf(err2).String())
```

```
    // Output:
    // two errors are different
    // *errors.errorString
    // *fmt.wrapError
}
```

3）题目三

答案为 A。

errors.Unwrap()方法遇到无法拆解的 error 时直接返回 nil。

8.1.2　基础 error

本节聚焦 Go 1.13 之前 error 的设计和使用，包括以下内容：

◎ error 的类型；
◎ 如何创建 error；
◎ 如何自定义 error；
◎ 如何检查 error；
◎ 如何处理 error；
◎ 使用 error 的痛点。

1. error 接口

error 是一种内建的接口类型，内建意味着不需要"import"任何包就可以直接使用，使用起来就像 int、string 一样自然。

```
type error interface {
    Error() string
}
```

error 接口只声明了一个 Error()方法，任何实现了该方法的结构体都可以作为 error 来使用。error 的实例代表一种异常状态，Error()方法用于描述该异常状态，值为 nil 的 error 代表没有异常。

标准库 errors 包中的 errorString 就是实现 error 接口的一个例子：

```
type errorString struct {
    s string
}
```

```go
func (e *errorString) Error() string {
    return e.s
}
```

errorString 是 errors 包的私有类型,对外不可见,只能通过相应的公开接口才可以创建 errorString 实例。

2. 创建 error

标准库提供了两种创建 error 的方法:

◎ errors.New();
◎ fmt.Errorf()。

1) errors.New()

errors.New()的实现极其简单,只是简单地构造一个 errorString 实例便返回:

```go
package errors

func New(text string) error {
    return &errorString{text}
}
```

2) fmt.Errorf()

errors.New()单调地接收一个字符串参数来构造 error,而实际场景中往往需要使用 fmt.Sprintf()生成字符串,这时可以直接使用 fmt.Errorf():

```go
package fmt

func Errorf(format string, a ...interface{}) error {
    return errors.New(Sprintf(format, a...))
}
```

可以看到,fmt.Errorf()只是对 errors.New()的简单封装,使用 fmt.Errorf()可以使代码更简洁,比如:

```go
errStr := fmt.Sprintf("file not found, file name: %s", fileName)
err := errors.New(errStr)
或
err := errors.New(fmt.Sprintf("file not found, file name: %s", fileName))
```

可以替换成：

```
err := fmt.Errorf("file not found, file name: %s", fileName)
```

3）性能对比

fmt.Errorf()适用于需要格式化输出错误字符串的场景，如果不需要格式化字符串，则建议直接使用 errors.New()。

考虑下面两种创建 error 的方法：

```go
func MakeByErrorsNew() error {
    return errors.New("new error")
}

func MakeByFmtErrorf() error {
    return fmt.Errorf("new error")
}
```

笔者对其做了一次不太严谨的性能测试，使用 errors.New()比 fmt.Errorf()节省 99%以上的时间：

```
[root@ecs-d8b6 errors]# benchstat old.txt new.txt
name              old time/op   new time/op   delta
NewError-12       80.9ns ± 1%    0.2ns ± 1%   -99.71%  (p=0.000 n=15+13)
```

文件 old.txt 和 new.txt 分别保存了 MakeByFmtErrorf()和 MakeByErrorsNew()的 benchmark 数据，测试结果说明二者在性能上有巨大差异。

由于 fmt.Errorf()在生成格式化字符串时需要遍历所有字符，所以性能上会有损失。

当然，一般在异常分支上才会创建 error，所以 fmt.Errorf()往往不会成为性能的瓶颈。尽管如此，性能优化无止境，如果不需要格式化字符串，则建议尽量使用 errors.New()。

3. 自定义 error

任何实现 error 接口的类型都可以称为 error。比如标准库 os 中的 PathError 就是一个典型的例子：

```go
// PathError records an error and the operation and file path that caused it.
type PathError struct {
    Op     string
    Path   string
```

```
        Err    error
    }

    func (e *PathError) Error() string { return e.Op + " " + e.Path + ": " +
e.Err.Error() }
```

4. 异常处理

针对 error 而言，异常处理包括如何检查错误、如何传递错误。

1）检查 error

最常见的检查 error 的方式是与 nil 值进行比较：

```
if err != nil {
    // something went wrong
}
```

有时也会与一些预定义的 error 进行比较：

```
// 标准库 os 包中定义了一些常见的错误
// ErrPermission = errors.New("permission denied")

if err == os.ErrPermission {
    // permission denied
}
```

由于任何实现了 error 接口的类型均可以作为 error 来处理，所以往往也会使用类型断言来检查 error：

```
func AssertError(err error) {
    if e, ok := err.(*os.PathError); ok {
        fmt.Printf("it's an os.PathError, operation: %s, path: %s, msg: %v",
e.Op, e.Path, e.Err)
    }
}
```

上面代码中的断言，如果 err 是 os.PathError 类型，则可以使用 e 来访问 os.PathError 中的成员。在下面的 Example 测试中，err1 是 os.PathError 类型，断言为真，而 err2 的断言为假。

```
// go test ./errors -run=ExampleAssertError
func ExampleAssertError() {
    err1 := &os.PathError{
        Op:    "write",
```

```
        Path: "/root/demo.txt",
        Err:  os.ErrPermission,
    }
    AssertError(err1)

    err2 := fmt.Errorf("not an os.PathError")
    AssertError(err2)

    // Output:
    // it's an os.PathError, operation: write, path: /root/demo.txt, msg: permission denied
}
```

2）传递 error

在一个函数中收到一个 error，往往需要附加一些上下文信息再把 error 继续向上层抛。

最常见的添加附加上下文信息的方法是使用 fmt.Errorf()：

```
if err != nil {
    return fmt.Errorf("decompress %v: %v", name, err)
}
```

这种方式抛出的 error 有一个糟糕的问题，那就是原 error 信息和附加的信息被糅合到一起了。比如下面的函数，就会把 os.ErrPermission 和附加信息糅合到一起：

```
func WriteFile(fileName string) error {
    if fileName == "a.txt" {
        return fmt.Errorf("write file error: %v", os.ErrPermission)
    }

    return nil
}
```

这样，在下面的 Example 测试中，就无法判断 err 是否是 os.ErrPermission 值了：

```
// go test ./errors -run=ExampleWriteFile
func ExampleWriteFile() {
    err := WriteFile("a.txt")
    if err == os.ErrPermission {
        fmt.Printf("permission denied")
    }
}
```

```
        // Output:
        //
}
```

为了解决这个问题，我们可以自定义 error 类型，就像 os.PathError 那样，上下文信息与原 error 信息分开存放：

```
type PathError struct {
    Op   string          // 上下文
    Path string          // 上下文
    Err  error           // 原 error
}
```

这样，对于一个 os.PathError 类型的 error，我们可以检测它到底是不是一个权限不足的错误：

```
if e, ok := err.(*os.PathError); ok && e.Err == os.ErrPermission {
    fmt.Printf("permission denied")
}
```

5. 小结

在上面的例子中，使用 fmt.Errorf() 传递一个 error 最大的问题是丢弃了原 error 值，而使用自定义 error 又会有不得不使用断言的烦恼。

而 Go 1.13 很好地解决了上面的问题和烦恼，它提供了一个错误链传递和检查机制。

8.1.3 链式 error

在 Go 1.13 以前，使用 fmt.Errorf() 传递捕获的 error 并为 error 增加上下文信息时，原 error 将和上下文信息混杂在一起，这样便无法获取原始的 error。为此 Go 1.13 中引入了一套解决方案，本节称其为链式 error，因为 error 在函数间传递时，上下文信息好像链条一样把各个 error 连接起来。

本节内容重点介绍 Go 1.13 中针对 error 的优化，包括：

◎ 新的 error 类型 wrapError；
◎ 增强了 fmt.Errorf() 以便通过 %w 动词创建 warpError；
◎ 引入了 errors.Unwrap() 以便拆解 warpError；
◎ 引入了 errors.Is() 用于检查 error 链条中是否包含指定的错误值；

◎ 引入了 errors.As()用于检查 error 链条中是否包含指定的错误类型。

1 wrapError

Go 1.13 针对 error 的优化，最核心的内容就是引入了 wrapError 这一新的 error 类型，其他特性都是围绕此类型展开的：

```go
type wrapError struct {
    msg string  // 存储上下文信息和 err.Error()
    err error   // 存储原 error
}

func (e *wrapError) Error() string {
    return e.msg
}

func (e *wrapError) Unwrap() error {
    return e.err
}
```

wrapError 初看起来很像前面介绍的 os.PathError，os.PathError 通过 os.PathError.Op 和 os.PathError.Path 保存上下文信息，而 wrapError 的 msg 成员则把原 error 和上下文保存到一起，通过 err 成员保存原始的 error。

此处的 wrapError 与之前的 errorString 相比，还额外实现了 Unwrap()接口，用于返回原始的 error。

2. fmt.Errorf()

在 Go 1.13 中，fmt.Errorf()新增了格式动词%w（wrap）用于生成 wrapError 实例，并且兼容原有格式动词。fmt.Errorf()的实现源码如下：

```go
func Errorf(format string, a ...interface{}) error {
    p := newPrinter()
    p.wrapErrs = true
    p.doPrintf(format, a)      // 解析格式，如果发现%w 动词且提供了合法的 error 参数，
                               // 则把 error 放到 p.wrappedErr 成员中
    s := string(p.buf)
    var err error
    if p.wrappedErr == nil {   // 没有%w 动词，生成基础 error
        err = errors.New(s)
```

```
    } else { // 存在%w 动词，生成 wrapError
        err = &wrapError{s, p.wrappedErr}
    }
    p.free()
    return err
}
```

fmt.Errorf()将根据格式动词来动态决定生成 wrapError 还是 errorString。使用%v 格式动词生成的 error 类型仍是 errorString（没有实现 Unwrap 接口），如以下 Example 测试所示。

```
func ExampleCreateBasicError() {
    err := errors.New("this is demo error")

    basicErr := fmt.Errorf("some context: %v", err)              // 使用%v
    if _, ok := basicErr.(interface{ Unwrap() error }); !ok {  // 如果 errBasic
                                                                  // 没有实现 Unwrap 接口
        fmt.Print("basicErr is a errorString")
    }
    // Output:
    // basicErr is a errorString
}
```

而使用%w 格式动词生成的 error 类型将自动变成 wrapError（实现了 Unwrap 接口），如以下 Example 所示。

```
func ExampleCreateWrapError() {
    err := errors.New("this is demo error")

    wrapError := fmt.Errorf("some context: %w", err)              // 使用%w
    if _, ok := wrapError.(interface{ Unwrap() error }); ok {    // 如果 wrapError
                                                                  // 实现了 Unwrap 接口
        fmt.Print("wrapError is a wrapError")
    }
    // Output:
    // wrapError is a wrapError
}
```

这样，当 error 在函数间传递时，error 之间好像被组织成一个链式结构，如下图所示。

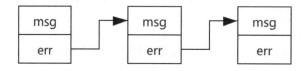

使用 fmt.Errorf()生成 wrapError 有两个限制：

◎ 每次生成 wrapError 时只能使用一次%w 动词；
◎ %w 动词只能匹配实现了 error 接口的参数。

1）每次接受一个%w

由 wrapError 的数据结构可知，每个 wrapError 只能包含一个原始 error 信息，所以 fmt.Errorf()函数每次只能接受一个%w 动词。

像下面的代码：

```
wrapError := fmt.Errorf("some context: %w, %w", err, err)
```

编译器将给出"Errorf call has more than one error-wrapping directive %w"的错误提示。

2）%w 只匹配 error 参数

由于格式动词%w 专用于生成链式的 error，所以 fmt.Errorf()函数只能匹配实现了 error 接口的参数。

像下面的代码：

```
wrapError := fmt.Errorf("some context: %w", "some string")
```

编译器将给出"Errorf format %w has arg "some string" of wrong type string"的错误提示。

另外需要注意的是，虽然 wrapError 实现了 Unwrap()接口，但由于 error 接口仍然只定义了一个 Error()方法，所以使用 fmt.Errorf()生成的 error，不能直接调用自身的 Unwrap()接口获得原始 error，而需要使用 errors 包中提供的 Unwrap()方法。

3. errors.Unwrap()

Unwrap()函数很形象地揭示了其作用，如果把 error 比作一件衣服，fmt.Errorf()（使用%w）就好比给 error 增加了一件外套，而 Unwrap()函数则是脱掉外套。

Unwrap 的实现源码如下：

```
package errors

func Unwrap(err error) error {
    u, ok := err.(interface { // 检查是否实现了 Unwrap 函数
        Unwrap() error
```

```
    })
    if !ok { // 没有实现Unwrap函数，不支持Unwrap
        return nil
    }
    return u.Unwrap()
}
```

如果参数 err 没有实现 Unwrap()函数，则说明是基础 error，直接返回 nil，否则调用原 err 实现的 Unwrap()函数并返回。

对于自定义的 error 类型，在实现 Error()函数的基础上，需要额外实现 Unwrap 函数，可以升级成链式 error，如 os.PathError：

```
type PathError struct {
    Op   string
    Path string
    Err  error
}

func (e *PathError) Error() string { return e.Op + " " + e.Path + ": " + e.Err.Error() }

func (e *PathError) Unwrap() error { return e.Err }
```

使用 Unwrap 获取原始 error 并进行比较的例子如下：

```
func ExampleUnwrap() {
    err := fmt.Errorf("write file error: %w", os.ErrPermission)
    if errors.Unwrap(err) == os.ErrPermission {
        fmt.Printf("permission denied")
    }
    // Output:
    // permission denied
}
```

在上面的例子中原始的 error(os.ErrPermission)只被包裹了一层，我们可以使用 Unwrap()函数获取原始的 error。在实际的应用中，原始的 error 可能在层层的函数调用中被包裹了多层，那该怎么判断呢？

对此，我们可以循环调用 errors.Unwrap()方法来逐层检查，例如下面的 Example 测试：

```
func ExampleUnwrapLoop() {
    err1 := fmt.Errorf("write file error: %w", os.ErrPermission)
```

```
        err2 := fmt.Errorf("write file error: %w", err1)

        err := err2
        for {
            if err == os.ErrPermission {
                fmt.Printf("permission denied")
                break
            }
            if err = errors.Unwrap(err); err == nil {
                break
            }
        }
    // Output:
    // permission denied
}
```

不过，我们不需要实现上面的循环，errors 包的 Is() 方法对此提供了更好的支持。

4. errors.Is()

errors.Is() 用于检查特定的 error 链中是否包含指定的 error 值。error.Is() 的伪代码如下：

```
func Is(err, target error) bool {
    for {
        if err == target {
            return true
        }
        // 自定义的 error 类型如果实现了 Is() 方法，则会咨询 Is() 方法
        if x, ok := err.(interface{ Is(error) bool }); ok && x.Is(target) {
            return true
        }
        if err = Unwrap(err); err == nil {
            return false
        }
    }
}
```

errors.Is() 逐层拆解参数 err 并与参数 target 对比，如果发现相等则返回 true，否则返回 false。对于自定义 error 类型来说，如果实现了自己的 Is() 方法，则此处在比较时会先咨询自身的 Is() 方法。

使用 errors.Is() 方法优化上面的 Example，代码将变得格外简洁：

```go
func ExampleIs() {
    err1 := fmt.Errorf("write file error: %w", os.ErrPermission)
    err2 := fmt.Errorf("write file error: %w", err1)

    if errors.Is(err2, os.ErrPermission) {
        fmt.Printf("permission denied")
    }
    // Output:
    // permission denied
}
```

5. errors.As()

在介绍基础 error 时，我们提到检查 error 时往往还会做类型转换，即使用断言来检测 error 是否是指定类型，比如：

```go
if e, ok := err.(*os.PathError); ok {
    fmt.Printf("it's an os.PathError, operation: %s, path: %s, msg: %v\n",
        e.Op, e.Path, e.Err)
}
```

类似地，如果 err 是一个链式 error，那么上面的代码将不再有效，比如下面的 Example 将没有任何打印结果：

```go
func ExampleAssertChanErrorWithoutAs() {
    err := &os.PathError{
        Op:   "write",
        Path: "/root/demo.txt",
        Err:  os.ErrPermission,
    }

    err2 := fmt.Errorf("some context: %w", err)
    if e, ok := err2.(*os.PathError); ok { // 判断失效
        fmt.Printf("it's an os.PathError, operation: %s, path: %s, msg: %v\n",
            e.Op, e.Path, e.Err)
    }
    // Output:
    //
}
```

在 Go 1.13 中，errors.As()用于从一个 error 链中查找是否有指定的类型出现，如有，则把 error 转换成该类型。errors.As()的实现伪代码如下：

```go
func As(err error, target interface{}) bool {
    val := reflectlite.ValueOf(target)
    typ := val.Type()
    targetType := typ.Elem()
    for err != nil {
        if reflectlite.TypeOf(err).AssignableTo(targetType) { // 如果类型匹配,
                                                              // 则将 err 赋值
            val.Elem().Set(reflectlite.ValueOf(err))
            return true
        }
        if x, ok := err.(interface{ As(interface{}) bool }); ok && x.As(target) { // 如果 err 实现了 As()方法, 那么也会咨询 As()
            return true
        }
        err = Unwrap(err)
    }
    return false
}
```

与 Is()的实现非常类似,As()会逐层拆解 error 链并尝试匹配指定类型,如果类型匹配,则将 err 值写入参数 target。同时,如果 error 实现了 As()函数,那么也会尝试咨询 As()函数。

使用 errors.As()优化上面的代码:

```go
func ExampleAssertChanWithAs() {
    err := &os.PathError{
        Op:   "write",
        Path: "/root/demo.txt",
        Err:  os.ErrPermission,
    }

    err2 := fmt.Errorf("some context: %w", err)
    var target *os.PathError
    if errors.As(err2, &target) { // 逐层剥离 err2 并检测是否是 os.PathError 类型
        fmt.Printf("it's an os.PathError, operation: %s, path: %s, msg: %v\n", target.Op, target.Path, target.Err)
    }
    // Output:
    // it's an os.PathError, operation: write, path: /root/demo.txt, msg:
    // permission denied
}
```

6. 小结

Go 1.13 针对 error 的优化主要是解决了 error 传递时丢失原 error 信息的问题，通过扩展 fmt.Errorf()来支持创建链式的 error，并通过 errors.Unwrap()来拆解 error。

errors.Is() 递归地拆解 error 并检查是否是指定的 error 值，类似于基础 error 中的哨兵检查，errors.As()递归地拆解 error 并检查是否是指定的 error 类型，如是则将 error 写入指定的变量中。

8.1.4 工程迁移

细心的读者或许会发现，几乎每个版本的 Release Notes 中都有一句话："We expect almost all Go programs to continue to compile and run as before."。

Go 语言的每个版本都严格遵循兼容性规则，在 Go 1 时代，每个小版本发布都会兼容旧版本的程序。对于 Go 1.13 引入的 error 优化来讲也不例外，使用老版本 Go 语言开发的程序（下称旧工程），仍然可以编译并运行，并且行为依旧。如果想使用链式 error，那么仍需要对旧工程做一些适当的适配。

适配无非从以下几个场景入手：

- ◎ 创建 error 时，fmt.Errorf()格式化动词由%v 改为%w；
- ◎ 等值（==）检查可以使用 errors.Is()替代；
- ◎ 类型断言可以使用 errors.As()替代；
- ◎ 自定义类型额外实现 Unwrap()方法；
- ◎ 自定义类型额外实现 As()方法（可选）；
- ◎ 自定义类型额外实现 Is()方法（可选）。

1. 传递 error

```
if err != nil {
    return fmt.Errorf("decompress %v: %v", name, err)
}
```

旧工程中使用%v 动词来组装 error 并传递，迁移时可以直接改为%w 动词：

```
if err != nil {
    return fmt.Errorf("decompress %v: %w", name, err)
}
```

虽然旧工程中返回的是*errors.errorString 类型，而新工程中返回的是*fmt.wrapError，但不影响上游使用，fmt.wrapError 完全兼容 errors.errorString。

2. 等值检查

```
if err == os.ErrPermission {
    // permission denied
}
```

等值检查可以直接使用 errors.Is()替换：

```
if errors.Is(err, os.ErrPermission) {
    // permission denied
}
```

由于 errors.Is()会先拿 err 与目标值进行比较，不相等才会逐层拆解 err 并与目标值进行比较，所以使用 errors.Is()没有副作用，即便 err 不是链式 error。

3. 类型断言

```
if e, ok := err.(*os.PathError); ok {
        fmt.Printf("it's an os.PathError, operation: %s, path: %s, msg: %v",
e.Op, e.Path, e.Err)
    }
```

类型断言替换成 errors.As()时需要先声明一个目标类型的指针变量：

```
var target *os.PathError
if errors.As(err, &target) {
    fmt.Printf("it's an os.PathError, operation: %s, path: %s, msg: %v\n",
target.Op, target.Path, target.Err)
}
```

4. 自定义类型

对于自定义类型，可以参考 wrapError 的实现，增加 Unwrap()函数：

```
type wrapError struct {
    msg string
    err error
}

func (e *wrapError) Error() string {
```

```
        return e.msg
}

func (e *wrapError) Unwrap() error {
        return e.err
}
```

此外，自定义类型还可以实现自己的 Is 和 As 接口：

```
Is(error) bool
As(interface{}) bool
```

在实际场景中，几乎不需要实现这两个接口，读者可以根据自身需要决定是否需要实现。

8.2　defer

defer 语句用于延迟函数的调用，常用于关闭文件描述符、释放锁等资源释放场景。

defer 语句采用后进先出的设计，类似于栈的方式，函数执行时，每遇到一个 defer 都会把一个函数压入栈中，函数返回前再将函数从栈中取出执行，最早被压入栈中的函数最晚被执行。

不仅函数正常返回会执行被 defer 延迟的函数，函数中任意一个 return 语句、panic 语句均会触发延迟函数。

本节我们先从 defer 语句的基本规则讲起，了解这些规则可以帮助我们避免几个常见的编程陷阱，接着介绍 defer 的实现机制，通过了解其实现机制能够指导我们写出高效的函数。

8.2.1　热身测验

1. 热身题目

1）题目一

关于下面函数的输出结果，描述正确的是（单选）：

```
func DeferDemo1() {
        for i := 0; i < 5; i++ {
                defer fmt.Print(i)
        }
}
```

A：01234

B：43210

C：55555

D：不确定

2）题目二

下面函数的输出结果是什么（单选）？

```go
func DeferDemo2() {
    var aInt = 1

    defer fmt.Println(aInt)

    aInt = 2
    return
}
```

A：2

B：1

3）题目三

下面函数的输出结果是什么（单选）？

```go
func DeferDemo3() {
    var i = 0
    defer func() {
        fmt.Println(i)
    }()
    i++
}
```

A：0

B：1

C：编译错误，变量i未声明

4）题目四

下面程序的输出什么？

```go
func DeferDemo4() {
    var aArray = [3]int{1, 2, 3}
    defer func(array *[3]int) {
        for i := range array {
            fmt.Print(array[i])
        }
    }(&aArray)
    aArray[0] = 10
}
```

5）题目五

下面函数的返回值是什么？

```go
func DeferDemo5() (result int) {
    i := 1

    defer func() {
        result++
    }()

    return i
}
```

6）题目六

下面函数的输出什么（单选）？

```go
func DeferDemo6() {
    defer func() {
        defer func() {
            fmt.Print("B")
        }()
        fmt.Print("A")
    }()
}
```

A：AB

B：BA

C：编译错误，defer 不允许嵌套

D：运行时错误

2. 参考答案

1）题目一

答案为 B。

defer 的执行顺序为逆序。

2）题目二

答案为 B。

延迟函数 fmt.Println(aInt) 的参数在 defer 语句出现时就已经确定了，所以无论后面如何修改 aInt 变量都不会影响延迟函数。

3）题目三

答案为 B，函数输出 1。

延迟函数体中的变量 i 在编译时绑定原函数中的 i，所以延迟函数最终获取的是 i 的最终值。

4）题目四

答案：输出 10、2、3 三个值。

延迟函数通过参数绑定了数组的地址，defer 语句执行时访问的是更改之后的数组。

5）题目五

答案：函数返回 2。

函数的 return 语句并不是原子的，实际执行分为设置返回值和 ret 两步，defer 语句实际执行在返回前，即拥有 defer 的函数返回过程是：设置返回值→执行 defer→ret。所以 return 语句先把 result 设置为 i 的值，即 1，defer 语句中又把 result 递增 1，所以最终返回 2。

6）题目六

答案：函数输出 AB。

defer 函数本身跟普通函数一样，也支持定义 defer 语句。

8.2.2 约法三章

defer 不仅可以用于资源释放，也可以用于流程控制和异常处理，但 defer 关键字只能作用于函数或函数调用。

defer 关键字后接一个匿名函数：

```
defer func() {
    fmt.Print("Hello World!")
}()
```

defer 关键字后接一个函数调用：

```
file, err := os.Open(name)
if err != nil {
    return nil, err
}
defer file.Close()
```

1. 使用场景

下面列举几个 Kubernetes 项目中的代码片段，以便快速了解 defer 常见的使用场景。

1）释放资源

```
m.mutex.Lock()
defer m.mutex.Unlock()
```

defer 常用于关闭文件句柄、数据库连接、停止定时器 Ticker 及关闭管道等资源清理场景。

2）流程控制

```
var wg wait.Group
defer wg.Wait()
...
```

defer 也常用于控制函数执行顺序，比如配合 wait.Group 实现等待协程退出。

3）异常处理

```
defer func() { recover() }() // Actually eat panics
```

defer 也常用于处理异常，与 recover 配合可以消除 panic。另外，recover 只能用于 defer 函数中。

2. 行为规则

虽然 defer 的语法极其简单，但其衍生出来的各种用法常常让人眼花缭乱，稍不注意便会掉入陷阱。

其实，在 Go 官方博客里总结了 defer 的行为规则，规则只有短短的三条。

1）规则一：延迟函数的参数在 defer 语句出现时就已经确定了

官方给出了一个例子，如下所示。

```
func a() {
    i := 0
    defer fmt.Println(i)
    i++
    return
}
```

defer 语句中的 fmt.Println() 参数 i 值在 defer 出现时就已经确定了，实际上是复制了一份。后面对变量 i 的修改不会影响 fmt.Println() 函数的执行，仍然打印 0。

注意：对于指针类型参数，此规则仍然适用，只不过延迟函数的参数是一个地址值，在这种情况下，defer 后面的语句对变量的修改可能会影响延迟函数。

2）规则二：延迟函数按后进先出（LIFO）的顺序执行，即先出现的 defer 最后执行

这个规则很好理解，定义 defer 类似于入栈操作，执行 defer 类似于出栈操作。

设计 defer 的初衷是简化函数返回时资源清理的动作，资源往往有依赖顺序，比如先申请 A 资源，再根据 A 资源申请 B 资源，根据 B 资源申请 C 资源，即申请顺序是 A→B→C，释放时往往又要反向进行。这就是把 defer 设计成 LIFO 的原因。

每申请到一个用完需要释放的资源时，立即定义一个 defer 来释放资源是一个很好的习惯。

3）规则三：延迟函数可能操作主函数的具名返回值

定义 defer 的函数（下称主函数）可能有返回值，返回值可能有名字（具名返回值），也可能没有名字（匿名返回值），延迟函数可能会影响返回值。

若要理解延迟函数是如何影响主函数返回值的，只要明白函数是如何返回的就足够了。

（1）函数返回过程。

有一个事实必须要了解，关键字 return 不是一个原子操作，实际上 return 只代表汇编指令

ret，即跳转程序执行。比如语句 return i，实际上分两步执行，即先将 i 值存入栈中作为返回值，然后执行跳转，而 defer 的执行时机正是在跳转前，所以说 defer 执行时还是有机会操作返回值的。

举个实际的例子来说明这个过程：

```
func deferFuncReturn() (result int) {
    i := 1

    defer func() {
        result++
    }()

    return i
}
```

该函数的 return 语句可以拆分成下面两行：

```
result = i
return
```

而延迟函数的执行正是在 return 之前，即加入 defer 后的执行过程如下：

```
result = i
result++
return
```

所以上面的函数实际返回 i++ 值。

主函数有不同的返回方式，包括匿名返回值和具名返回值，但万变不离其宗，只要把 return 语句拆开都可以很好理解，下面分别举例说明。

（2）主函数拥有匿名返回值，返回字面值。

一个主函数拥有一个匿名返回值，返回时使用字面值，比如返回 1、2、Hello 这样的值，这种情况下 defer 语句是无法操作返回值的。

一个返回字面值的函数如下：

```
func foo() int {
    var i int

    defer func() {
        i++
```

```
    }()

    return 1
}
```

上面的 return 语句直接把 1 写入栈中作为返回值,延迟函数无法操作该返回值,所以就无法影响返回值。

(3) 主函数拥有匿名返回值,返回变量。

一个主函数拥有一个匿名返回值,返回本地或全局变量,这种情况下 defer 语句可以引用返回值,但不会改变返回值。

一个返回本地变量的函数如下:

```
func foo() int {
    var i int

    defer func() {
        i++
    }()

    return i
}
```

上面的函数返回一个局部变量,同时 defer 函数也会操作这个局部变量。对于匿名返回值来说,可以假定仍然有一个变量存储返回值,假定返回值变量为 anony,上面的返回语句可以拆分为以下过程:

```
anony = i
i++
return
```

由于 i 是整型值,会将值复制给 anony,所以在 defer 语句中修改 i 值,不会对函数返回值造成影响。

(4) 主函数拥有具名返回值。

主函数声明语句中带名字的返回值会被初始化为一个局部变量,函数内部可以像使用局部变量一样使用该返回值。如果 defer 语句操作该返回值,则可能改变返回结果。

一个影响函数返回值的例子:

```
func foo() (ret int) {
    defer func() {
        ret++
    }()

    return 0
}
```

上面的函数拆解出来如下所示。

```
ret = 0
ret++
return
```

函数真正返回前,在 defer 中对返回值做了+1 操作,所以函数最终返回 1。

8.2.3 实现原理

本节我们尝试了解一些 defer 的内部实现机制。defer 也在不断地演化,其实现机制也略有差异,本节暂且关注最基础的 defer,后面的章节再阐述 defer 的历次演进。

1. 数据结构

源码包中 src/src/runtime/runtime2.go:_defer 定义了 defer 的数据结构:

```
type _defer struct {
    ...
    sp      uintptr     // 函数栈指针
    pc      uintptr     // 程序计数器
    fn      *funcval    // 函数地址
    link    *_defer     // 指向自身结构的指针,用于链接多个 defer
    ...
}
```

从其数据结构中可以看出,每个_defer 实例实际上是对一个函数的封装,它拥有执行函数的必要信息,比如栈地址、程序计数器、函数地址等。实际上,编译器会把每个延迟函数编译成一个_defer 实例暂存到 goroutine 数据结构中,待函数结束时再逐个取出执行。

每个 defer 语句对应一个_defer 实例,多个实例使用指针 link 链接起来形成一个单链表,保存到 goroutine 数据结构中。

goroutine 的数据结构如下所示。

```
type g struct {
    ...
    _defer       *_defer // innermost defer   // defer 链表
    ...
}
```

每次插入 _defer 实例时均插入链表头部，函数执行结束时再依次从头部取出，从而实现后进先出的效果。

下图展示了多个 defer 被链接的过程。

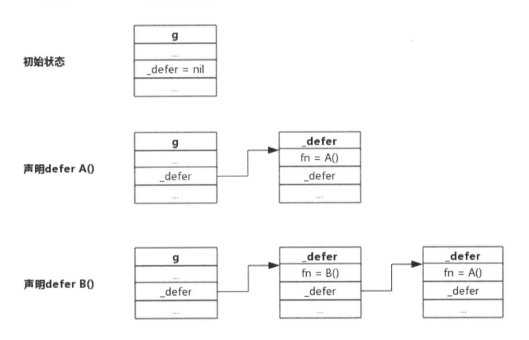

由上图可以看到，新声明的 defer 总是添加到链表的头部。

函数返回前执行 defer 则是从链表头部依次取出执行的，这里不再赘述。

一个 goroutine 可能连续调用多个函数，defer 的添加过程跟上述流程一致，进入函数时添加 defer，离开函数时取出 defer，所以即便调用多个函数，也总是能保证 defer 是按 LIFO 方式执行的。

2. defer 的创建和执行

源码包中 `src/runtime/panic.go` 定义了以下两个方法，分别用于创建 defer 和执行 defer。

- deferproc()：负责把 defer 函数处理成_defer 实例，并存入 goroutine 中的链表；
- deferreturn()：负责把 defer 从 goroutine 链表中的 defer 实例取出并执行。

可以简单地这么理解，编译器在编译阶段把 defer 语句替换成了函数 deferproc()，在函数 return 前插入了函数 deferreturn()。在运行时，每执行一次 deferproc()都创建一个运行时_defer 实例并存储，函数返回前执行 deferreturn()依次取出_defer 实例并执行。

3. 小结

- defer 定义的延迟函数参数在 defer 语句出现时就已经确定了；
- defer 定义的顺序与实际的执行顺序相反；
- return 不是原子操作，执行过程是：保存返回值（若有）→执行 defer（若有）→执行 ret 跳转；
- 申请资源后立即使用 defer 关闭资源是一个好习惯。

8.2.4 性能优化

defer 的实现机制在 Go 的演进过程中不断被优化，根据其实现机制的不同，可以把 defer 分为三种类型。

- heap-allocated：存储在堆上的 defer，Go 1.13 之前只有这种类型。
- stack-allocated：存储在栈上的 defer，Go 1.13 引入这种类型。
- open-coded：开放编码类型的 defer，Go 1.14 引入这种类型。

前面章节介绍的 defer 实际上是第一种类型，即存储在堆上的 defer，但在 Go 1.13 及 Go 1.14 引入新的类型后，原类型也没有被废弃，而是多种类型共存，编译器会决策使用何种类型，优先使用 open-coded（以下简称开放编码 defer），stack-allocated（以下简称栈 defer）次之，在有些编译器无法决定的场景或受限的场景中则会使用 heap-allocated（以下简称堆 defer）。

defer 的编译和执行需要编译器和 Go runtime 的配合，本节所指的"运行时"往往是指 Go 的 runtime 组件。

1. 堆 defer

编译器将 defer 语句编译成一个 deferproc()函数调用，然后运行时执行 deferproc 函数，deferproc 函数会根据 defer 语句生成一个_defer（运行时内部数据结构名）实例并插入 goroutine 的_defer 链表头部。同时编译器还会在函数尾部插入 deferreturn 函数，deferreturn 函数会逐个取出_defer 实例并执行。

运行时中协程 g 的数据结构如下：

```
type g struct {
    ...
    _defer      *_defer
    ...
}
```

堆 defer 的特点是新创建的 defer 节点存储在堆中，deferproc 函数会将被延迟的函数组成一个_defer 实例并复制到_defer 节点中，deferreturn 函数消费完_defer 后，再将节点销毁。

与其后出现的两种 defer 类型相比较，堆 defer 的痛点主要在于频繁的堆内存分配及释放，性能稍差。

2. 栈 defer

栈 defer 正是为了提高堆 defer 的内存使用效率而引入的，编译器将尽量将 defer 语句编译成一个 deferprocStack()函数调用，deferprocStack()的工作机制与 deferproc()类似，区别在于编译器会直接在栈上预留_defer 的存储空间，deferprocStack()不需要再分配空间。deferprocStack()仍然需要将_defer 插入协程 g 的_defer 链表中。

此时，运行时_defer 的数据结构中引入了成员变量 heap 标记是否存储于堆中：

```
type _defer struct {
    ...
    heap      bool
    ...
}
```

在函数结尾处，编译器仍然会插入 deferreturn()函数，该函数的执行过程与堆 defer 类似。所不同的是，执行结束后不需要再释放内存了。

编译器会尽可能地把 defer 语句编译成栈类型，但由于栈空间也有限，并不能把所有的 defer 都存储在栈中，所以还需要保留堆 defer。

在 Go 1.13 中才引入栈 defer，在 Go 1.13 的 Release Notes 中，官方声称性能提升了近 30%。

3. 开放编码 defer

无论堆 defer 还是栈 defer，编译器只能把 defer 替换成相应的函数，对于堆 defer 而言是 deferproc()函数，对于栈 defer 而言则是 deferprocStack()函数，只能由运行时调用这些函数，然后创建_defer 节点并存储，最后通过 deferreturn()函数取出这些_defer 节点再执行。

如果编译器能把 defer 语句直接翻译成相应的执行代码并插入函数尾部，那么就会节省 _defer 节点转储的代价。事实上，开放编码 defer 采用的正是这种机制。

开放编码 defer 没有 deferproc()、deferprocStack()，也没有 deferreturn()，延迟函数被直接插入函数尾部，如此一来，延迟函数的调用将变得跟普通函数调用一样高效。

开放编码 defer 与堆 defer 和栈 defer 最显著的区别是编译器完成了 defer 语句的预处理，运行时不需要参与预处理 defer，只关注执行即可。

但并不是所有的 defer 语句都可以被编译器处理成开放编码类型，以下场景下 defer 语句不能被处理成开放编码类型：

- ◎ 编译时禁用了编译器优化，即-gcflags="-N -l"（详见 go tool compile -help）；
- ◎ defer 出现在循环语句中；
- ◎ 单个函数中 defer 出现了 8 个以上，或者 return 语句的个数和 defer 语句的个数乘积超过了 15。

在 Go 1.14 的 Release Notes 中，官方声称大多数场景下 defer 的性能已经跟直接的函数调用不相上下，因此 defer 可以被应用到对性能格外挑剔的场景中了。

1）禁用编译器优化

由于编译器在编译时决定了 defer 的类型，对于开放编码而言还需要在用户的函数体中插入执行代码，属于编译优化的一种，所以如果编译项目时禁用了编译优化，那么编译器不会把 defer 处理成开放编码类型。

2）循环语句

如果 defer 语句出现在循环中，那么编译器在编译阶段无法确定最终将生成多少个 defer，也就无法在函数尾部插入代码，所以不能把 defer 处理成开放编码。

3)限制 defer 数量

在编译器将 defer 语句编译成开放编码 defer 时,单个函数内的 defer 语句越多,编译器实现越复杂。支持无限的 defer 语句是不现实的,最终必须在设计复杂度及实际场景之间做权衡和取舍。

对于下面的代码,编译器把 defer 语句编译成开放编码时将有一定的挑战:

```
func foo() {
    if condition { // 运行时才能决定能否满足条件
        defer fmt.Print("hello")
    }
}
```

实际上,尽管编译器无法在编译阶段确定判断条件是否成立,但还是会把上面的 defer 语句插入函数尾部,复杂一点的是运行时需要有手段来根据条件判断成立与否来决定是否要执行编译插入的代码。

为此,Go 引入了 deferBits,即编译器在函数内创建一个字节(8bit)的变量,并在函数中插入相应代码,确保运行时每经过一个 defer 语句(说明 defer 语句被触发),就把 deferBits 相应位置为 1。那么在函数尾部,运行时就可以根据 deferBits 相应位的值来决定要不要执行插入的代码,设计非常巧妙。

因为 deferBit 的长度为一个字节,即 8bit,这就是为什么单个函数 defer 的数量被限制在 8 个以下的原因:

```
// The max number of defers in a function using open-coded defers. We enforce this
// limit because the deferBits bitmask is currently a single byte (to minimize code size)
const maxOpenDefers = 8
```

在编译器代码中,如果单个函数中 defer 的数量超过 8,则直接对该函数禁用开放编码:

```
if Curfn.Func.numDefers > maxOpenDefers {
    // Don't allow open-coded defers if there are more than
    // 8 defers in the function, since we use a single
    // byte to record active defers.
    Curfn.Func.SetOpenCodedDeferDisallowed(true)
}
```

另外,如果函数中 return 语句的个数和 defer 语句的个数乘积超过了 15,也直接禁用开放编码：

```
if s.hasOpenDefers &&
    s.curfn.Func.numReturns*s.curfn.Func.numDefers > 15 {
    // Since we are generating defer calls at every exit for
    // open-coded defers, skip doing open-coded defers if there are
    // too many returns (especially if there are multiple defers).
    // Open-coded defers are most important for improving performance
    // for smaller functions (which don't have many returns).
    s.hasOpenDefers = false
}
```

如果函数出口越多，则函数 defer 的数量越多，编译器实现起来就越复杂，不管是数字 8，还是 15，究其原因都是权衡的结果。

需要额外提醒的是，如果函数中超过 8 个 defer，那么所有的 defer 都不会被处理成开放编码 defer，而不是前 8 个处理成开放编码 defer，其余的处理成栈 defer 或堆 defer。类似的，如果函数中的 return 语句的个数和 defer 语句的个数的乘积超过 15，那么所有的 defer 也都不会处理成开放编译 defer。

也就是说，编译器只能处理小函数（包含少量的 defer），对于大的函数，由于处理复杂度急剧上升而不得不放弃，最终只能采取栈 defer 或堆 defer。

这个规则也可以用来指导我们日常的开发：

◎ 单个函数中如果存在过多的 defer，那么可以考虑拆分函数；
◎ 单个函数中如果存在过多的 return 语句，那么需要控制 defer 的使用数量；
◎ 在循环中使用 defer 语句需要慎重。

8.3　panic

Go 语言开发中程序发现错误，比较常见的做法是返回 error 给调用者，但对于危险的操作，比如内存越界访问等，程序也经常显式地触发 panic，提前结束程序运行。

同样是退出程序，与 os.Exit() 相比，panic 的退出方式比较优雅，panic 会做一定的善后操作（处理 defer 函数），并且支持使用 recover 消除 panic。

defer、panic 和 recover 常常会互相作用，其内在实现也存在一些关联，放在一起讨论容易让人心生困惑，本节我们暂且关注 panic 的工作机制与实现原理，在介绍完 recover 之后再将其串联起来阐述。

8.3.1 热身测验

1. 热身题目

1）题目一

函数 PanicDemo1() 输出什么（单选）？

```
func foo() {
    defer fmt.Print("A")
    defer fmt.Print("B")

    fmt.Print("C")
    panic("demo")
    defer fmt.Print("D")
}

func PanicDemo1() {
    defer func() {
        recover()
    }()

    foo()
}
```

A：输出 C

B：输出 CDBA

C：输出 CBA

D：输出 demo

2）题目二

函数 PanicDemo2() 输出什么（单选）？

```
func foo() {
    defer fmt.Print("A")
```

```go
        defer fmt.Print("B")

    fmt.Print("C")
    panic("demo")
    defer fmt.Print("D")
}

func PanicDemo2() {
    defer func() {
        recover()
    }()

    defer func() {
        fmt.Print("1")
    }()

    foo()
}
```

A：输出 C

B：输出 CBA

C：输出 CBA1

D：输出 demo

3）**题目三**

函数 PanicDemo3()输出什么（单选）？

```go
func foo() {
    defer fmt.Print("A")
    defer fmt.Print("B")

    fmt.Print("C")
    panic("demo")
    defer fmt.Print("D")
}

func PanicDemo3() {
    defer func() {
        fmt.Print("demo")
```

```
    }()

    go foo()
}
```

A：输出 C

B：输出 CBA

C：输出 CBAdemo

D：输出 CBA 后触发 panic

4）题目四

关于 PanicDemo4() 函数的执行结果，描述正确的是（单选）？

```
func PanicDemo4() {
    defer func() {
        recover()
    }()

    defer fmt.Print("A")

    defer func() {
        fmt.Print("B")
        panic("panic in defer")
        fmt.Print("C")
    }()

    panic("panic")

    fmt.Print("D")
}
```

A：编译错误，defer 中不可以嵌套 panic

B：输出 BA

C：输出 BAD

D：输出 BAC

2. 参考答案

1）题目一

panic 会触发所有的 defer 函数，然后 panic 被 PanicDemo1()函数捕获，PanicDemo1()最终输出 CBA。本题答案为 C。

2）题目二

panic 会触发本函数中所有的 defer 函数，然后将异常抛给上层调用函数，继续触发上层调用函数的 defer 函数，PanicDemo2()最终输出 CBA1。本题答案为 C。

3）题目三

panic 只能触发当前协程的 defer 函数，当前协程的 defer 处理结束后，如果没有被"recover"，则会引发程序退出。所以，PanicDemo3()输出 CBA 后触发 panic。本题答案为 D。

4）题目四

panic 支持嵌套，defer 中可以支持再次触发 panic。PanicDemo4()最终输出 BA。本题答案为 B。

8.3.2 工作机制

panic 的中文含义为"恐慌、惊慌"，程序发生 panic 时会结束当前协程，进而触发整个程序的崩溃。内置函数 recover()可以接收 panic 并使程序重新回到正轨。

然而，这仅是 panic 比较含糊的执行过程，还有一些细节需要澄清：

- 触发 panic 函数中的 defer 语句是否会执行？
- 上游函数中的 defer 语句是否会执行？
- 其他协程中的 defer 语句是否会执行？
- defer 语句中产生 panic 会发生什么？

1. panic()函数

panic()是一个内置函数：

```
func panic(v interface{})
```

它接受一个任意类型的参数，参数将在程序崩溃时通过另一个内置函数 print(args ...Type)

打印出来。如果程序返回途中任意一个 defer 函数执行了 recover()，那么该参数也是 recover() 的返回值。

panic 可由程序员显式地通过该内置函数触发，Go 运行时遇到诸如内存越界之类的问题时也会触发。

2. 工作流程

在不考虑 recover 的情况下，panic 的执行过程如下图所示。

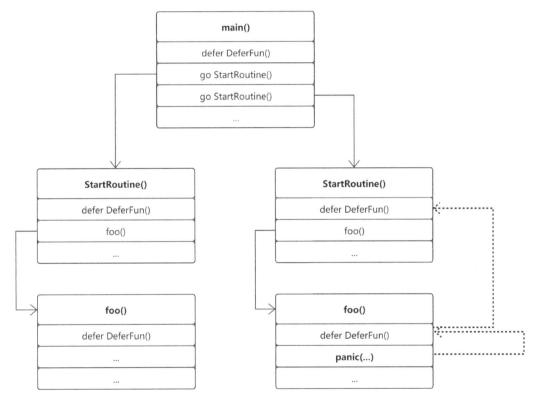

在上面的流程图中，实线箭头代表程序的正常执行流程，虚线箭头代表 panic 的执行流程。程序启动了两个协程，如果某协程执行过程中产生了 panic，那么程序将立即转向执行 defer 函数，当前函数中的 defer 执行完毕后继续处理上层函数的 defer，当协程中所有 defer 处理完后，程序退出。

在 panic 的执行过程中有几个要点要明确：

- panic 会递归执行协程中所有的 defer，与函数正常退出时的执行顺序一致；
- panic 不会处理其他协程中的 defer；
- 当前协程中的 defer 处理完成后，触发程序退出。

如果 panic 在执行过程中（defer 函数中）再次发生 panic，程序将立即终止当前 defer 函数的执行，然后继续接下来的 panic 流程，只是当前 defer 函数中 panic 后面的语句就没有机会执行了。在这种情况下，把 defer 函数当成普通的函数理解即可。

如果在 panic 的执行过程中任意一个 defer 函数执行了 recover()，那么 panic 的处理流程就会终止，更多的细节我们放在后面章节中阐述。

3. 小结

有些文章在描述 panic 的工作机制时，常常会有类似下面的描述：panic 触发异常，如果函数没有处理异常，则异常将沿函数调用链逐层向上传递，最终导致程序退出。

这样的解释容易让人接受，对于从其他语言转向 Go 语言的人来说更是如此。结合前面介绍的 defer 知识，或许我们可以得出另一种解释。

我们知道每个协程中都维护了一个 defer 链表，执行过程中每遇到一个 defer 语句都创建一个 defer 实例并插入链表，函数退出时取出本函数创建的实例并执行。panic 发生时，实际上是把程序流程转向了这个 defer 链表，程序专注于消费链表中的 defer 函数，当链表中的 defer 函数被消费完，再触发程序退出。

如果把 defer 比作程序前进过程中的负债，那么协程中的 defer 链表则是负债表或账本，panic 发生后会逐个偿还之前欠下的债务，债务还清后程序再退出。

8.3.3 源码剖析

前面从宏观上介绍了 panic 的工作流程，本节尝试从源码角度分析 panic 的实现机制，以便加深理解。

1. panic 的真身

我们先编写以下简单的代码，并保存在名为 compile.go 的文件中：

```
// panic/compile.go
```

```go
package panic

func compile() {
    panic("aa")
}
```

然后使用下面的命令编译代码：

```
go tool compile -S ./panic/compile.go
```

该命令会输出汇编码，我们截取对应的 panic 语句的信息，如下所示。

```
0x0024 00036 (./panic/compile.go:4)    PCDATA    $0, $1
0x0024 00036 (./panic/compile.go:4)    PCDATA    $1, $0
0x0024 00036 (./panic/compile.go:4)    LEAQ      type.string(SB), AX
0x002b 00043 (./panic/compile.go:4)    PCDATA    $0, $0
0x002b 00043 (./panic/compile.go:4)    MOVQ      AX, (SP)
0x002f 00047 (./panic/compile.go:4)    PCDATA    $0, $1
0x002f 00047 (./panic/compile.go:4)    LEAQ      "".。stmp_0(SB), AX
0x0036 00054 (./panic/compile.go:4)    PCDATA    $0, $0
0x0036 00054 (./panic/compile.go:4)    MOVQ      AX, 8(SP)
0x003b 00059 (./panic/compile.go:4)    CALL      runtime.gopanic(SB)
0x0040 00064 (./panic/compile.go:4)    XCHGL     AX, AX
0x0041 00065 (./panic/compile.go:4)    NOP
```

可以看到 panic 语句被编译成 `CALL runtime.gopanic(SB)`，也就是说内置函数 panic() 的真身实际上是 runtime.gopanic()。runtime.gopanic() 的实现代码位于 `src/runtime/panic.go` 中，不过在查看该函数之前，我们先了解一些基础知识。

2. 数据结构

类似前面介绍的 defer，每个 panic 也对应一个底层数据结构：

```
type _panic struct {
    argp      unsafe.Pointer  // defer 函数的参数
    arg       interface{}     // panic() 的参数
    link      *_panic         // 嵌套 panic 时指向前一个 panic
    ...
    recovered bool            // 标记当前 panic 是否被 recover() 恢复
    aborted   bool            // 标记当前 panic 是否被中断
    goexit    bool            // 标记是否为 runtime.Goexit() 产生的 panic
}
```

- _panic.arg 用于存储 panic()函数的参数；
- _panic.link 为指向前一个_panic 实例的指针，当嵌套 panic 产生时，多个_panic 实例通过该指针串成链表；
- _panic.recovered 指示当前_panic 是否已被 recover()恢复；
- _panic.aborted 指示当前_panic 是否被中断；
- _panic.goexit 用于标记当前_panic 实例是否是 runtime.Goexit()产生的。

_panic.argp 是指向 defer()函数参数的指针，主要用于 recover 场景，更详细的内容留待 recover 章节中详细阐述。

当 runtime.gopanic()运行时，会逐个处理_defer，并且会把当前_panic 指针传入_defer 中，这样当 defer 函数中产生新的 panic 时，会将原 panic 标记为 aborted。类似地，_defer 函数中的 recover()则会把 panic 标记为 recovered。

除了 panic()函数会产生一个_panic 实例，runtime.Goexit()也会产生一个_panic 实例，二者的执行逻辑几乎相同，runtime.Goexit()也会处理 defer 函数，但不能被 recover()函数恢复。_panic.goexit 只在 runtime.Goexit()执行时才会标记为 true。

另外，panic 链表与 defer 链表一样，都保存在协程数据结构中：

```go
type g struct {
    _panic      *_panic // panic 链表
    _defer      *_defer // defer 链表
}
```

3. gopanic 分析

runtime.gopanic()函数的核心任务是消费协程中的 defer 链表，当所有的 defer 均处理完后再触发程序退出。

由于 defer 函数中有可能触发新的 panic，即产生新的 runtime.gopanic()函数调用（消费同一个 defer 链表），另外 panic 也有可能被 recover()恢复，所以 runtime.gopanic()函数的实现逻辑比较复杂。所以为了方便描述，下面所列的代码不得不忽略一些细节，感兴趣的读者可自行分析。

1）没有 defer 函数

我们先看一个最简单的情况，即没有 defer 要处理时，runtime.gopanic()函数的处理流程：

```go
func gopanic(e interface{}) { // panic 执行函数
```

```
    gp := getg()
    ...

    var p _panic                              // 创建新的_panic节点
    p.arg = e                                 // 存储panic的参数
    p.link = gp._panic                        // 新节点指向当前协程panic链表头部,准备插入
    gp._panic = (*_panic)(noescape(unsafe.Pointer(&p))) // 将新节点插入协程链表头部
    ...

    for {
        d := gp._defer  // 遍历_defer链表,执行defer函数
        if d == nil {   // 最简单的情形,没有defer函数需要处理
            break
        }

        // 处理defer函数
        ...
    }

    fatalpanic(gp._panic)  // 终止整个程序
}
```

可以看到,runtime.gopanic()函数首先会创建一个_panic实例并将其保存在协程的_panic链表(gp._panic)中,在没有 defer 要处理时,会调用 fatalpanic(gp._panic)函数来终止整个程序,其中panic的参数信息及函数调用栈就是在fatalpanic(gp._panic)函数中打印的。

2)defer 函数处理

接下来,再看一下runtime.gopanic()函数如何处理defer函数。

```
func gopanic(e interface{}) {  // panic 执行函数
    gp := getg()

    var p _panic                              // 创建新的_panic节点
    ...
    gp._panic = (*_panic)(noescape(unsafe.Pointer(&p))) // 将新节点插入协程链表头部

    for {
        d := gp._defer  // 遍历_defer链表,执行defer函数
        if d == nil {   // 最简单的情形,没有defer函数需要处理
```

```
                break
            }

            // 执行defer函数(d.fn)
            reflectcall(nil, unsafe.Pointer(d.fn), deferArgs(d), uint32(d.siz),
uint32(d.siz))

            // 从链表中移除首节点(即当前defer)
            d.fn = nil
            gp._defer = d.link
            freedefer(d)
        }

        fatalpanic(gp._panic) // 终止整个程序
}
```

runtime.gopanic()函数会逐个执行 defer 函数,然后逐个将 defer 实例从链表中清除。上面的代码只显示了使用 reflectcall()来处理 defer 函数,实际上还需要考虑 defer 的类型,对于开放编码类型的 defer,还需要额外的处理流程。

至此,我们还没有涉及 panic 嵌套和 recover 的逻辑。关于 recover 的逻辑,我们后面介绍 recover 时再详细阐述,此处先关注 panic 发生嵌套时 runtime.gopanic()函数如何处理。

3)嵌套 panic

嵌套 panic 的处理其实并不复杂,当 runtime.gopanic()函数执行某个 defer 时如果再次发生 panic,那么程序控制权会交给新的 runtime.gopanic()函数,新的 runtime.gopanic()函数会产生新的_panic 实例,并把原_painc 实例标记为 aborted(_panic.aborted = true),然后继续处理剩余的 defer 函数。

```
func gopanic(e interface{}) { // panic 执行函数
    gp := getg()
    var p _panic                                     // 创建新的_panic 节点
    ...
    gp._panic = (*_panic)(noescape(unsafe.Pointer(&p)))  // 将新节点插入协程链表头部

    for {
        d := gp._defer // 遍历_defer 链表,执行 defer 函数

        if d.started { // 嵌套 panic 的情形
```

```
            if d._panic != nil { // 把之前_defer节点中记忆的_panic标记为aborted
                d._panic.aborted = true
            }
            d._panic = nil
            // 删除defer(避免再次产生panic)
            d.fn = nil
            gp._defer = d.link
            freedefer(d)
            continue
        }
        d.started = true

        d._panic = (*_panic)(noescape(unsafe.Pointer(&p))) // 标记触发defer的panic

        reflectcall(nil, unsafe.Pointer(d.fn), deferArgs(d), uint32(d.siz), uint32(d.siz)) // 执行defer

        d._panic = nil
        d.fn = nil
        gp._defer = d.link // 从链表中移除首节点(即当前defer)
        freedefer(d)
    }

    fatalpanic(gp._panic) // 终止整个程序
}
```

前一个 runtime.gopanic() 函数在执行 defer 时会标记开始状态（d.started = true），并把当前 _panic 实例地址存放在 defer 中（d._panic = xxx），那么新的 runtime.gopanic() 函数再次遍历 defer 时就可以通过 d.started 标志判断是否存在被中断的 panic，如有，则把原 panic 标记为 aborted（d._panic.aborted = true），然后继续处理剩余的 defer。

所以，defer 中无论嵌套多少个 panic 都没有关系，只不过会在协程的链表中增加一个 _panic 实例罢了。

8.4 recover

内置函数 recover() 用于消除 panic 并使程序恢复正常，看起来很简单，但下面的几个问题是否困扰到你：

- recover()的返回值是什么？
- 执行recover()之后程序将从哪里继续运行？
- recover()为什么一定要在defer函数中使用？

8.4.1 热身测验

1. 热身题目

1）题目一

以下函数输出什么？

```go
func RecoverDemo1() {
    defer func() {
        if err := recover(); err != nil {
            fmt.Println("A")
        }
    }()

    panic("demo")
    fmt.Println("B")
}
```

2）题目二

以下函数输出什么？

```go
func RecoverDemo2() {
    defer func() {
        fmt.Println("C")
    }()
    defer func() {
        if err := recover(); err != nil {
            fmt.Println("A")
        }
    }()

    panic("demo")
    fmt.Println("B")
}
```

3）题目三

以下函数输出什么？

```go
func RecoverDemo3() {
    defer func() {
        func() {
            if err := recover(); err != nil {
                fmt.Println("A")
            }
        }()
    }()

    panic("demo")
    fmt.Println("B")
}
```

4）题目四

以下函数输出什么？

```go
func RecoverDemo4() {
    defer func() {
        if err := recover(); err != nil {
            fmt.Println("A")
        }
    }()

    defer func() {
        if err := recover(); err != nil {
            fmt.Println("B")
        }
    }()

    panic("demo")
    fmt.Println("C")
}
```

5）题目五

以下函数输出什么？

```go
func RecoverDemo5() {
    foo := func() int {
```

```
        defer func() {
            recover()
        }()

        panic("demo")

        return 10
    }

    ret := foo()
    fmt.Println(ret)
}
```

2. 参考答案

1）题目一

RecoverDemo1()函数的 panic 在 defer 中被捕获并消除，panic()之后的语句并不会执行，函数输出 A。

2）题目二

RecoverDemo2()函数"panic"之后依次执行 defer 函数，分别在两个 defer 中输出 A、C。

3）题目三

RecoverDemo3()函数中的 recover()并不能捕获 panic，函数最终会"panic"，并打印调用栈。

4）题目四

RecoverDemo4()函数中的 panic 被 recover()消除后，无法继续使用 recover()捕获，函数最终输出 B。

5）题目五

RecoverDemo5()函数中 foo()发生的 panic 被 recover()捕获并消除，foo()返回零值后继续执行，函数最终输出 0。

8.4.2 工作机制

recover 的中文含义为"恢复",内置函数 recover()用于捕获程序中的异常,从而使程序回到正常流程中。

本节探讨关于 recover 的以下问题:

◎ recover()函数的工作原理;
◎ recover()函数的调用时机;

1. recover()函数

与 panic()函数一样,recover()函数也是一个内置函数,其原型如下:

```
func recover() interface{}
```

recover()函数的返回值就是 panic()函数的参数,当程序产生 panic 时,recover()函数就可用于消除 panic,同时返回 panic()函数的参数,如果程序没有发生 panic,则 recover()函数返回 nil。

如果 panic()函数参数为 nil,那么仍然是一个有效的 panic,此时 recover()函数仍然可以捕获 panic,但返回值为 nil。如以下代码所示,由于 err 为 nil,所以字符串 A 得不到打印,panic 可以被消除:

```
func RecoverDemo6() {
    defer func() {
        if err := recover(); err != nil {
            fmt.Println("A")
        }
    }()

    panic(nil)
    fmt.Println("B")
}
```

此外,recover()函数必须且直接位于 defer 函数中才有效,比如下面的函数就无法捕获 panic:

```
func RecoverDemo3() {
    defer func() {
        func() { // recover 在 defer 嵌套函数中无效
            if err := recover(); err != nil {
                fmt.Println("A")
```

```
            }
        }()
    }()

    panic("demo")
    fmt.Println("B")
}
```

2. 工作流程

出现 panic 后，recover 可以恢复程序正常的执行流程，如下图所示。

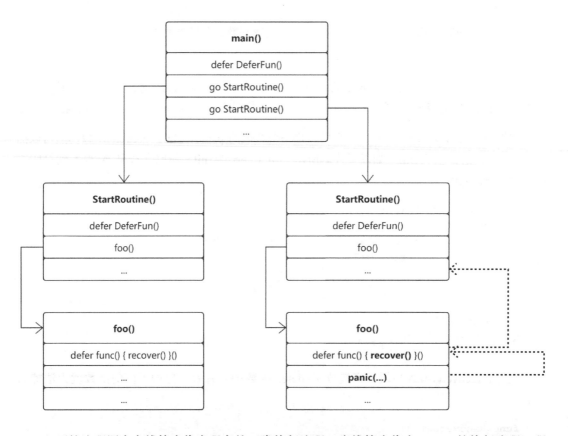

上面的流程图中实线箭头代表程序的正常执行流程，虚线箭头代表 panic 的执行流程。程序启动了两个协程，某协程中函数 foo()产生了 panic，并且在 foo()函数中成功捕获了该 panic，程序流程将转到上游函数中继续执行，上游函数 StartRoutine()感知不到 panic 的发生。

3. 小结

关于 recover() 函数，有几个要点要明确：

◎ recover() 函数调用必须要位于 defer 函数中，且不能出现在另一个嵌套函数中；
◎ recover() 函数成功处理异常后，无法再次回到本函数发生 panic 的位置继续执行；
◎ recover() 函数可以消除本函数产生或收到的 panic，上游函数感知不到 panic 的发生。

当函数中发生 panic 并用 recover() 函数恢复后，当前函数仍然会继续返回，对于匿名返回值，函数将返回相应类型的零值，对于具名返回值，函数将返回当前已经存在的值。

另外，请读者思考一下这个问题：为什么 recover() 函数一定要在 defer 函数中运行才有效？

8.4.3 源码剖析

本节试图探究一下 recover 的实现源码，以便更好地理解其工作机制。

1. recover 的真身

就像之前针对 panic 做的一样，我们也写一段简单的代码，通过其汇编码尝试找出内置函数 recover() 的底层实现。

编写以下简单的代码，并保存在名为 compile.go 的文件中：

```
// recover/compile.go

package recover

func compile() {
    defer func() {
        recover()
    }()
}
```

然后使用以下命令编译代码：

```
go tool compile -S recover/compile.go
```

接着根据代码行号找出 recover() 语句对应的汇编码：

```
0x0024 00036 (recover/compile.go:5)    PCDATA  $0, $1
0x0024 00036 (recover/compile.go:5)    PCDATA  $1, $0
```

```
0x0024 00036 (recover/compile.go:5)    LEAQ     ""..fp+40(SP), AX
0x0029 00041 (recover/compile.go:5)    PCDATA   $0, $0
0x0029 00041 (recover/compile.go:5)    MOVQ     AX, (SP)
0x002d 00045 (recover/compile.go:5)    CALL     runtime.gorecover(SB)
```

可以看到 recover() 函数调用被替换成了 runtime.gorecover() 函数。runtime.gorecover() 的实现源码位于 src/runtime/panic.go 中。

2. gorecover()

runtime.gorecover() 函数的实现很简短：

```
func gorecover(argp uintptr) interface{} {
    gp := getg()
    // 获取 panic 实例，只有发生了 panic, 实例才不为 nil
    p := gp._panic
    // recover 限制条件
    if p != nil && !p.goexit && !p.recovered && argp == uintptr(p.argp) {
        p.recovered = true
        return p.arg
    }
    return nil
}
```

短短的代码，蕴含的信息量却很大。它可以解释以下问题：

◎ recover() 函数到底是如何恢复 panic 的？
◎ 为什么 recover() 函数一定要在 defer() 函数中才生效？
◎ 假如 defer() 函数中调用了函数 A()，为什么 A() 中的 recover() 函数不能生效？

1) 恢复逻辑

runtime.gorecover() 函数通过协程数据结构中的 _panic 得到当前 panic 实例（上面代码中的 p），如果当前 panic 的状态支持 recover，则给该 panic 实例标记 recovered 状态（p.recovered = true），最后返回 panic() 函数的参数（p.arg）。

另外，当前执行 recover() 函数的 defer 函数是被 runtime.gopanic() 执行的，defer 函数执行结束以后，在 runtime.gopanic() 函数中会检查 panic 实例的 recovered 状态，如果发现 panic 被恢复，则 runtime.gopanic() 将结束当前 panic 流程，将程序流程恢复正常。

2）生效条件

通过代码的 if 语句可以看到需要满足四个条件才可以恢复 panic，且四个条件缺一不可。

- p != nil：必须存在 panic；
- !p.goexit：非 runtime.Goexit()；
- !p.recovered：panic 还未被恢复；
- argp == uintptr(p.argp)：recover() 必须被 defer() 直接调用。

当前协程没有产生 panic 时，协程结构体中 panic 的链表为空，不满足恢复条件。

当程序运行 runtime.Goexit() 时也会创建一个 panic 实例，会标记该实例的 goexit 属性为 true，但该类型的 panic 不能被恢复。

假设函数包含多个 defer 函数，前面的 defer 通过 recover() 函数消除 panic 后，函数中剩余的 defer 仍然会执行，但不能再次 "recover()"。如以下代码所示，函数第一行 defer 中的 recover() 函数将返回 nil。

```
func foo() {
    defer func() {recover()}() // 恢复无效，因为_panic.recovered == true
    defer func() {recover()}() // 标记_panic.recovered = true
    panic("err")
}
```

细心的读者或许会发现，内置函数 recover() 没有参数，runtime.gorecover() 函数却有参数，为什么呢？这正是为了限制 recover() 函数必须被 defer() 直接调用。

runtime.gorecover() 函数的参数为调用 recover() 函数的参数地址，通常是 defer 函数的参数地址，_panic 实例中也保存了当前 defer 函数的参数地址，如果二者一致，说明 recover() 被 defer 函数直接调用。举例如下：

```
func foo() {
    defer func() { // 假设函数为 A
        func() { // 假设函数为 B
            // runtime.gorecover(B)，传入函数 B 的参数地址
            // argp == uintptr(p.argp)，检测失败，无法恢复
            if err := recover(); err != nil {
                fmt.Println("A")
            }
        }()
    }()
}
```

3）设计思路

通过以上源码的分析，我们可以很好地回答以下问题了：

- 为什么 recover() 函数一定要在 defer 函数中才生效？
- 假如 defer 函数中调用了函数 A()，为什么 A() 中的 recover() 函数不能生效？

如果 recover() 函数不在 defer() 函数中，那么 recover() 函数可能出现在 panic() 之前，也可能出现在 panic() 之后。出现在 panic() 之前，因为找不到 panic 实例而无法生效，出现在 panic() 之后，代码没有机会执行，所以 recover() 函数必须存在于 defer 函数中才会生效。

通过上面的分析，从代码层面我们理解了为什么 recover() 函数必须被 defer 直接调用才会生效。但为什么要有这样的设计呢？

笔者也没有找到官方关于此设计的资料，不过笔者认为此设计非常合理。

考虑下面的代码：

```
func foo() {
    defer func() {
        thirdPartPkg.Clean() // 调用第三方包清理资源
    }()

    if err != nil { // 条件不满足触发 panic
        panic(xxx)
    }
}
```

有时我们会在代码里显式地触发 panic，同时往往还会在 defer 函数里调用第三方包清理资源，如果第三方包也使用了 recover()，那么我们触发的 panic 将被拦截，而且这种拦截可能是非预期的，并不我们期望的结果。

3. 小结

再次总结一下 recover() 函数生效的条件：

- 程序中必须真正产生了 panic；
- recover() 函数在 defer 函数中；
- recover() 函数被 defer 函数直接调用。

第 9 章
定时器

定时器在 Go 语言开发中被广泛使用，准确掌握其用法和实现原理至关重要。

Go 提供了两种定时器，分别为一次性定时器和周期性定时器。

◎ 一次性定时器（Timer）：定时器只计时一次，计时结束便停止运行；
◎ 周期性定时器（Ticker）：定时器周期性地进行计时，除非主动停止，否则将永久运行。

本章首先介绍这两种定时器的基本用法，然后重点介绍其内部实现原理，最后给出一个案例揭示使用定时器的风险。

9.1 一次性定时器（Timer）

本节我们关注一次性定时器（Timer）的用法及其基本的工作机制。

9.1.1 快速开始

1. 简介

Timer 是一种单一事件的定时器，即经过指定的时间后触发一个事件，这个事件通过其本身提供的 channel 进行通知。之所以叫单一事件，是因为 Timer 只执行一次就结束，这也是 Timer 与 Ticker 最重要的区别。

通过 timer.NewTimer(d Duration)可以创建一个 Timer，参数即等待的时间，时间到来后立即触发一个事件。

源码包中 `src/time/sleep.go:Timer` 定义了 Timer 的数据结构：

```go
type Timer struct { // Timer 代表一次定时，时间到来后仅发生一个事件
    C <-chan Time
    r runtimeTimer
}
```

Timer 对外仅暴露一个 channel，指定的时间到来时就往该 channel 中写入系统时间，即一个事件。

本节我们介绍 Timer 的几个常见的使用场景，同时介绍其对外暴露的方法。

2. 使用场景

1）设定超时时间

我们知道，协程从管道读数据时，如果管道中没有数据，那么协程将被阻塞，一直等待管道中有新的数据写入。有时我们不希望协程被永久阻塞，而是等待一个指定的时间，如果此时间段内管道中仍没有新的数据，则协程可以据此判定为超时，并转而去处理其他逻辑。

Go 源码包中有大量类似的用法，比如从一个连接中等待数据，其简单的用法如下所示。

```go
func WaitChannel(conn <-chan string) bool {
    timer := time.NewTimer(1 * time.Second)

    select {
    case <- conn:
        timer.Stop()
        return true
    case <- timer.C: // 超时
        println("WaitChannel timeout!")
        return false
    }
}
```

WaitChannel 的作用就是检测指定的管道中是否有数据到来，通过 select 语句轮询 `conn` 和 `timer.C` 两个管道，`timer` 会在 1s 后向 `timer.C` 写入数据，如果 1s 内 `conn` 还没有数据，则判断为超时。

2）延迟执行某个方法

有时我们希望某个方法在今后的某个时刻执行，代码如下所示。

```go
func DelayFunction() {
    timer := time.NewTimer(5 * time.Second)

    select {
    case <- timer.C:
        log.Println("Delayed 5s, start to do something.")
    }
}
```

DelayFunction()会一直等待 `timer` 的事件到来后才会执行后面的方法（打印）。

3. Timer 对外接口

1）创建定时器

使用 `func NewTimer(d Duration) *Timer` 方法指定一个时间即可创建一个 Timer，Timer 一经创建便开始计时，不需要额外的启动命令。

实际上，创建 Timer 意味着把一个计时任务交给系统守护协程，该协程管理着所有的 Timer，当 Timer 的时间到达后向 Timer 的管道中发送当前的时间作为事件。详细的实现原理我们后面会单独介绍。

2）停止定时器

Timer 创建后可以随时停止，停止计时器的方法如下：

`func (t *Timer) Stop() bool`

其返回值代表定时器有没有超时。

- true：定时器超时前停止，后续不会再发送事件；
- false：定时器超时后停止。

实际上，停止计时器意味着通知系统守护协程移除该定时器。

3）重置定时器

已过期的定时器或已停止的定时器可以通过重置动作重新激活，重置方法如下：

`func (t *Timer) Reset(d Duration) bool`

重置的动作实质上是先停止定时器，再启动，其返回值即停止计时器（Stop()）的返回值。

需要注意的是，重置定时器虽然可以用于修改还未超时的定时器，但正确的使用方式还是针对已过期的定时器或已被停止的定时器,同时其返回值也不可靠,返回值存在的价值仅仅是与前面的版本兼容。

实际上,重置定时器意味着通知系统守护协程移除该定时器,重新设定时间后,再把定时器交给守护协程。

4. 简单接口

前面介绍了 Timer 的标准接口,time 包同时还提供了一些简单的方法,在特定的场景下可以简化代码。

1) After()

有时我们就是想等待指定的时间,没有提前停止定时器的需求,也没有复用该定时器的需求,那么可以使用匿名的定时器。

使用 `func After(d Duration) <-chan Time` 方法创建一个定时器,并返回定时器的管道,代码如下:

```go
func AfterDemo() {
    log.Println(time.Now())
    <- time.After(1 * time.Second)
    log.Println(time.Now())
}
```

两条打印的时间间隔为 1s,实际上还是一个定时器,但代码变得更加简洁。

2) AfterFunc()

前面的例子中讲到延迟一个方法的调用,实际上通过 AfterFunc 可以更简洁,而且可以自定义执行的方法。AfterFunc 的原型为:

```go
func AfterFunc(d Duration, f func()) *Timer
```

该方法在指定时间到来后会执行函数 f。例如:

```go
func AfterFuncDemo() {
    log.Println("AfterFuncDemo start: ", time.Now())
    time.AfterFunc(1 * time.Second, func() {
        log.Println("AfterFuncDemo end: ", time.Now())
    })

    time.Sleep(2 * time.Second) // 等待协程退出
}
```

AfterFuncDemo()中先打印了一个时间，然后使用 AfterFunc 启动一个定时器，并指定定时器结束时执行一个方法打印结束时间。

与上面的例子所不同的是，time.AfterFunc()是异步执行的，所以需要函数最后"sleep"等待指定的协程退出，否则可能函数结束时协程还未执行。

5. 小结

本节简单介绍了 Timer 的常见使用场景和接口，后面的章节再介绍 Ticker 及两者的实际细节。

Timer 相关的内容总结如下：

- time.NewTimer(d)：创建一个 Timer;
- timer.Stop()：停止当前 Timer;
- timer.Reset(d)：重置当前 Timer。

9.1.2 实现原理

本节我们从 Timer 的数据结构入手，结合源码分析 Timer 的实现原理。

很多人认为启动一个 Timer 意味着启动了一个协程，这个协程会等待 Timer 到期，然后向 Timer 的管道中发送当前时间。

实际上，每个 Go 应用程序都有专门的协程负责管理 Timer，这个协程负责监控 Timer 是否到期，到期后执行一个预定义的动作，这个动作对于 Timer 而言就是发送当前时间到管道中。

1. 数据结构

1）Timer

源码包中 `src/time/sleep.go:Timer` 定义了其数据结构：

```
type Timer struct {
    C <-chan Time
    r runtimeTimer
}
```

Timer 只有两个成员。

- C：管道，上层应用根据此管道接收事件；

- r：runtime 定时器，该定时器即系统管理的定时器，对上层应用不可见。

这里应该按照层次来理解 Timer 的数据结构，Timer.C 是面向 Timer 用户的，Timer.r 是面向底层的定时器实现。

2）runtimeTimer

前面我们说过，创建一个 Timer 实质上是把一个定时任务交给专门的协程进行监控，这个任务的载体便是 runtimeTimer。简单地讲，每创建一个 Timer 意味着创建了一个 runtimeTimer 变量，然后把它交给系统进行监控。我们通过设置 runtimeTimer 过期后的行为来达到定时的目的。

源码包中 src/time/sleep.go:runtimeTimer 定义了其数据结构：

```
type runtimeTimer struct {
    tb uintptr                          // 存储当前定时器的数组地址
    i  int                              // 存储当前定时器的数组下标

    when   int64                        // 当前定时器触发时间
    period int64                        // 当前定时器周期性触发间隔
    f      func(interface{}, uintptr)   // 定时器触发时执行的回调函数
    arg    interface{}                  // 定时器触发时执行回调函数传递的参数一
    seq    uintptr                      // 定时器触发时执行回调函数传递的参数二
                                        // （该参数只在网络收发场景下使用）
}
```

其成员如下。

- tb：系统底层存储 runtimeTimer 的数组地址；
- i：当前 runtimeTimer 在 tb 数组中的下标；
- when：定时器触发事件的时间；
- period：定时器周期性触发间隔（对于 Timer 来说，此值恒为 0）；
- f：定时器触发时执行的回调函数，回调函数接收两个参数；
- arg：定时器触发时执行回调函数的参数一；
- seq：定时器触发时执行回调函数的参数二（Timer 并不使用该参数）。

2. 实现原理

一个进程中的多个 Timer 都由底层的协程来管理，为了描述方便，我们把这个协程称为系统协程。

`runtimeTimer` 存放在数组中，并按照 `when` 字段对所有的 `runtimeTimer` 进行堆排序，定时器触发时执行 `runtimeTimer` 中的预定义函数 f，即完成了一次定时任务。

1）创建 Timer

我们来看创建 Timer 的实现，非常简单：

```go
func NewTimer(d Duration) *Timer {
    c := make(chan Time, 1)        // 创建一个管道
    t := &Timer{ // 构造 Timer 的数据结构
        C: c,                      // 新创建的管道
        r: runtimeTimer{
            when: when(d),         // 触发时间
            f:    sendTime,        // 触发后执行 sendTime 函数
            arg:  c,               // 触发后执行 sendTime 函数时附带的参数
        },
    }
    startTimer(&t.r)               // 此处启动定时器，只是把 runtimeTimer 放到系统协程的堆中，
                                   // 由系统协程维护
    return t
}
```

NewTimer() 只是构造了一个 Timer，然后把 Timer.r 通过 startTimer() 交给系统协程维护。其中 when() 方法是计算下一次定时器触发的绝对时间，即当前时间+NewTimer() 的参数 d。sendTime() 方法便是定时器触发时的动作：

```go
func sendTime(c interface{}, seq uintptr) {
    select {
    case c.(chan Time) <- Now():
    default:
    }
}
```

sendTime 接收一个管道作为参数，其主要任务是向管道中写入当前时间。

创建 Timer 时生成的管道含有一个缓冲区（`make(chan Time, 1)`），所以 Timer 触发时向管道写入时间永远不会阻塞，sendTime 写完即退出。

之所以 sendTime() 使用 select 并搭配一个空的 default 分支，是因为后面要讲的 Ticker 也复用 sendTime()，Ticker 触发时也会向管道中写入时间，但无法保证之前的数据已被取走，所以使用 select 并搭配一个空的 default 分支，确保 sendTime() 不会阻塞。Ticker 触发时，如果管道中还有值，则本次不再向管道中写入时间，本次触发的事件直接丢弃。

`startTimer(&t.r)` 的具体实现在 runtime 包中，其主要作用是把 `runtimeTimer` 写入系统协

· 267 ·

程的数组中，并启动系统协程（如果系统协程还未开始运行）。更详细的内容待后面讲解系统协程时再介绍。

综上，创建一个 Timer 的示意图如下图所示。

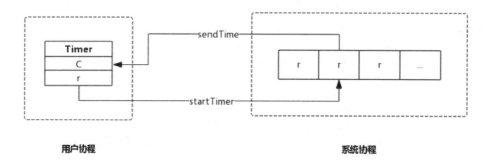

2）停止 Timer

停止 Timer，只是简单地把 Timer 从系统协程中移除。函数主要实现如下：

```
func (t *Timer) Stop() bool {
    return stopTimer(&t.r)
}
```

stopTimer()即通知系统协程把该 Timer 移除，即不再监控。系统协程只是移除 Timer，并不会关闭管道，以避免用户协程读取错误。

Stop()的返回值取决于定时器的状态：

◎ 如果 Timer 已经触发，则 Stop()返回 false；
◎ 如果 Timer 还未触发，则 Stop()返回 true；

综上，停止一个 Timer 的示意图如下图所示。

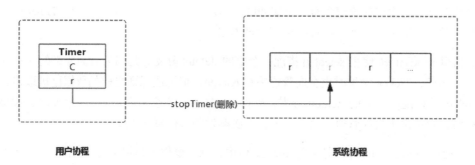

3）重置 Timer

重置 Timer 时会先把 Timer 从系统协程中删除，修改新的时间后重新添加到系统协程中。

重置函数的主要实现如下：

```
func (t *Timer) Reset(d Duration) bool {
    w := when(d)
    active := stopTimer(&t.r)
    t.r.when = w
    startTimer(&t.r)
    return active
}
```

其返回值与 Stop() 保持一致，即如果 Timer 成功停止，则返回 true，如果 Timer 已经触发，则返回 false。

重置一个 Timer 的示意图如下图所示。

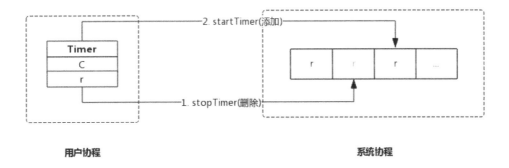

由于新加的 Timer 时间很可能变化，所以其在系统协程中的位置也会相应地发生变化。

需要注意的是，按照官方说明，Reset() 应该作用于已经停止的 Timer 或已经触发的 Timer。按照这个约定，其返回值总是返回 false，之所以仍然保留是为了保持向前兼容，使用老版本 Go 编写的应用不需要因为 Go 升级而修改代码。

如果不按照此约定使用 Reset()，则有可能遇到 Reset() 和 Timer 触发后同时执行的情况，此时有可能会收到两个事件，从而对应用程序造成一些负面影响，使用时一定要注意。

3. 小结

◎ NewTimer() 创建一个新的 Timer 交给系统协程监控；

◎ Stop()通知系统协程删除指定的 Timer；

◎ Reset()通知系统协程删除指定的 Timer 并再添加一个新的 Timer。

9.2 周期性定时器（Ticker）

本节我们关注周期性定时器（Ticker）的使用方法及其宏观上的实现原理。

9.2.1 快速开始

1. 简介

Ticker 是周期性定时器，即周期性地触发一个事件，通过 Ticker 本身提供的管道将事件传递出去。

Ticker 的数据结构与 Timer 非常类似：

```
type Ticker struct {
    C <-chan Time
    r runtimeTimer
}
```

Ticker 对外仅暴露一个 channel，指定的时间到来时就往该 channel 中写入系统时间，即一个事件。

在创建 Ticker 时会指定一个时间，作为事件触发的周期，这也是 Ticker 与 Timer 最主要的区别。

另外，Ticker 的英文原意是钟表的"滴嗒"声，钟表周期性地产生"滴嗒"声，即周期性地产生事件。

2. 使用场景

1）简单定时任务

有时我们希望定时执行一个任务，这时就可以使用 Ticker 来实现。

下面的代码演示了每隔 1s 记录一次日志：

```
// TickerDemo, 用于演示 Ticker 的基础用法
```

```go
func TickerDemo() {
    ticker := time.NewTicker(1 * time.Second)
    defer ticker.Stop()

    for range ticker.C {
        log.Println("Ticker tick.")
    }
}
```

上述代码中，`for range ticker.C` 会持续从管道中获取事件，收到事件后打印一行日志，如果管道中没有数据则会阻塞等待事件。由于 Ticker 会周期性地向管道中写入事件，所以上述程序会周期性地打印日志。

2）定时聚合任务

有时我们希望把一些任务打包进行批量处理。比如，公交车发车场景：

◎ 公交车每隔 5 分钟发一班，不管是否已坐满乘客；
◎ 已坐满乘客情况下，不足 5 分钟也发车。

下面的代码演示了公交车发车场景：

```go
// TickerLaunch 用于演示 Ticker 聚合任务用法
func TickerLaunch() {
    ticker := time.NewTicker(5 * time.Minute)
    maxPassenger := 30                          // 每车最大装载人数
    passengers := make([]string, 0, maxPassenger)

    for {
        passenger := GetNewPassenger() // 获取一个新乘客
        if passenger != "" {
            passengers = append(passengers, passenger)
        } else {
            time.Sleep(1 * time.Second)
        }

        select {
        case <- ticker.C:                       // 时间到，发车
            Launch(passengers)
            passengers = []string{}
        default:
            if len(passengers) >= maxPassenger { // 时间没到，车已坐满，发车
```

```
                    Launch(passengers)
                    passengers = []string{}
            }
        }
    }
}
```

上面的代码中 for 循环负责接待乘客上车，并决定是否要发车。每当有乘客上车，select 语句会先判断 ticker.C 中是否有数据，有数据则代表发车时间已到，如果没有数据，则判断车是否已坐满，坐满后仍然发车。

3. Ticker 对外接口

1）创建定时器

使用 NewTicker 方法就可以创建一个周期性定时器，函数原型如下：

```
func NewTicker(d Duration) *Ticker
```

其中参数 d 为定时器事件触发的周期。

2）停止定时器

使用定时器对外暴露的 Stop 方法就可以停止一个周期性定时器，函数原型如下：

```
func (t *Ticker) Stop()
```

需要注意的是，该方法会停止计时，意味着不会向定时器的管道中写入事件，但管道并不会被关闭。管道在使用完，生命周期结束后会自动释放。

Ticker 在使用完后务必要释放，否则会产生资源泄漏，进而会持续消耗 CPU 资源，最后会把 CPU 资源耗尽。更详细的信息在后面研究 Ticker 的实现原理时再详细分析。

4. 简单接口

在有些场景下，我们启动一个定时器后该定时器永远不会停止，比如定时轮询任务，此时可以使用一个简单的 Tick 函数来获取定时器的管道，函数原型如下：

```
func Tick(d Duration) <-chan Time
```

这个函数内部实际上还是创建了一个 Ticker，但并不会返回，所以没有手段来停止该 Ticker。所以，一定要考虑具体的使用场景。

5. 错误示例

Ticker 用于 for 循环时，很容易出现意想不到的资源泄漏问题，下面的代码演示了一个资源泄漏问题：

```
func WrongTicker() {
    for {
        select {
        case <-time.Tick(1 * time.Second):
            log.Printf("Resource leak!")
        }
    }
}
```

上面的代码中，select 每次检测 case 语句时都会创建一个定时器，for 循环又会不断地执行 select 语句，所以系统里会有越来越多的定时器不断地消耗 CPU 资源，最终 CPU 资源会被耗尽。

6. 小结

Ticker 的相关内容总结如下：

◎ 使用 time.NewTicker()创建一个定时器；
◎ 使用 Stop()停止一个定时器；
◎ 定时器使用完毕要释放，否则会产生资源泄漏。

9.2.2 实现原理

本节从 Ticker 的数据结构入手，结合源码分析 Ticker 的实现原理。

实际上，Ticker 与之前讲的 Timer 几乎完全相同，数据结构和内部实现机制都相同，唯一不同的是创建方式。

创建 Timer 时，不指定事件触发周期，事件触发后 Timer 自动销毁。而创建 Ticker 时会指定一个事件触发周期，事件会按照这个周期触发，如果不显式停止，则定时器永不停止。

1. 数据结构

1）Ticker

Ticker 的数据结构与 Timer 的数据结构除名字不同外其他完全一样。

源码包中 `src/time/tick.go:Ticker` 定义了其数据结构：

```
type Ticker struct {
    C <-chan Time // The channel on which the ticks are delivered.
    r runtimeTimer
}
```

Ticker 只有两个成员。

◎ C：管道，上层应用根据此管道接收事件；
◎ r：runtime 定时器，该定时器即系统管理的定时器，对上层应用不可见。

这里应该按照层次来理解 Ticker 的数据结构，Ticker.C 是面向 Ticker 用户的，Ticker.r 是面向底层的定时器实现。

2）runtimeTimer

runtimeTimer 也与 Timer 的一样，这里不再赘述。

2. 实现原理

1）创建 Ticker

创建 Ticker 的实现，非常简单：

```
func NewTicker(d Duration) *Ticker {
    if d <= 0 {
        panic(errors.New("non-positive interval for NewTicker"))
    }
    // Give the channel a 1-element time buffer.
    // If the client falls behind while reading, we drop ticks
    // on the floor until the client catches up.
    c := make(chan Time, 1)
    t := &Ticker{
        C: c,
        r: runtimeTimer{
            when:   when(d),
            period: int64(d), // Ticker 跟 Timer 的重要区别就是提供了 period 参数，
                              // 据此决定 Timer 是一次性的，还是周期性的
            f:      sendTime,
            arg:    c,
        },
    }
```

```
        startTimer(&t.r)
        return t
}
```

NewTicker()只是构造了一个 Ticker,然后把 Ticker.r 通过 startTimer()交给系统协程维护。其中 period 为事件触发的周期,sendTime()方法便是定时器触发时的动作:

```
func sendTime(c interface{}, seq uintptr) {
    select {
    case c.(chan Time) <- Now():
    default:
    }
}
```

sendTime 接收一个管道作为参数,其主要任务是向管道中写入当前时间。

创建 Ticker 时生成的管道含有一个缓冲区(make(chan Time, 1)),但是 Ticker 触发的事件却是周期性的,如果管道中的数据没有被取走,那么 sendTime()也不会阻塞,而是直接退出,带来的后果是本次事件会丢失。

综上,创建一个 Ticker 的示意图如下图所示。

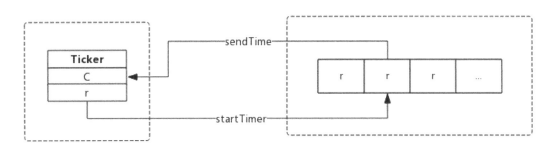

2)停止 Ticker

停止 Ticker 时只是简单地把 Ticker 从系统协程中移除。函数主要实现如下:

```
func (t *Ticker) Stop() {
    stopTimer(&t.r)
}
```

stopTicker()通知系统协程把该 Ticker 移除,即不再监控。系统协程只是移除 Ticker,并不会关闭管道，以避免用户协程读取错误。

与 Timer 不同的是，Ticker 停止时没有返回值，即不需要关注返回值，实际上返回值也没什么用途。

综上，停止一个 Ticker 的示意图如下图所示。

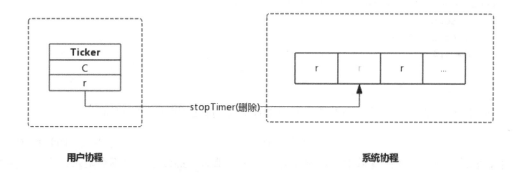

Ticker 没有重置接口，即 Ticker 创建后不能通过重置修改周期。

需要格外注意的是，Ticker 用完后必须主动停止，否则会产生资源泄漏，持续消耗 CPU 资源。

3. 小结

◎ NewTicker()创建一个新的 Ticker 交给系统协程监控；
◎ Stop()通知系统协程删除指定的 Ticker。

9.3　runtimeTimer

NewTimer()和 NewTicker()都会在底层创建一个 runtimeTimer，runtime 包负责管理 runtimeTimer，保证定时器按照约定的时间触发。

随着 Go 语言应用场景不断被扩展，越来越多的应用需要创建海量的定时器，如何更高效地管理 runtimeTimer 则成了性能的关键。在 Go 语言的演进过程中，定时器的性能被多次显著地优化，每次优化都与 runtimeTimer 相关。

◎ Go 1.10 之前：所有的 runtimeTimer 保存在一个全局的堆中；

- Go 1.10 ~ 1.13：runtimeTimer 被拆分到多个全局的堆中，减少了多个系统协程的锁等待时间；
- Go 1.14+：runtimeTimer 保存在每个处理器 P 中，消除了专门的系统协程，减少了系统协程上下文切换的时间。

本节基于 Go 1.11 展开介绍，在此基础上介绍 Go 1.14 做了哪些优化，以及优化的效果。

9.3.1 实现原理

前面我们介绍了一次性定时器 Timer 和周期性定时器 Ticker，这两种定时器的内部实现机制完全相同。创建定时器的协程并不负责计时，而是把任务交给系统协程，系统协程统一处理所有的定时器。

本节我们重点关注系统协程是如何管理这些定时器的，包括以下问题：

- 定时器使用什么数据结构存储？
- 定时器如何触发事件？
- 定时器如何添加进系统协程？
- 定时器如何从系统协程中删除？

1. 定时器存储

1）timer 的数据结构

Timer 和 Ticker 的数据结构除名字外其他完全一样，二者都含有一个 runtimeTimer 类型的成员，这个就是系统协程所维护的对象。runtimeTimer 类型是 time 包的名称，在 runtime 包中，这个类型叫作 timer。

timer 的数据结构如下：

```
type timer struct {
    tb *timersBucket // the bucket the timer lives in    // 当前定时器寄存于系统
                                                          // timer 堆的地址
    i  int           // heap index     // 当前定时器寄存于系统 timer 堆的下标

    when   int64                       // 当前定时器下次触发时间
    period int64     // 当前定时器周期性触发间隔（如果是 Timer，间隔为 0，表示不重复触发）
    f      func(interface{}, uintptr)  // 定时器触发时执行的函数
    arg    interface{}                 // 定时器触发时执行函数传递的参数一
```

```
        seq       uintptr    // 定时器触发时执行函数传递的参数二(该参数只在网络收发场景下使用)
}
```

其中 `timersBucket` 便是系统协程存储 `timer` 的容器，里面有一个切片来存储 `timer`，而 `i` 便是 `timer` 所在切片的下标。

2）timersBucket 的数据结构

我们来看一下 `timersBucket` 的数据结构：

```
type timersBucket struct {
    lock          mutex
    gp            *g                  // 处理堆中事件的协程
    created       bool                // 事件处理协程是否已创建，默认为 false，添加首个定时器
                                      // 时置为 true
    sleeping      bool                // 事件处理协程（gp）是否在睡眠(如果t中有定时器，那么
                                      // 还未到触发的时间，gp 会进入睡眠)
    rescheduling  bool                // 事件处理协程（gp）是否已暂停（如果t中定时器均已删除，
                                      // 那么 gp 会暂停）
    sleepUntil    int64               // 事件处理协程睡眠事件
    waitnote      note                // 事件处理协程睡眠事件（据此唤醒协程）
    t             []*timer            // 定时器切片
}
```

Bucket 译成中文为"桶"，顾名思义，`timersBucket` 为存储 `timer` 的容器。

◎ `lock`：互斥锁，在 `timer` 增加和删除时需要使用；

◎ `gp`：事件处理协程，就是我们所说的系统协程，这个协程在首次创建 Timer 或 Ticker 时生成；

◎ `created`：状态值，表示系统协程是否创建；

◎ `sleeping`：系统协程是否在睡眠；

◎ `rescheduling`：系统协程是否已暂停；

◎ `sleepUntil`：系统协程睡眠到指定的时间（如果有新的定时任务则可能会提前唤醒）；

◎ `waitnote`：提前唤醒时使用的通知；

◎ `t`：保存 `timer` 的切片，当调用 NewTimer()或 NewTicker()时便会有新的 `timer` 存储到此切片中。

看到这里应该能明白，系统协程在首次创建定时器时创建，定时器存储在切片中，系统协程负责计时并维护这个切片。

3）存储拓扑

以 Ticker 为例，我们回顾一下 Ticker、timer 和 timersBucket 的关系，假设我们已经创建了 3 个 Ticker，那么它们之间的关系如下图所示。

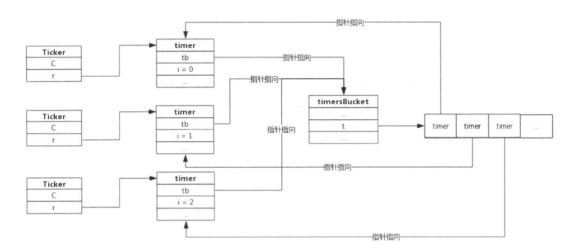

用户创建 Ticker 时会生成一个 timer，这个 timer 指向 timersBucket，timersBucket 记录 timer 的指针。

4）timersBucket 数组

通过 timersBucket 的数据结构可以看到，系统协程负责计时并维护其中的多个 timer，一个 timersBucket 由一个特定的系统协程来维护。

当系统中的定时器非常多时，一个系统协程的处理能力可能跟不上，所以 Go 在实现时实际上提供了多个 timersBucket，也就是有多个系统协程来处理定时器。

最理想的情况是应该预留 GOMAXPROCS 个 timersBucket，以便充分使用 CPU 资源，但需要根据实际环境动态分配。为了实现简单，Go 在实现时预留了 64 个 timersBucket，可以满足绝大部分场景。

当协程创建定时器时，使用协程所属的 ProcessID%64 来计算定时器存入的 timersBucket。

当三个协程创建定时器时，定时器的分布如下图所示。

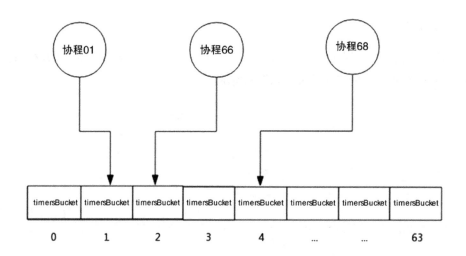

为了描述方便，上图中的三个协程均分布于三个 Process 中。

一般情况下，同一个 Process 的协程创建的定时器分布于同一个 `timersBucket` 中，只有当 GOMAXPROCS 大于 64 时才会出现多个 Process 分布于同一个 `timersBucket` 中的情况。

2. 定时器的运行机制

看完上面的数据结构，我们了解了 `timer` 是如何存储的，现在开始探究定时器的内部运作机制。

1）创建定时器

回顾一下定时器的创建过程，创建 Timer 或 Ticker 实际上分为两步：

（1）创建一个管道。

（2）创建一个 `timer` 并启动（注意此 `timer` 不是彼 Timer，而是系统协程所管理的 `timer`）。

创建管道的部分前面已做过介绍，这里我们重点关注 `timer` 的启动部分。

首先，每个 `timer` 都必须归属于某个 `timersBucket`，所以第一步是先选择一个 `timersBucket`，选择的算法很简单，将当前协程所属的 Processor ID 与 `timersBucket` 数组长度求模，结果就是 `timersBucket` 数组的下标。

```
const timersLen = 64
var timers [timersLen]struct {  // timersBucket 数组，长度为 64
```

```
        timersBucket
    }
    func (t *timer) assignBucket() *timersBucket {
        id := uint8(getg().m.p.ptr().id) % timersLen  // Processor ID与数组长度求模,
                                                      //     得到下标
        t.tb = &timers[id].timersBucket
        return t.tb
    }
```

至此，给当前的 `timer` 选择一个 `timersBucket` 已经完成。

其次，每个 `timer` 都必须要加入 `timersBucket`。我们知道，`timersBucket` 数据结构中的切片 t 保存着 `timer` 的指针，新创建的 `timer` 也需要加入这个切片。

保存 `timer` 的切片是一个按 `timer` 触发时间排序的小头堆，所以新 `timer` 插入的过程中会触发堆调整，堆顶的 `timer` 最快被触发。

源码中 `src/runtime/time.go:addtimerLocked()` 函数负责添加 `timer`：

```
    func (tb *timersBucket) addtimerLocked(t *timer) bool {
        if t.when < 0 {
            t.when = 1<<63 - 1
        }
        t.i = len(tb.t)                // 先把定时器插入堆尾
        tb.t = append(tb.t, t)         // 保存定时器
        if !siftupTimer(tb.t, t.i) {   // 在堆中插入数据,触发堆重新排序
            return false
        }
        if t.i == 0 { // 堆排序后,发现新插入的定时器跑到了栈顶,需要唤醒协程来处理
            // siftup moved to top: new earliest deadline.
            if tb.sleeping {              // 协程在睡眠,唤醒协程来处理新加入的定时器
                tb.sleeping = false
                notewakeup(&tb.waitnote)
            }
            if tb.rescheduling {          // 协程已暂停,唤醒协程来处理新加入的定时器
                tb.rescheduling = false
                goready(tb.gp, 0)
            }
        }
        if !tb.created {                  // 如果是系统首个定时器,则启动协程处理堆中的定时器
            tb.created = true
            go timerproc(tb)
        }
```

```
        return true
}
```

根据注释来理解上面的代码比较简单，这里附加几点说明：

（1）如果 `timer` 的时间是负值，那么会被修改为很大的值，来保证后续定时算法的正确性。

（2）系统协程是在首次添加 `timer` 时创建的，并不是一直存在。

（3）新加入 `timer` 后，如果新的 `timer` 跑到了栈顶，则意味着新的 `timer` 需要立即处理，那么会唤醒系统协程。

下图展示了一个小顶堆结构，图中每个圆圈代表一个 `timer`，圆圈中的数字代表距离触发事件的秒数，圆圈外的数字代表其在切片中的下标，其中 `timer 15` 是新加入的，加入后它被最终调整到数组的 1 号下标。

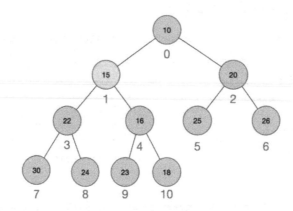

上图展示的是二叉堆，实际上 Go 实现时使用的是四叉堆，使用四叉堆的好处是堆的高度降低，堆调整时更快。

2）删除定时器

当 Timer 执行结束或 Ticker 调用 Stop() 时会触发定时器的删除操作。从 `timersBucket` 中删除定时器是添加定时器的逆过程，即堆中元素删除后，触发堆调整，具体内容在此不再细述。

3）timerproc

timerproc 为系统协程的具体实现，它是在首次创建定时器时创建并启动的，一旦启动永不销毁。如果 `timersBucket` 中有定时器，则取出堆顶定时器，计算睡眠时间，然后进入睡眠，醒来后触发事件。

某个 timer 的事件触发后,根据其是否是周期性定时器来决定将其删除还是修改时间后重新加入堆。

如果堆中已没有事件需要触发,则系统协程将进入暂停态,也可认为是无限时睡眠,直到有新的 timer 加入才会被唤醒。

timerproc 处理事件的流程如下图所示。

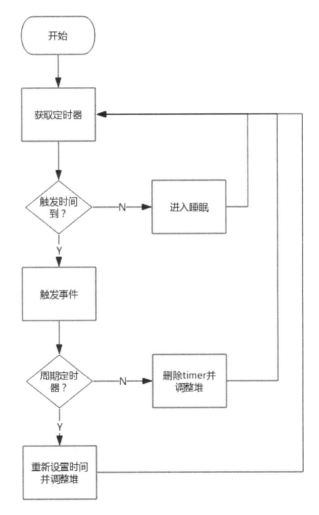

3. 资源泄漏问题

前面介绍 Ticker 时格外提醒不使用的 Ticker 需要显式地 "Stop()",否则会产生资源泄漏。

研究过 `timer` 实现机制后，可以很好地解释这个问题了。

◎ 首先，创建 Ticker 的协程并不负责计时，只负责从 Ticker 的管道中获取事件；
◎ 其次，系统协程只负责定时器计时，向管道中发送事件，并不关心上层协程如何处理事件。

如果创建了 Ticker，则系统协程将持续监控该 Ticker 的 `timer`，定期触发事件。如果 Ticker 不再使用且没有"Stop()"，那么系统协程的负担会越来越重，因此持续消耗 CPU 资源。

9.3.2 性能优化

前面介绍的 runtimeTimer 的原理适用于 Go 1.0 ~ Go 1.13，尽管定时器的性能已经能满足绝大多数场景，但在一些高度依赖定时器的业务场景中，往往需要创建海量的定时器，这些场景中需要定时器能够更精确、占用系统资源更少。

Go 1.14 中对定时器又做了一次大的性能优化，本次优化主要围绕如何管理 runtimeTimer 展开，包含如何存储 runtimeTimer、如何监测以确保定时器能准时触发。本节内容主要关注以下问题：

◎ Go 1.14 做了哪些改变？
◎ 这些改变为什么会提高性能？
◎ 性能提高了多少？

1. 优化内容

1）消除了 timersBucket

在前面的版本中，NewTimer() 和 NewTicker() 创建的 runtimeTimer 会存储到全局的 timersBucket 桶中，最多拥有 64 个 timersBucket 桶，GOMAXPROCS 的值不超过 64 的话，timersBucket 桶的数量等于 GOMAXPROCS。每个 timersBucket 桶中均包含一个堆用于保存 runtimeTimer，此外每个 timersBucket 桶对应一个专门的协程（以下简称 timerproc）来监控 runtimeTimer，如下图所示。

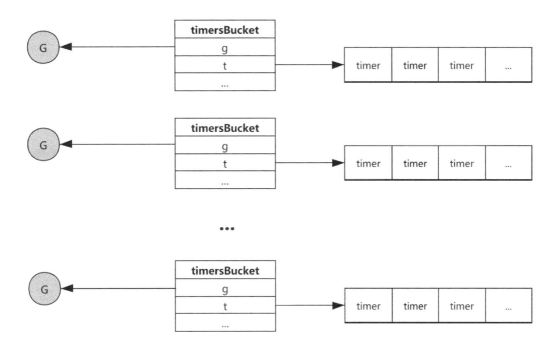

在 Go 1.14 中取消了 timersBucket 桶，直接把保存 runtimeTimer 的堆放到了处理器 P 中。在处理器 P 的数据结构中，除了包含协程的队列，还直接包含了 runtimeTimer，如下所示。

```
type p struct {
    runq       [256]guintptr
    ...
    // Lock for timers. We normally access the timers while running
    // on this P, but the scheduler can also do it from a different P.
    timersLock mutex
    ...
    // Must hold timersLock to access.
    timers []*timer
    ...
}
```

消除 timersBucket 桶的同时，也不再需要 timerproc 来监控定时器了。

2）消除了 timerproc

在 Go 1.14 之前的版本中，timerproc 实际上是专门监控定时器的协程执行体，在此使用 timerproc 代称该协程。

在 Go 1.14 的设计中取消了 timerproc，因为 runtimeTimer 不再存储在 timersBucket 桶中，而是转移到每个处理器 P 中，如下图所示。

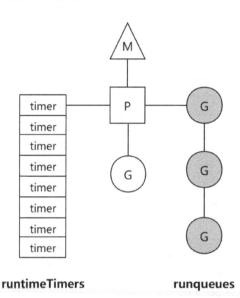

runtimeTimers　　**runqueues**

可以说，Go 1.14 中做的优化主要是为了取消 timerproc，不再依赖 timerproc 来监控定时器，而是希望提供一种更高效的监控方式。

2. 优化原理

Go 1.14 中关于定时器的优化主要聚焦于减少互斥锁的竞争和协程的上下文切换。

1）更少的锁竞争

在 Go1.14 之前，runtimeTimer 存储在 timersBucket 桶中，runtimeTimer 的添加、删除均需要加锁，那么在 Go 1.14 中，runtimeTimer 转移到处理器 P 中就不需要加锁了吗？

答案是否定的，从上面的处理器 P 的数据结构中我们可以看到，仍有一把锁（timersLock）来限制 timers 的并发访问。实际上在 Go 1.14 中，runtimeTimer 的添加、删除也需要加锁。那么我们所说的减少了锁竞争是指哪里的锁竞争呢？

在协程章节中，我们介绍过当协程发生系统调用时，当前的工作线程将释放持有的处理器 P，当前工作线程专注于处理系统调用（被阻塞），然后启动一个新的工作线程来继续消费当前处理器 P 中的协程。当新的工作线程启动时，需要寻找空闲的处理器 P，这是需要加锁的。

当程序中拥有大量的定时器时，在 Go 1.14 之前，每个 timerproc 处理完一个定时器都会休眠，即触发系统调用，从而释放处理器 P，启动新的工作线程，多个新的工作线程在获取空闲处理器 P 时会争抢互斥锁。

从 Go 1.14 起，定时器不再由 timerproc 处理，而是在每次协程调度时检查定时器是否需要触发，好比在协程调度时捎带着检查一下定时器。相较于之前的 timerproc，定时器被关注得更频繁，而且不会因为协程触发系统调用而产生新的工作线程，所以定时器的触发会更准时。

2）更少的上下文切换

在 Go 1.14 之前，timerproc 也是夹杂在系统其他的协程中被调度的，我们把 timerproc 标记为 GT，那么处理器 P 中的调度队列如下图所示。

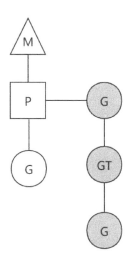

runqueues

由于 timerproc 夹杂在其他的协程中，当协程较多时，难以保证 timerproc 能被及时调度。假如程序中每 1us 就需要触发一个定时器，而 timerproc 每 2us 才被调度一次，那么定时器将产生 1us 的误差，从而不那么准时了。

在 Go 1.14 中，由于每次调度协程时都会检查处理器，所以当有定时器需要触发时先处理定时器再调度协程，相当于每个协程都兼任了之前的 timerproc 工作，但不会触发系统调用，如下图所示。

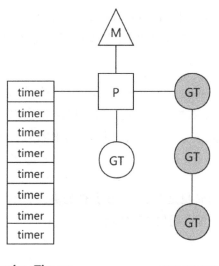

runtimeTimers　　　　runqueues

由于在设计上取消了 timerproc，也避免了频繁地调度 timerproc 时产生的上下文切换，从而在一定程度上节省了系统资源。

3. 优化效果

实际上，在 Go 1.14 之前，定时器的性能已经非常棒，在大多数业务场景中它不是系统瓶颈，但在 Go 1.14 的优化中，定时器的性能还是有了较大的提升。

Go 官方在合入 Go1.14 相关的优化代码时，曾附带了一份性能测试结果：

```
name                         old time/op     new time/op     delta
AfterFunc-12                 1.57ms ± 1%     0.07ms ± 1%     -95.42%   (p=0.000 n=10+8)
After-12                     1.63ms ± 3%     0.11ms ± 1%     -93.54%   (p=0.000 n=9+10)
Stop-12                      78.3µs ± 3%     73.6µs ± 3%      -6.01%   (p=0.000 n=9+10)
SimultaneousAfterFunc-12     138µs  ± 1%     111µs  ± 1%     -19.57%   (p=0.000 n=10+9)
StartStop-12                 28.7µs ± 1%     31.5µs ± 5%      +9.64%   (p=0.000 n=10+7)
Reset-12                     6.78µs ± 1%     4.24µs ± 7%     -37.45%   (p=0.000 n=9+10)
Sleep-12                     183µs  ± 1%     125µs  ± 1%     -31.67%   (p=0.000 n=10+9)
Ticker-12                    5.40ms ± 2%     0.03ms ± 1%     -99.43%   (p=0.000 n=10+10)
Sub-12                       114ns  ± 1%     113ns  ± 3%         ~     (p=0.069 n=9+10)
Now-12                       37.2ns ± 1%     36.8ns ± 3%         ~     (p=0.287 n=8+8)
NowUnixNano-12               38.1ns ± 2%     37.4ns ± 3%      -1.87%   (p=0.020 n=10+9)
Format-12                    252ns  ± 2%     195ns  ± 3%     -22.61%   (p=0.000 n=9+10)
FormatNow-12                 234ns  ± 1%     177ns  ± 2%     -24.34%   (p=0.000 n=10+10)
```

MarshalJSON-12	320ns ± 2%	250ns ± 0%	-21.94%	(p=0.000	n=8+8)
MarshalText-12	320ns ± 2%	245ns ± 2%	-23.30%	(p=0.000	n=9+10)
Parse-12	206ns ± 2%	208ns ± 4%	~	(p=0.084	n=10+10)
ParseDuration-12	89.1ns ± 1%	86.6ns ± 3%	-2.78%	(p=0.000	n=10+10)
Hour-12	4.43ns ± 2%	4.46ns ± 1%	~	(p=0.324	n=10+8)
Second-12	4.47ns ± 1%	4.40ns ± 3%	~	(p=0.145	n=9+10)
Year-12	14.6ns ± 1%	14.7ns ± 2%	~	(p=0.112	n=9+9)
Day-12	20.1ns ± 3%	20.2ns ± 1%	~	(p=0.404	n=10+9)

这是由 benchstat 工具生成的测试报告，通过报告中的 delta 列可以看到在多个涉及定时器的场景中，性能均有了较大程度的优化，比如 Ticker 竟然优化了 99.43%，这个性能提升是非常"恐怖"的，不是性能提升近 1 倍，而是耗时节省了 99.43%。关于 benchstat 工具的使用及其报告格式的解读，在本书测试相关章节中有详细介绍，在此不再赘述。

9.4 案例分享

前面我们讨论了如果定时器（Ticker）使用不当就会有资源泄漏的风险，使用时需要格外注意。

在实际项目中发生 Ticker 资源泄漏的场景有如下几种：

◎ 创建了 Ticker，忘记在使用结束后"Stop"；
◎ 从别处复制代码时未复制 Stop 语句；
◎ 开源或第三方库中发生泄漏。

对于前两种，推荐创建 Ticker 后立即使用 defer 语句将 Ticker 停止，比如类似下面的代码：

```
ticker := time.NewTicker(1 * time.Second)
defer ticker.Stop()
```

使用 defer 是安全的，因为只有当函数退出时才会执行，上面的两行代码甚至可以写到一行中。

比较难发现的是第三方库资源泄漏问题，接下来分享一个笔者在做项目时遇到的一个案例，通过这个案例可以了解发生定时器资源泄漏时程序的行为特征，以及应对思路。

1. 应用背景

笔者曾经参与的一个项目中，某服务程序在长时间的运行中 CPU 使用率不断升高，最后

CPU 使用率持续在 100%。经过排查，问题出在 Ticker 的使用方式上——创建了 Ticker，在使用结束后没有释放导致的。

该服务需要监控其他服务器的健康状态，其中很常见的一种做法是心跳检测。简单地说，周期性地"ping"这些服务器，能在指定时间内收到 ack 说明与该服务器之间的网络没问题。

开源组件 `tatsushid/go-fastping` 正好提供了这个功能。

2. 问题现象

在做性能测试时，该服务管理了 1000 台服务器，差不多 4 天后发现系统越来越慢，查看 CPU 的使用情况，结果发现 CPU 使用率已经达到 100%。

排查性能问题时主要使用 pprof 查看 CPU 的使用情况，查看 CPU 都在"忙什么"。

由下图可以看出，CPU 主要是被 runtime 包占用了，其中第二行 `runtime.siftdownTimer` 正是 timerproc 中的一个动作。

```
Showing nodes accounting for 11.33s, 96.26% of 11.77s total
Dropped 94 nodes (cum <= 0.06s)
Showing top 10 nodes out of 29
      flat  flat%   sum%        cum   cum%
     7.80s 66.27% 66.27%      7.80s 66.27%  runtime._ExternalCode
     2.19s 18.61% 84.88%      2.19s 18.61%  runtime.siftdownTimer
     0.51s  4.33% 89.21%      0.51s  4.33%  runtime.futex
     0.39s  3.31% 92.52%      0.39s  3.31%  runtime.chansend
     0.11s  0.93% 93.46%      3.46s 29.40%  runtime.timerproc
     0.09s  0.76% 94.22%      0.09s  0.76%  runtime.usleep
     0.08s  0.68% 94.90%      0.13s  1.10%  runtime.selectgoImpl
     0.07s  0.59% 95.50%      0.09s  0.76%  runtime.lock
     0.05s  0.42% 95.92%      0.45s  3.82%  runtime.selectnbsend
     0.04s  0.34% 96.26%      0.09s  0.76%  time.Now
(pprof)
```

再使用 pprof 查看函数调用栈，主要看是哪些函数在使用 CPU，如下图所示。

```
(pprof) top -cum
Showing nodes accounting for 70ms, 25.93% of 270ms total
Showing top 10 nodes out of 94
      flat  flat%   sum%        cum   cum%
         0     0%     0%      230ms 85.19%  runtime.goexit
         0     0%     0%      140ms 51.85%  /ping.CheckOne
         0     0%     0%       90ms 33.33%  /ping.(*Pinger).Run
         0     0%     0%       90ms 33.33%  /ping.(*Pinger).run
         0     0%     0%       90ms 33.33%  /ping.PingIp
         0     0%     0%       70ms 25.93%  /ping.HeartBeatCheck
         0     0%     0%       70ms 25.93%  /vendor/libs/loglib.(*Syslog).msgSend
         0     0%     0%       70ms 25.93%  net.(*conn).Write
         0     0%     0%       70ms 25.93%  net.(*netFD).Write
      70ms 25.93% 25.93%       70ms 25.93%  syscall.Syscall
(pprof)
```

由上图可以看出，CPU 主要是被 ping 模块占用，其中 ping.(*Pinger).Run 正是开源组件的一个接口。

经过 pprof 分析可以很清晰地指出问题出在 go-fastping 组件的 Run()接口上，而且是与 timer 相关的。问题定位到这里，处理起来就很简单了。

此时可以先总结一下 Ticker 资源泄漏的现象：

◎ CPU 使用率持续升高，不会随时间下降；
◎ CPU 使用率缓慢升高，不会急剧升高，比较隐蔽。

3. 源码分析

出问题的源码在 ping.go 的 run()方法中，为叙述方便，下面对代码做了适当简化：

```go
func (p *Pinger) run() {
    timeout := time.NewTicker(p.Timeout)    // 创建 Ticker timeout
    interval := time.NewTicker(p.Interval)  // 创建 Ticker

    for {
        select {
        case <-p.done:                       // 正常退出，未关闭 Ticker
            wg.Wait()
            return
        case <-timeout.C:                    // 超时退出，未关闭 Ticker
            close(p.done)
            wg.Wait()
            return
        case <-interval.C:
            if p.Count > 0 && p.PacketsSent >= p.Count {
                continue
            }
            err = p.sendICMP(conn)
            if err != nil {
                fmt.Println("FATAL: ", err.Error())
            }
        case r := <-recv:
            err := p.processPacket(r)
            if err != nil {
                fmt.Println("FATAL: ", err.Error())
            }
```

```
                }
                if p.Count > 0 && p.PacketsRecv >= p.Count {   // 退出,未关闭Ticker
                    close(p.done)
                    wg.Wait()
                    return
                }
            }
        }
```

从这段代码可以看出，这个函数是有多个出口的，但在出口处没有关闭 Ticker，导致资源泄漏。

该问题已被开源库的作者修复了，修复后的局部代码如下：

```
timeout := time.NewTicker(p.Timeout)
defer timeout.Stop()    // 使用 defer 保证 Ticker 最后被关闭
interval := time.NewTicker(p.Interval)
defer interval.Stop()   // 使用 defer 保证 Ticker 最后被关闭
```

4. 小结

有一种情况下使用 Ticker 时不主动关闭也不会造成资源泄漏，那就是函数创建 Ticker 后不退出，直到进程结束。这种情况下不会持续地创建 Ticker，也就不会造成资源泄漏。

但是，不管哪种情况，创建一个 Ticker 后，紧接着使用 defer 语句关闭 Ticker 总是好的习惯。因为有可能别人无意间复制了你的部分代码，而忽略了关闭 Ticker 的动作。

第 10 章
语法糖

名字由来

语法糖（Syntactic sugar）是由英国计算机科学家 Peter J. Landin 提出的概念，用于表示编程语言中特定类型的语法，这些语法对语言的功能没有影响，但是更方便程序员使用。

语法糖也称为糖语法，这些语法不仅不会影响语言的功能，编译后的结果跟不使用语法糖也一样。语法糖有可能让代码的编写变得简单，也有可能让代码的可读性更高，但也有可能让使用者"步入陷阱"。

Go 语言语法糖

最常用的语法糖莫过于简短变量声明符 ":="，其次是表示函数变参的 "..."。

接下来介绍这两种语法糖的用法，更重要的是结合实际的经历与读者分享其中的陷阱。

10.1 简短变量声明符

可以使用关键字 var 或直接使用简短变量声明符（:=）声明变量。后者使用得更频繁一些，尤其是在接收函数返回值的场景中，不必使用 var 声明一个变量再用变量接收函数返回值，使用 ":=" 可以"一步到位"。比如：

```
a := foo1();
a, b := foo2();
```

本节我们讨论 ":=" 的一些容易被忽视的规则，以避免一些陷阱。

10.1.1 热身测验

相信读者已经使用过简短变量声明符,比如像下面这样:

```
i := 0
j, k := 1, 2
```

":="用来声明变量并赋值,个人项目、公司项目和开源项目都会大量应用。然而,虽然应用很广泛,但并不代表大家对它有深刻的认识,根据笔者做的小范围调查来看,有多年 Go 开发经验的工程师也不能很好地总结出简短变量声明符的规则。

在开始讨论":="之前,请试着回答下面的题目,再对照参考答案,或许会有令你惊讶的发现。

1. 热身题目

1)题目一

下面的代码输出什么?

```go
func fun1() {
    i := 0
    i, j := 1, 2
    fmt.Printf("i = %d, j = %d\n", i, j)
}
```

2)题目二

下面的代码为什么不能通过编译?

```go
func fun2(i int) {
    i := 0
    fmt.Println(i)
}
```

3)题目三

下面的代码输出什么?

```go
func fun3() {
    i, j := 0, 0
    if true {
        j, k := 1, 1
        fmt.Printf("j = %d, k = %d\n", j, k)
```

```
        }
        fmt.Printf("i = %d, j = %d\n", i, j)
}
```

2. 参考答案

1）题目一

程序输出如下:

```
i = 1, j = 2
```

再进一步想一下，前一个语句中已经声明了 i，为什么还可以再次声明呢？

2）题目二

不能通过编译原因是形参已经声明了变量 i，使用 ":=" 再次声明是不允许的。

再进一步想一下，编译时编译器会报 "no new variable on left side of :=" 的错误，该怎么理解？

3）题目三

程序输出如下:

```
j = 1, k = 1
i = 0, j = 0
```

这里要注意的是，if 中声明的 j 与上面的 j 属于不同的作用域。

10.1.2 规则

简短变量声明符这个语法糖使用起来很方便，导致你可能随手就会使用它定义一个变量，往往程序的 bug 就是随手写出来的。

笔者曾因滥用这个 ":=" 语法糖而吃过亏，所以才认真研究了一下它的原理和规则，在此跟读者分享，以免重蹈覆辙。实际上，只要掌握简短变量声明符的几个规则就可以了。

1. 规则一：多变量赋值可能会重新声明

我们知道使用 ":=" 可以同时声明多个变量，像下面这样:

```
field1, offset := nextField(str, 0)
```

上面的代码定义了两个变量，并用于接收函数返回值。

如果这两个变量中的一个再次出现在":="的左侧就会被重新声明，像下面这样：

```
field1, offset := nextField(str, 0)
field2, offset := nextField(str, offset)
```

offset 被重新声明。

重新声明并没有什么问题，它并没有引入新的变量，只是把变量的值改变了，但要明白，这是 Go 提供的一个语法糖。

- 当":="左侧存在新变量时（如 field2），已声明的变量（如 offset）会被重新声明，不会有其他额外副作用。
- 当":="左侧没有新变量是不允许的，编译会提示"no new variable on left side of :="。

我们所说的重新声明不会引入问题要满足一个前提，那就是变量声明要在同一个作用域中出现。如果出现在不同的作用域中，则很可能创建了新的同名变量，同一函数不同作用域的同名变量往往不是预期做法，很容易引入缺陷。

2. 规则二：不能用于函数外部

简短变量声明符只能用于函数中，使用":="来声明和初始化全局变量是行不通的。

比如，像下面这样：

```
package sugar
import fmt

rule := "Short variable declarations"  // syntax error: non-declaration
                                        // statement outside function body
```

这里的编译错误提示为"syntax error: non-declaration statement outside function body"，表示非声明语句不能出现在函数外部。可以理解成":="实际上会拆分成两个语句，即声明和赋值。赋值语句不能出现在函数外部。

3. 变量作用域问题

相信读者都非常熟悉变量作用域的概念，如果使用":="过于随意，那么有可能在多个作用域中声明了同名变量而不自知，从而引发故障。

下面的代码源自真实项目,但为了描述方便,也为了避免信息安全风险,简化如下:

```
func Redeclare() {
    field, err:= nextField()      // 1号err

    if field == 1{
        field, err:= nextField()       // 2号err
        newField, err := nextField()   // 3号err
        ...
    }
    ...
}
```

注意上面声明的三个 err 变量。

◎ 2 号 err 与 1 号 err 不属于同一个作用域,":="声明了新的变量,所以 2 号 err 与 1 号 err 是两个变量。

◎ 2 号 err 与 3 号 err 属于同一个作用域,":="重新声明了 err 但没创建新的变量,所以 2 号 err 与 3 号 err 是同一个变量。

如果误把 2 号 err 与 1 号 err 混淆,就很容易产生意想不到的错误。

10.2 可变参函数

可变参函数是指函数的某个参数可有可无,即这个参数的个数可以是 0 或多个。声明可变参数函数的方式是在参数类型前加上"..."前缀。

比如 fmt 包中的 Println:

```
func Println(a ...interface{})
```

本节我们会总结一下其使用方法,顺便了解一下其原理,以避免在使用过程中进入误区。

1. 函数特征

我们先写一个可变参函数:

```
func Greeting(prefix string, who ...string) {
    if who == nil {
        fmt.Printf("Nobody to say hi.")
        return
```

```go
    }

    for _, people := range who{
        fmt.Printf("%s %s\n", prefix, people)
    }
}
```

Greeting 函数负责给指定的人打招呼，其参数 who 为可变参数。

这个函数几乎把可变参函数的特征全部表现出来了：

◎ 可变参数必须在函数参数列表的尾部，即最后一个（如放前面会引起编译时歧义）；
◎ 可变参数在函数内部是作为切片来解析的（可以使用 range 遍历）；
◎ 可变参数可以不填，不填时函数内部当成 nil 切片处理；
◎ 可变参数必须是相同的类型（如果需要是不同的类型则可以定义为 interface{}类型）。

2. 使用举例

我们使用 testing 包中的 Example 用例来说明上面 Greeting 函数的用法。

1）不传值

调用可变参函数时，可变参部分是可以不传值的，例如：

```go
func ExampleGreetingWithoutParameter() {
    sugar.Greeting("nobody")
    // OutPut:
    // Nobody to say hi.
}
```

这里没有传递第二个参数。可变参数不传递值时默认为 nil。

2）传递多个参数

调用可变参函数时，可变参数部分可以传递多个值，例如：

```go
func ExampleGreetingWithParameter() {
    sugar.Greeting("hello:", "Joe", "Anna", "Eileen")
    // OutPut:
    // hello: Joe
    // hello: Anna
    // hello: Eileen
}
```

可变参数可以有多个，多个参数将生成一个切片传入，函数内部按照切片来处理。

3）传递切片

调用可变参函数时，可变参数部分可以直接传递一个切片。参数部分需要使用 slice... 来表示切片，例如：

```go
func ExampleGreetingWithSlice() {
    guest := []string{"Joe", "Anna", "Eileen"}
    sugar.Greeting("hello:", guest...)
    // OutPut:
    // hello: Joe
    // hello: Anna
    // hello: Eileen
}
```

此时需要注意的一点是，切片传入时不会生成新的切片，也就是说函数内部使用的切片与传入的切片共享相同的存储空间。说得再直白一点就是，如果函数内部修改了切片，则可能影响外部调用的函数。

3. 小结

- 可变参数必须要位于函数列表尾部；
- 可变参数是被当作切片来处理的；
- 函数调用时，可变参数可以不填；
- 函数调用时，可变参数可以填入切片。

第 11 章

版本管理

Go 语言的安装、升级和卸载是个基本功，一方面不同的项目需要特定的 Go 版本，另一方面 Go 语言也在不断演进，为了使用新特性必然要升级 Go 语言的版本。

另外，看起来非常简单的安装和卸载过程，如果对 `GOROOT` 和 `GOPATH` 理解不到位，那么也会在使用过程中遇到麻烦。

再进一步，业界有许多 Go 语言的版本管理工具，我们借助这些工具可以实现在多个 Go 语言版本间的切换，要理解这些工具的实现原理，就需要了解 Go 语言的运行机制，比如 `import` 搜索路径，而手动安装 Go 语言可以加深认识。

本章我们先介绍手动安装和卸载 Go 语言的过程，再介绍一些基础概念，比如 `GOROOT`、`GOPATH` 等，最后介绍常见的 Go 语言版本管理工具。

11.1 安装 Go

与大多数开源软件一样，Go 语言同时发布了二进制包和源码包。

本节我们以安装二进制包（go1.12.7.linux-amd64.tar.gz）为例来说明安装过程。Linux 下可以使用 `wget https://dl.google.com/go/go1.12.7.linux-amd64.tar.gz` 命令下载。

Go 语言的安装比较简单，大体上分为三个步骤：

- ◎ 安装可执行命令；
- ◎ 设置 `PATH` 环境变量；
- ◎ 设置 `GOPATH` 环境变量。

1. 安装可执行命令

二进制安装包中包含二进制文件、文档、标准库等内容，我们需要将该二进制文件完整地解压出来。一般使用/usr/local/go存放解压出来的文件，这个目录也就是GOROOT，即Go的根目录。

使用tar命令将安装包解压到指定目录即可：

```
tar -C /usr/local -xzf go1.12.7.linux-amd64.tar.gz
```

2. 设置PATH环境变量

Go的二进制可执行文件存在于$GOROOT/bin目录下，需要将该目录加入PATH环境变量。

比如，把下面语句放入/etc/profile文件中：

```
export PATH=$PATH:/usr/local/go/bin
```

3. 设置GOPATH环境变量

在Linux环境下，自Go 1.8起默认把$HOME/go作为GOPATH目录，可以根据需要设置自己的GOPATH目录。

如果需要设置不同的GOPATH目录，则可以将其放入~/.bash_profile中，或者直接"export"到当前环境变量中：

```
export GOPATH=$HOME/mygopath
```

这里需要注意的是，GOPATH的值不可以与GOROOT的值相同，如果用户的项目与标准库重名则会导致编译时产生歧义。

4. 测试安装

安装完成后，可以写个小程序验证一下。

创建$GOPATH/src/hello/hello.go文件：

```go
package main

import "fmt"

func main() {
```

```
    fmt.Printf("hello, world\n")
}
```

接着进入 `$GOPATH/src/hello` 编译并执行：

```
# cd $GOPATH/src/hello
# go build
# hello
hello, world
```

程序能正常输出 `hello, world` 就表示安装完成了。

11.2 删除 Go

删除 Go 是安装新版本的逆过程，即把新版本安装时创建的目录、环境变量删除。

1. 删除 Go 安装目录

通过 `go env` 命令查询安装目录，安装目录即 `GOROOT` 环境变量所指示的目录：

```
# go env
GOPATH="/root/go"
GOROOT="/usr/local/go"
```

`go env` 命令会输出很多 Go 语言相关的环境变量，上面只保留了最关键的 `GOROOT` 和 `GOPATH`。

接下来使用 `rm` 命令删除 `GOROOT` 指向的目录即可，比如 `# rm -rf /usr/local/go`。类似地删除相应的 `GOPATH` 目录。

2. 删除残留的可执行文件

Go 程序在运行过程中会在 `GOPATH/bin` 目录下生成可执行文件，为了安全起见，也需要删除。同样，使用 `rm` 命令删除即可，比如 `# rm -rf /root/go/bin`。

注：如果 `GOPATH` 包含多个目录，则需要删除每个目录下的 `bin` 目录。

3. 删除环境变量

将环境变量 `GOPATH` 删除，该环境变量一般是前一次安装 Go 时人为设置的。

环境变量一般存在于以下几个文件中：

◎ /etc/profile；
◎ /etc/bashrc；
◎ ~/.bash_profile；
◎ ~/.profile；
◎ ~/.bashrc。

11.3 升级 Go

升级或降级 Go 版本时，理论上需要先把旧版本删除，再安装新版本，但实际操作中可以根据需要做一定的简化。

如果升级或降级 Go 版本后，希望使用以前的 GOPATH 目录，那么只需要使用目标 Go 版本替换 GOROOT 中的内容即可。

例如，笔者的某个开发环境中，每次升级 Go 版本时只是简单地把旧版本重命名：

```
[root@ecs-d8b6 go]# ls -al /usr/local/
drwxr-xr-x  10 root root 4096 Feb 26 02:34 go
drwxr-xr-x  10 root root 4096 Aug 25  2018 go1.11-bak
drwxr-xr-x  10 root root 4096 Feb 26  2019 go1.12-bak
drwxr-xr-x  10 root root 4096 Dec  5 06:53 go1.13.5-bak
drwxr-xr-x  10 root root 4096 Sep  4  2019 go1.13-bak
```

这样当需要切换到任意版本时，只需要把相应版本的目录名改为 go 即可。

如果需要频繁地在多个 Go 版本间切换，业界也有一些小巧的工具，比如 gvm，后面我们再单独介绍。

11.4 Go 版本管理器

本节介绍一款开源的多版本管理工具，即 gvm（全称为 Go Version Manager）。该工具可以方便地在多个 Go 版本间切换。我们先从零开始快速体验一下该工具，包括工具安装、下载 Go 版本、切换 Go 版本及删除工具，接着简单介绍该工具的工作机制，最后总结一下其优缺点。

11.4.1 快速开始

1. 安装 gvm

使用以下命令安装 gvm：

```
bash < <(curl -s -S -L https://raw.githubusercontent.com/moovweb/gvm/master/binscripts/gvm-installer)
```

结果如下所示。

```
[root@ecs-d8b6 go]# bash < <(curl -s -S -L https://raw.githubusercontent.com/moovweb/gvm/master/binscripts/gvm-installer)
Cloning from https://github.com/moovweb/gvm.git to /root/.gvm
Created profile for existing install of Go at "/usr/local/go"
Installed GVM v1.0.22

Please restart your terminal session or to get started right away run
 `source /root/.gvm/scripts/gvm`
```

这样便成功安装了 gvm，按照提示重启会话或加载配置文件即可开始使用。

2. 下载 Go 版本

下载完 gvm 后，使用以下命令下载特定的 Go 版本（比如 Go 1.14.1）：

```
gvm install go1.14.1
```

结果如下所示。

```
[root@ecs-d8b6 ~]# gvm install go1.14.1
Downloading Go source...
Installing go1.14.1...
 * Compiling...
go1.14.1 successfully installed!
```

这样便成功下载了 Go 1.14.1，此命令仅下载 Go 版本并没有切换。

3. 切换 Go 版本

使用以下命令切换所要使用的 Go 版本（比如 Go 1.14.1）：

```
gvm use go1.14.1
```

结果如下所示。

```
[root@ecs-d8b6 ~]# gvm use go1.14.1
Now using version go1.14.1
[root@ecs-d8b6 ~]# go version
go version go1.14.1 linux/amd64
```

这样当前使用的 Go 版本就切换成了 1.14.1 版本。

4. 查看可用版本

使用 `gvm list` 命令查看本地安装的 Go 版本列表:

```
[root@ecs-d8b6 ~]# gvm list

gvm gos (installed)

   go1.14
=> go1.14.1
   system
```

由上可见,当前系统中一共有三个版本,"=>"符号所指的为当前正在使用的版本,"system"为非 gvm 管理的版本,比如安装 gvm 之前便存在的版本。

另外,还可以使用 `gvm listall` 命令查看可供下载的版本列表:

```
[root@ecs-d8b6 ~]# gvm listall

gvm gos (available)

   go1
   go1.0.1
   go1.0.2
   go1.0.3
   go1.1
   ...
```

5. 删除 Go 版本

使用 `gvm uninstall` 命令删除特定的 Go 版本:

```
[root@ecs-d8b6 gos]# gvm uninstall go1.14.1
Uninstalled version go1.14.1
```

该命令会删除指定的 Go 版本，以及使用该版本时缓存的所有依赖包。

6. 卸载 gvm

只需要使用 `gvm implode` 命令即可卸载 gvm：

```
[root@ecs-d8b6 ~]# gvm implode
Are you sure? [y/N] y
GVM successfully removed
```

该命令不仅会删除 gvm 所管理的所有 Go 版本，还会删除使用这些版本时缓存的所有依赖包。

11.4.2 工作机制

1. 安装 gvm

gvm 项目自带安装器（gvm-installer），它可以帮助用户自动安装 gvm。

安装器主要做了以下工作：

- 克隆 gvm 项目；
- 设置相应的环境变量。

默认情况下，安装器会克隆项目到 `$HOME/.gvm` 目录，类似于执行下面的命令：

```
# git clone https://github.com/moovweb/gvm.git "$HOME/.gvm"
```

默认情况下，安装器还会修改用户配置文件，类似于执行下面的命令：

```
# source_line="[[ -s \"$HOME/.gvm/scripts/gvm\" ]] && source \"$HOME/.gvm/scripts/gvm\""
# echo "$source_line" >> "$HOME/.bashrc"
```

修改的配置文件会根据用户环境进行相应的调整，比如 zsh 环境下配置文件为 `$HOME/.zshrc`，Darwin 环境下配置文件为 `Darwin`，Linux 下则是 `$HOME/.bashrc` 或 `$HOME/.bash_profile`。最终在配置文件中会新增一条记录，例如笔者的环境中新加记录如下：

```
// /root/.bashrc

[[ -s "/root/.gvm/scripts/gvm" ]] && source "/root/.gvm/scripts/gvm"
```

该行配置会将 gvm 可执行文件添加到 `PATH` 环境变量中，例如：

```
export PATH="/root/.gvm/bin:$PATH"
```

另外，安装器默认使用项目的 master 分支，并非某个 release 分支，其安装成功后打印的版本号实际上是滞后的。比如，上面的例子中打印的版本号为 `v1.0.22`，实际上这仅是最近一次发布的版本，从时间上来说，它远远滞后于 master 分支。

2. 下载 Go 版本

所谓下载 Go 版本（`gvm install`），是指 gvm 将 Go 版本暂时安装到工作目录，但不设置 `GOROOT` 及 `GOPATH` 等环境变量。

默认情况下，gvm 会先克隆 Go 源码仓库，然后从仓库中寻找指定的 tag，获取该版本的源代码并基于该代码编译出 Go。

每个 Go 语言版本在 Go 源码仓库中均有一个 tag 与其对应，在 gvm install 命令中出现的版本号实际上是 Go 源码仓库的 tag。

默认 gvm 会将 Go 安装到 `$HOME/.gvm/gos` 目录中，并按版本存放，比如 Go 1.14.1 存放到 `$HOME/.gvm/gos/go1.14.1` 目录中。同时，gvm 还会在 `$HOME/.gvm/environments` 目录中存放相应版本的环境变量信息，以便在版本切换时加载。

3. 切换 Go 版本

切换 Go 版本（`gvm use`）实际上只是设置环境变量，包括 `GOROOT`、`GOPATH` 等，加载的正是在安装时生成的环境变量文件。

以下为使用 Go 1.14.1 时 gvm 自动创建的环境变量：

```
[root@ecs-d8b6 ~]# go env -json GOROOT GOPATH
{
    "GOPATH": "/root/.gvm/pkgsets/go1.14.1/global",
    "GOROOT": "/root/.gvm/gos/go1.14.1"
}
```

4. 查看可用版本

查看本地可用版本（`gvm list`），即查看本地安装的 Go 版本列表，而查看全部可用版本（`gvm listall`）则是列出 Go 源码仓库中的 tag。

以下内容展示了 Go 源码仓库中的部分 tag：

```
[root@ecs-d8b6 go]# git tag
go1.13
go1.13.1
go1.13.2
go1.13.3
go1.13.4
go1.13.5
go1.13.6
go1.13.7
go1.13.8
go1.13beta1
go1.13rc1
go1.13rc2
```

5. 删除 Go 版本

删除 Go 版本（`gvm uninstall`）时会把预安装的版本删除。

由于 gvm 默认为每个 Go 版本生成单独的 `GOPATH` 目录，所以删除 Go 版本时 `GOPATH` 目录也会一并删除。

6. 卸载 gvm

卸载 gvm（`gvm implode`）时，除了删除所有 Go 版本，还会删除 gvm 自身。

当前的版本（v1.0.22）存在一个小瑕疵，卸载 gvm 后会在用户配置文件中残留一些配置信息：

```
[[ -s "/root/.gvm/scripts/gvm" ]] && source "/root/.gvm/scripts/gvm"
```

11.4.3 小结

gvm 作为一款开源工具，其本身的工作机制非常简单，但为了满足各种 Linux 发行版的需求，它需要做很多额外的检查工作，对工作环境也有一定的依赖，比如必须安装版本控制工具 Git 和词法分析器 Bison 等，此外还需要用户环境能够访问外网。

简单地讲，gvm 为每个 Go 版本准备一套 `GOROOT`、`GOPATH`，在切换版本时刷新相应的环境变量，如下图所示。

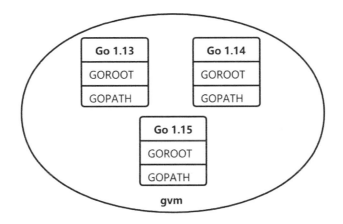

gvm 的工作目录如下所示。

```
[root@ecs-d8b6 ~]# tree .gvm
.gvm
├── bin  // gvm 可执行文件目录
│   ├── gvm
│   ├── gvm-prompt
│   └── gvmsudo
├── binscripts  // gvm 安装器
│   └── gvm-installer
├── environments  // 各 Go 版本环境变量
│   ├── go1.14.1
│   └── system
├── gos  // 各 Go 版本私有 GOROOT
│   ├── go1.14.1
│   └── system
├── logs  //运行日志
├── pkgsets  // 各 Go 版本私有 GOPATH
│   ├── go1.14.1
│   └── system
├── scripts  // gvm 项目脚本
└── VERSION  // gvm 版本文件
```

需要注意的是，gvm 默认为每个 Go 版本创建一个 GOPATH，这就无形中占用了更多的磁盘空间，如果需要多版本共享 GOPATH，那么在使用 gvm 切换版本后需要自行指定 GOPATH。

总的来说，gvm 比较简单易用，适用于需要经常切换 Go 版本的场景。

11.5 源码编译

通常情况下，我们会使用二进制包来安装 Go，但有时也会从源码编译 Go，比如：

◎ 为了学习编译细节；
◎ 体验未发布的新特性；
◎ 贡献代码。

本节简单介绍如何基于源码编译 Go（以编译 Go1.14.1 为例），如果基于 master 或其他分支，则编译过程与此类似。

11.5.1 源码下载

首先从 Go 官方仓库下载代码：

```
[root@ecs-d8b6 ~]# git clone https://go.googlesource.com/go goroot
Cloning into 'goroot'...
remote: Sending approximately 216.36 MiB ...
remote: Counting objects: 22, done
remote: Total 413615 (delta 326001), reused 413615 (delta 326001)
Receiving objects: 100% (413615/413615), 216.36 MiB | 31.27 MiB/s, done.
Resolving deltas: 100% (326001/326001), done.
```

然后切换到 go1.14.1 分支：

```
[root@ecs-d8b6 ~]# cd goroot/
[root@ecs-d8b6 goroot]# git checkout go1.14.1
Note: checking out 'go1.14.1'.

You are in 'detached HEAD' state. You can look around, make experimental
changes and commit them, and you can discard any commits you make in this
state without impacting any branches by performing another checkout.

If you want to create a new branch to retain commits you create, you may
do so (now or later) by using -b with the checkout command again. Example:

  git checkout -b new_branch_name

HEAD is now at 564c76a... [release-branch.go1.14] go1.14.1
```

Go 有 Google 和 GitHub 两个源码仓库。

GitHub 上的是一个镜像仓库，Go 主要的开发活动在 Google 仓库中，尽管如此，GitHub 上也聚集了大量的开发者，所以 Go 社区也支持基于 GitHub 工作流向 Go 社区提交代码，Go 社区提供专门的"机器人"将 GitHub 的工作流（PR、Issue）转换成 Gerrit 工作流。

11.5.2 源码编译过程

1. 编译器

Go 官方支持两款编译器。

◎ gc：Go 编译器。
◎ gccgo：gcc 编译器家庭成员，专门负责 Go 代码编译。

Go 默认使用 gc 编译器，该编译器已集成到 go 命令中，所以，如果已安装了 Go，则不需要再单独安装编译器。

2. 编译

进入源码的 src 目录，使用 all.bash 启动编译：

```
[root@ecs-d8b6 goroot]# cd src
[root@ecs-d8b6 src]# ./all.bash
Building Go cmd/dist using /usr/local/go. (go1.14 linux/amd64)
Building Go toolchain1 using /usr/local/go.
Building Go bootstrap cmd/go (go_bootstrap) using Go toolchain1.
Building Go toolchain2 using go_bootstrap and Go toolchain1.
Building Go toolchain3 using go_bootstrap and Go toolchain2.
Building packages and commands for linux/amd64.

##### Testing packages.
ok      archive/tar     0.043s
ok      archive/zip     0.037s
...
ALL TESTS PASSED
---
Installed Go for linux/amd64 in /root/goroot
Installed commands in /root/goroot/bin
*** You need to add /root/goroot/bin to your PATH.
```

all.bash 脚本除了编译还会执行全量测试,时间较久,如果只需要编译则可以使用 make.bash 脚本。如果在 Windows 下编译,则需要使用 all.bat 或 make.bat 脚本。

- ◎ all.bash(Windows 下为 all.bat):编译+测试;
- ◎ make.bash(Windows 下为 make.bat):只编译。

3. 编译产物

默认情况下编译出的可执行文件存放到源码目录中。如果源码目录为 $HOME/goroot,那么可执行文件将存放到 $HOME/goroot/bin 目录中。

为了使用新编译出的 Go 版本,需要将 GOROOT 配置成源码目录 $HOME/goroot,并将可执行文件目录添加到 PATH 中,比如:

```
[root@ecs-d8b6 ~]# export GOROOT=/root/goroot
[root@ecs-d8b6 ~]# export PATH=/root/goroot/bin:$PATH
[root@ecs-d8b6 ~]# which go
/root/goroot/bin/go
```

第 12 章
Go 语言依赖管理

Go 语言依赖管理经历了三个重要的阶段：

◎ GOPATH；
◎ vendor；
◎ Go Module。

早期 Go 语言单纯使用 GOPATH 管理依赖，但 GOPATH 不方便管理依赖的多个版本，后来增加了 vendor，允许把项目依赖连同项目源码一同管理。Go 1.11 引入了全新的依赖管理工具 Go Module，直到 Go 1.14，Go Module 才走向成熟。

Go 官方依赖管理演进过程中还有为数众多的第三方管理工具，比如 `Glide`、`Govendor`，但随着 Go Module 的推出，这些工具终将逐步退出历史舞台，本章不再涵盖此部分内容。

从 GOPATH 到 vendor，再到 Go Module，这是一个不断演进的过程，了解每种依赖管理的痛点可以更好地理解下一代依赖管理的设计初衷。本章先从基础的 GOPATH 讲起，接着介绍 vendor，最后介绍 Go Module。

12.1 GOPATH

根据笔者的观察，刚刚接触 Go 语言的读者往往会对 GOPATH 感到困惑，这类读者可以归属于下面两类：

◎ 没有亲自安装过 Go 语言；
◎ 安装过，但不理解安装细节。

其实，自己亲自动手安装一次 Go 语言，然后运行一个 Hello World 程序，基本上就能理解

GOPATH。本节主要介绍 GOPATH 及与其密切相关的 GOROOT，与安装相关的详细内容不再赘述。

12.1.1　GOROOT 是什么

通常我们说安装 Go 语言，实际上安装的是 Go 编译器和 Go 标准库，二者位于同一个安装包中。

假如在 Windows 系统上使用 Installer 安装 Go，那么它们会被默认安装到 `c:\Go` 目录下，该目录即 GOROOT 目录，里面保存了开发 Go 应用程序所需要的所有组件，比如编译器、标准库和文档。

同时安装程序还会自动设置 GOROOT 的环境变量，如下图所示。

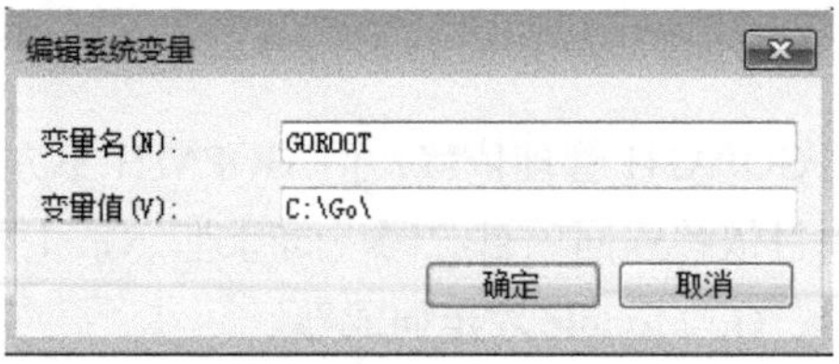

另外，安装程序还会把 `c:\Go\bin` 目录添加到系统的 `PATH` 环境变量中，如下图所示。

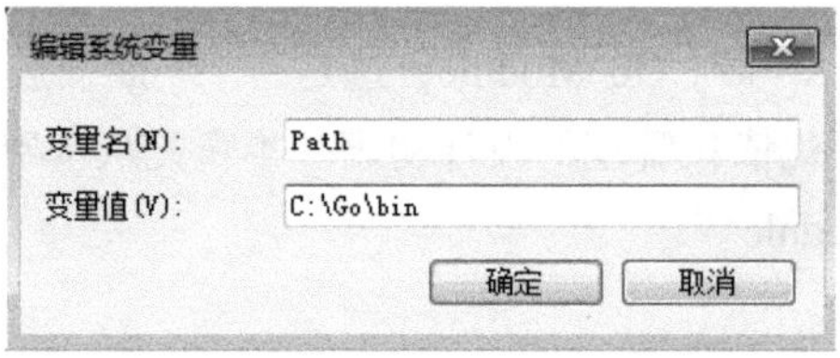

该目录下主要是 Go 语言开发包中提供的二进程可执行程序。

所以，GOROOT 实际上是指示 Go 语言安装目录的环境变量，属于 Go 语言顶级目录。

12.1.2　GOPATH 是什么

安装完 Go 语言，接下来就要写自己的 Hello World 项目了。实际上 Go 项目是由一个或多个 package 组成的，这些 package 按照来源分为以下几种：

◎ 标准库；
◎ 第三方库；
◎ 项目私有库。

其中标准库的 package 全部位于 GOROOT 环境变量指示的目录中，而第三方库和项目私有库都位于 GOPATH 环境变量所指示的目录中。

实际上，安装 Go 语言时，安装程序会设置一个默认的 GOPATH 环境变量，如下图所示。

与 GOROOT 不同的是，GOPATH 环境变量指向用户域，这样每个用户都拥有自己的工作空间而互不干扰。用户的项目需要位于 GOPATH 下的 src/ 目录中，

所以 GOPATH 只是用户工作空间目录的环境变量，它属于用户域范畴。

12.1.3 依赖查找

当某个 package 需要引用其他包时，编译器就会依次从 GOROOT/src/ 和 GOPATH/src/ 中查找，如果某个包在 GOROOT 下找到，则不再到 GOPATH 目录下查找，所以如果项目中开发的包名与标准库相同，则会被自动忽略。

12.1.4 GOPATH 的缺点

GOPATH 的优点是简单，但它不能很好地满足实际项目的工程需求。

比如，有两个项目 A 和 B，它们都引用某个第三方库 T，但这两个项目使用了不同的 T 版本，即：

◎ 项目 A 使用 T v1.0；
◎ 项目 B 使用 T v2.0。

由于编译器依赖固定从 GOPATH/src 下查找 GOPATH/src/T，无法在同一个 GOPATH 目录下保存第三方库 T 的两个版本，所以项目 A、B 无法共享同一个 GOPATH，需要各自维护一个，这给广大软件工程师带来了极大的困扰。

针对 GOPATH 的缺点，GO 语言社区提供了 vendor 机制，从此依赖管理进入第二个阶段：将项目的依赖包私有化。

12.2 vendor

前面介绍了使用 GOPATH 的痛点：多个项目无法共享同一个 GOPATH。虽然本节介绍的 vendor 机制仍然无法让多个项目共享同一个 GOPATH，但它提供了一个机制让项目的依赖隔离而不互相干扰。

自 Go 1.6 起，vendor 机制正式启用，它允许把项目的依赖放到一个位于本项目的 vendor 目录中，这个 vendor 目录可以简单理解成私有的 GOPATH 目录。项目编译时，编译器会优先从 vendor 中寻找依赖包，如果 vendor 中找不到，那么再到 GOPATH 中寻找。

12.2.1 vendor 目录位置

一个项目可以有多个 vendor 目录，分别位于不同的目录级别，建议每个项目只在根目录放置一个 vendor 目录。

假如有一个 github.com/constabulary/example-gsftp 项目，项目目录结构如下：

```
$GOPATH
|   src/
|   |   github.com/constabulary/example-gsftp/
|   |   |   cmd/
|   |   |   |   gsftp/
|   |   |   |   |   main.go
```

其中 main.go 依赖如下几个包：

```
import (
    "golang.org/x/crypto/ssh"
    "github.com/pkg/sftp"
)
```

在没有使用 vendor 目录时，如果想编译这个项目，那么 GOPATH 目录结构应该如下所示。

```
$GOPATH
|    src/
|    |    github.com/constabulary/example-gsftp/
|    |    golang.org/x/crypto/ssh
|    |    github.com/pkg/sftp
```

即所有依赖的包都位于 `$GOPATH/src` 下。

为了固化使用到的 `golang.org/x/crypto/ssh` 和 `github.com/pkg/sftp` 版本，可以使用 vendor 机制。

在项目 `github.com/constabulary/example-gsftp` 根目录下创建一个 vendor 目录，并把 `golang.org/x/crypto/ssh` 和 `github.com/pkg/sftp` 存放到此目录中，让其成为项目的一部分，如下所示。

```
$GOPATH
|    src/
|    |    github.com/constabulary/example-gsftp/
|    |    |    cmd/
|    |    |    |    gsftp/
|    |    |    |    |    main.go
|    |    |    vendor/
|    |    |    |    github.com/pkg/sftp/
|    |    |    |    golang.org/x/crypto/ssh/
```

使用 vendor 的好处是在项目 `github.com/constabulary/example-gsftp` 发布时，可以把其所依赖的软件一并发布，编译时不会受到 GOPATH 目录的影响，即便 GOPATH 下也有一个同名但不同版本的依赖包。

12.2.2 搜索顺序

编译器会从源码文件所在的目录开始逐级向上搜索，在上面的例子中，在编译 main.go 时，编译器搜索依赖包的顺序为：

（1）在 `github.com/constabulary/example-gsftp/cmd/gsftp/` 下寻找 vendor 目录，如果没有找到，则继续从上层查找。

（2）在 `github.com/constabulary/example-gsftp/cmd/` 下寻找 vendor 目录，如果没有找到，则继续从上层查找。

（3）在 github.com/constabulary/example-gsftp/ 下寻找 vendor 目录，从 vendor 目录中查找到依赖包，结束查找。

如果 github.com/constabulary/example-gsftp/ 下的 vendor 目录中没有依赖包，则返回 GOPATH 目录继续查找，这就是前面介绍的 GOPATH 机制了。

从上面的搜索顺序可以看出，实际上 vendor 目录可以存在于项目的任意目录下。但不推荐这么做，如果 vendor 目录过于分散，那么很可能同一个依赖包在项目的多个 vendor 中出现多次，这样依赖包会多次编译进二进制文件，从而造成二进制文件的体积急剧增大，也很可能出现一个项目中使用同一个依赖包的多个版本的情况，这种情况往往应该避免。

12.2.3　vendor 的不足

vendor 很好地解决了多项目间的隔离问题，但它仍存在一些不足：

◎ 项目依赖关系不清晰，无法清晰地看出 vendor 目录中依赖包的版本；
◎ 依赖包升级时不方便审核，当升级某个依赖包的版本时，将是代码审核人员的"噩梦"。

此外，更严重的问题是上面提到的二进制文件的体积急剧增大问题，比如项目依赖开源包 A 和 B，但 A 中也有一个 vendor 目录，其中也放了 B，那么项目中会出现两个开源包 B。再进一步，如果这两个开源包 B 的版本不一致呢？如果二者不兼容，那么后果将是灾难性的。

最后，vendor 能够解决绝大部分项目中的问题，至于上面提到的不足也有相应的工程手段来解决，这也催生了众多的依赖管理工具。围绕 Go 的依赖管理工具竟多达数十种，呈现百家争鸣之势，Go 急需一个权威的依赖管理工具来"一统江湖"。

直到 Go 1.11，官方团队才推出了依赖管理工具 Go Module，从此 Go 的版本管理走进第三个时代。

12.3　Go Module

Go Module 相比 GOPATH 和 vendor 而言功能强大得多，它基本上解决了 GOPATH 和 vendor 时代遗留的问题。我们知道，GOPATH 时代最大的困扰是无法让多个项目共享同一个 pakage 的不同版本，在 vendor 时代，通过把每个项目依赖的 package 放到 vendor 中可以解决这个困扰，但是使用 vendor 的问题是无法很好地管理依赖的 package，比如升级 package。

虽然 Go Module 能够解决 GOPATH 和 vendor 时代遗留的问题，但需要注意的是，Go Module 不是 GOPATH 和 vendor 的演进，理解这个对于接下来正确理解 Go Module 非常重要。

Go Module 更像是一种全新的依赖管理方案，它涉及一系列的特性，但究其核心，它主要解决了两个重要的问题：

◎ 准确地记录项目依赖；
◎ 可重复的构建。

准确地记录项目依赖是指项目依赖哪些 package，以及精确的 package 的版本。比如项目依赖 github.com/prometheus/client_golang，且必须是 v1.0.0，那么可以通过 Go Module 指定（具体指定方法后面会介绍），任何人在任何环境下编译项目，都必须使用 github.com/prometheus/client_golang 的 v1.0.0。

可重复的构建是指项目无论在谁的环境中（同平台）构建，其产物都是相同的。回想一下 GOPATH 时代，虽然大家拥有同一个项目的代码，但由于各自的 GOPATH 中 github.com/prometheus/client_golang 的版本不一样，虽然项目可以构建，但构建出的可执行文件很可能是不同的。可重复构建至关重要，避免出现"我这里运行没问题，肯定是你的环境问题"的类似问题。

一旦项目的依赖被准确记录了，就很容易做到重复构建。

事实上，Go Module 具有非常复杂的特性，一下子全盘托出其特性，往往会让人产生疑惑，所以接下来的章节将逐个介绍其特性，并且尽可以附以实例，希望大家也跟随笔者手动实践一下，以便加深认识。

12.3.1 Go Module 基础

在开始学习 Go Module 特性之前，我们有必要先了解相关的基本概念，比如到底什么是 module 等。

1. module 的定义

首先，module 是一个新鲜又熟悉的概念，新鲜是指在以往的 GOPATH 和 vendor 时代都没有提及，它是一个新的词汇。为什么说熟悉呢？因为它不是新的事物，事实上我们经常接触它，只是官方给了一个统一的称呼而已。

以开源项目 https://github.com/blang/semver 为例，这个项目是一个语义化版本处理库，当需要时可以在项目中使用 import 引用，比如：

```
import "github.com/blang/semver"
```

https://github.com/blang/semver 项目中可以包含一个或多个 package，不管有多少 package，这些 package 都随项目一起发布，即当我们说 github.com/blang/semver 某个版本时，说的是整个项目，而不是具体的 package。此时项目 https://github.com/blang/semver 就是一个 module。

官方给出的 module 的定义是 "A module is a collection of related Go packages that are versioned together as a single unit."，定义非常清晰，一组 package 的集合，一起被标记版本，即一个 module。

通常而言，一个仓库包含一个 module（虽然也可以包含多个，但不推荐），所以仓库、module 和 package 的关系如下：

◎ 一个仓库包含一个或多个 module；
◎ 每个 module 包含一个或多个 package；
◎ 每个 package 包含一个或多个源文件。

此外，一个 module 的版本号规则必须遵循语义化规范，版本号必须使用 v(major).(minor).(patch) 格式，比如 v0.1.0、v1.2.3 或 v1.5.0-rc.1。

2. 语义化版本规范

语义化版本（Semantic Versioning）已成为事实上的标准，几乎知名的开源项目都遵循该规范，更详细的信息请前往 semver 官网查看，在此只提炼一些要点，以便于后续的阅读。

版本格式 v(major).(minor).(patch) 中的 major 指的是大版本，minor 指小版本，patch 指补丁版本。

◎ major：当发生不兼容的改动时才可以增加该版本，比如 v2.x.y 与 v1.x.y 是不兼容的；
◎ minor：当有新增特性时才可以增加该版本，比如 v1.17.0 是在 v1.16.0 的基础上增加了新的特性，同时兼容 v1.16.0；
◎ patch：当有 bug 修复时才可以增加该版本，比如 v1.17.1 修复了 v1.17.0 上的 bug，没有增加新特性。

语义化版本规范的好处是，用户通过版本号就能了解版本信息。

除了上面介绍的基础概念，还有描述依赖的 `go.mod` 和记录 module 的 Hash 值的 `go.sum` 等内容，这部分内容比较多且比较复杂，在后面的章节中我们通过实际的例子逐步展开介绍，否则提前暴露过多的细节容易造成困惑并徒生挫败感。

12.3.2 快速实践

本节我们根据实际的例子来开发一个 module，借此我们可以快速地窥探 module 的全貌，建议读者也跟随本节内容亲自实践一下以加深理解。

Go Module 能解决什么问题

在项目中使用 Go Module 实际上是为了精准地记录项目的依赖信息，包括每个依赖的版本号、Hash 值。

那么，为什么需要记录这些依赖情况，或者记录这些依赖有什么好处呢？

试想一下，在编译某个项目时，第三方包的版本往往是可以替换的，如果不能精确地控制所使用的第三方包的版本，最终构建出的可执行文件在本质上是不同的，这会给问题定位带来极大的困扰。

接下来，我们从一个 Hello World 项目开始，逐步介绍如何初始化 module、如何记录依赖的版本信息。项目托管在 GitHub（`https://github.com/renhongcai/gomodule`）中，并使用版本号区别使用 Go Module 的阶段。

◎ v1.0.0 未引用任何第三方包，也未使用 Go Module；
◎ v1.1.0 未引用任何第三方包，已开始使用 Go Module，但没有任何外部依赖；
◎ v1.2.0 引用了第三方包，并更新了项目依赖。

下面的例子统一使用 Go 1.13 版本，如果读者使用 Go 1.11 或者 Go 1.12，那么运行效果可能略有不同。

1. Hello World

在 1.0.0 版本时，项目只包含一个 main.go 文件，只是打印一个简单的字符串：

```
package main
```

```
import "fmt"

func main() {
    fmt.Println("Hello World")
}
```

此时，项目还没有引用任何第三方包，也未使用 Go Module。

2. 初始化 module

如果一个项目要使用 Go Module，那么其本身需要先成为一个 module，即需要一个 module 名字。

在 Go Module 机制下，项目的 module 名字及其依赖信息记录在一个名为 `go.mod` 的文件中，该文件可以手动创建，也可以使用 `go mod init` 命令自动生成。推荐自动生成的方法如下：

```
[root@ecs-d8b6 gomodule]# go mod init github.com/renhongcai/gomodule
go: creating new go.mod: module github.com/renhongcai/gomodule
```

完整的 `go mod init` 命令格式为 `go mod init [module]`，其中 [module] 为 module 名字，如果不填，则 `go mod init` 会尝试从版本控制系统或 import 的注释中猜测一个。这里推荐指定明确的 module 名字，因为猜测有时需要一些额外的条件，比如 Go 1.13，只有项目位于 GOPATH 中才可以正确运行，而 Go 1.11 则没有此要求。

上面的命令会自动创建一个 `go.mod` 文件，其中包括 module 的名字，以及我们所使用的 Go 的版本信息：

```
[root@ecs-d8b6 gomodule]# cat go.mod
module github.com/renhongcai/gomodule

go 1.13
```

module 的名字用于 import 语句中，如果 module 中包含多个 package，那么 module 的名字为 package 的前缀。

在 `go.mod` 文件中记录 Go 的版本号是在 Go 1.12 中引入的小特性，该版本号表示开发此项目的 Go 语言版本，并不是编译该项目所限制的 Go 语言版本，如果项目中使用了 Go 1.13 的新特性，而使用 Go 1.11 编译，当编译失败时，编译器会给出 Go 版本不匹配的提示。

由于我们的项目还没有使用任何第三方包，所以 `go.mod` 中并没有记录依赖包的任何信息。我们把自动生成的 `go.mod` 提交，然后尝试引用一个第三方包。

3. 管理依赖

现在我们准备引用一个第三方包 github.com/google/uuid 来生成一个 UUID，这样就会产生一个依赖，代码如下：

```
package main

import (
    "fmt"

    "github.com/google/uuid"
)

func main() {
    id := uuid.New().String()
    fmt.Println("UUID: ", id)
}
```

在开始编译前，我们先使用 go get 来下载依赖包，go get 会自动分析并下载依赖包：

```
[root@ecs-d8b6 gomodule]# go get
go: finding github.com/google/uuid v1.1.1
go: downloading github.com/google/uuid v1.1.1
go: extracting github.com/google/uuid v1.1.1
```

从输出的内容来看，go get 帮助我们定位到可以使用 github.com/google/uuid 的 1.1.1 版本，然后下载并解压它。

注意：go get 总是获取依赖的最新版本，如果 github.com/google/uuid 发布了新的版本，那么输出的版本信息会相应地变化。关于 Go Module 特性中的版本选择机制我们将在后续的章节详细介绍。

此处，go get 命令会自动修改 go.mod 文件：

```
[root@ecs-d8b6 gomodule]# cat go.mod
module github.com/renhongcai/gomodule

go 1.13

require github.com/google/uuid v1.1.1
```

可以看到，现在 go.mod 中增加了 require github.com/google/uuid v1.1.1 的内容，表

示当前项目依赖 github.com/google/uuid 的 1.1.1 版本，这就是 go.mod 记录的依赖信息。

由于这是当前项目第一次引用外部依赖，所以 go get 命令还会生成一个 go.sum 文件，记录依赖包的 Hash 值：

```
[root@ecs-d8b6 gomodule]# cat go.sum
github.com/google/uuid v1.1.1 h1:Gkbcsh/GbpXz7lPftLA3P6TYMwjCLYm83jiFQZF/3gY=
github.com/google/uuid v1.1.1/go.mod h1:TIyPZe4MgqvfeYDBFedMoGGpEw/LqOeaOT+nhxU+yHo=
```

该文件通过记录每个依赖包的 Hash 值来确保将来项目构建时依赖包不会被篡改。关于此部分内容我们在此暂不展开介绍，留待后面的章节详细介绍。

经 go get 修改的 go.mod 和创建的 go.sum 都需要提交到代码库，这样别人获取项目代码后，在编译时就会使用项目所要求的依赖版本。

至此，项目已经有一个依赖包，并且可以编译执行了，每次运行都会生成一个独一无二的 UUID：

```
[root@ecs-d8b6 gomodule]# go run main.go
UUID:  20047f5a-1a2a-4c00-bfcd-66af6c67bdfb
```

注：如果之前没有使用 go get 命令下载过依赖，使用 go build main.go 命令时，依赖包也会被自动下载，并且也会自动更新 go.mod 文件。在 Go v1.13.4 中有个 bug，即此时生成的 go.mod 中显示的依赖信息会是 require github.com/google/uuid v1.1.1 // indirect，注意行末的 indirect 表示间接依赖，这明显是错误的，因为我们是直接引用的。

4. 版本间差异

由于 Go Module 在 Go 1.11 时初次引入，历经 Go 1.12、Go 1.13 的发展，最后到 Go 1.14 成熟，部分实现细节会略有不同。

比如，在 Go 1.11 中使用 go mod init 初始化项目时，不填写 module 名称是没有问题，但在 Go 1.13 中，如果项目不在 GOPATH 目录中，则必须填写 module 的名称。

5. 后记

本节我们通过简单的示例介绍了如何初始化 module 及如何添加新的依赖，还有更多的内容没有展开。比如 go.mod 文件中除了 module 和 require 指令，还有 replace 和 exclude 指令，再比如 go get 下载的依赖包如何存储的，以及 go.sum 如何保证依赖包不被篡改，这些内容我们在后面的章节中会一一介绍。

12.3.3 replace 指令

`go.mod` 文件中通过指令声明 module 信息，用于控制 Go 命令行工具进行版本选择。一共有四个指令可供使用：

- module：声明 module 的名称；
- require：声明依赖及其版本号；
- replace：替换 require 中声明的依赖，使用另外的依赖及其版本号；
- exclude：禁用指定的依赖。

其中 `module` 和 `require` 我们前面已介绍过，`module` 用于指定 module 的名字，如 module github.com/renhongcai/gomodule，那么其他项目引用该 module 时其 import 路径需要使用 github.com/renhongcai/gomodule 前缀。`require` 用于指定依赖，如 `require github.com/google/uuid v1.1.1`，该指令相当于告诉 `go build` 使用 github.com/google/uuid 的 1.1.1 版本进行编译。

本节关注 `replace` 的用法，包括其工作机制和常见的使用场景，下一节再对 `exclude` 展开介绍。

1. replace 的工作机制

顾名思义，`replace` 指替换，它用于替换 `require` 指令中出现的包。例如，我们使用 `require` 指定一个依赖：

```
module github.com/renhongcai/gomodule

go 1.13

require github.com/google/uuid v1.1.1
```

此时可以使用 `go list -m all` 命令查看最终选定的版本：

```
[root@ecs-d8b6 gomodule]# go list -m all
github.com/renhongcai/gomodule
github.com/google/uuid v1.1.1
```

毫无意外，最终选定的 uuid 版本正是我们在 require 中指定的 v1.1.1。

如果想使用 uuid 的 v1.1.0 进行构建，除了可以修改 require 指令，还可以使用 replace 来指定。需要说明的是，正常情况下不需要使用 replace 来修改版本，最直接的办法是修改 require 指令，虽然 replace 也能够做到，但这不是 replace 的一般使用场景。下面我们先通过一个简单的例子来说明 replace 的功能，然后介绍几种常见的使用场景。

比如，修改 go.mod，添加 replace 指令：

```
[root@ecs-d8b6 gomodule]# cat go.mod
module github.com/renhongcai/gomodule

go 1.13

require github.com/google/uuid v1.1.1

replace github.com/google/uuid v1.1.1 => github.com/google/uuid v1.1.0
```

replace github.com/google/uuid v1.1.1 => github.com/google/uuid v1.1.0 指令表示替换 uuid v1.1.1 的版本为 v1.1.0，此时再次使用 go list -m all 命令查看最终选定的版本：

```
[root@ecs-d8b6 gomodule]# go list -m all
github.com/renhongcai/gomodule
github.com/google/uuid v1.1.1 => github.com/google/uuid v1.1.0
```

可以看到其最终选择的 uuid 版本为 v1.1.0。如果本地没有 v1.1.0，那么或许还会看到一条 go: finding github.com/google/uuid v1.1.0 信息，它表示在下载 uuid v1.1.0 包，也从侧面证明了最终选择的版本为 v1.1.0。

到此，我们可以看出 replace 的作用了，它用于替换 require 中出现的包，它正常工作还需要满足以下两个条件：

◎ replace 仅在当前 module 为 main module 时有效，比如我们当前在编译 github.com/renhongcai/gomodule，此时就是 main module，如果其他项目引用了 github.com/renhongcai/gomodule，那么其他项目编译时，此处的 replace 就会被自动忽略。

◎ replace 指令中 "=>" 前面的包及其版本号必须出现在 require 中才有效，否则指令无效，也会被忽略。比如，上面的例子中，我们指定 replace github.com/google/uuid => github.com/google/uuid v1.1.0，或者指定 replace github.com/google/uuid v1.0.9 => github.com/google/uuid v1.1.0，二者均无效。

2. replace 的使用场景

`replace` 在实际项目中经常被使用，其中不乏一些精彩的用法。但不管应用在哪种场景中，其本质都一样，都是替换 `require` 中的依赖。

1）替换无法下载的包

由于一些地区网络的问题，有些包无法顺利下载，比如 `golang.org` 组织下的包，值得庆幸的是这些包在 GitHub 上都有镜像，此时就可以使用 GitHub 上的包来替换。

比如，项目中使用了 `golang.org/x/text` 包：

```go
package main

import (
    "fmt"

    "github.com/google/uuid"
    "golang.org/x/text/language"
    "golang.org/x/text/message"
)

func main() {
    id := uuid.New().String()
    fmt.Println("UUID: ", id)

    p := message.NewPrinter(language.BritishEnglish)
    p.Printf("Number format: %v.\n", 1500)

    p = message.NewPrinter(language.Greek)
    p.Printf("Number format: %v.\n", 1500)
}
```

上面的简单例子中使用两种语言 `language.BritishEnglish` 和 `language.Greek` 分别打印数字 1500 来查看不同语言对数字格式的处理，一个是 1,500，另一个是 1.500。此时就会分别引入 `golang.org/x/text/language` 和 `golang.org/x/text/message`。

执行 `go get` 或 `go build` 命令时会再次分析依赖情况，并更新 `go.mod` 文件。网络正常的情况下，`go.mod` 文件会变成下面的内容：

```
module github.com/renhongcai/gomodule
```

```
go 1.13

require (
    github.com/google/uuid v1.1.1
    golang.org/x/text v0.3.2
)

replace github.com/google/uuid v1.1.1 => github.com/google/uuid v1.1.0
```

我们看到，依赖 `golang.org/x/text` 被添加到了 require 指令中（多条 require 语句会自动使用括号合并）。此外，我们没有刻意指定 `golang.org/x/text` 的版本号，Go 命令行工具根据默认的版本计算规则使用了 0.3.2 版本，此处我们暂不关心具体的版本号。

在没有合适的网络代理情况下，`golang.org/x/text` 很可能无法下载。此时就可以使用 `replace` 来让项目使用 GitHub 上相应的镜像包。我们可以添加一条新的 `replace` 条目：

```
replace (
    github.com/google/uuid v1.1.1 => github.com/google/uuid v1.1.0
    golang.org/x/text v0.3.2 => github.com/golang/text v0.3.2
)
```

此时，项目编译时就会从 GitHub 上下载包。源代码中 import 路径 `golang.org/x/text/xxx` 仍然不需要改变。

也许有读者会问，是否可以将 import 路径由 `golang.org/x/text/xxx` 改成 `github.com/golang/text/xxx`? 这样一来，就不需要使用 replace 来替换包了。

遗憾的是，不可以。因为 `github.com/golang/text` 只是镜像仓库，其 `go.mod` 文件中定义的 module 还是 `module golang.org/x/text`，这个 module 名字直接决定了 import 的路径。

2）调试依赖包

有时我们需要调试依赖包，此时就可以使用 `replace` 来修改依赖：

```
replace (
github.com/google/uuid v1.1.1 => ../uuid
golang.org/x/text v0.3.2 => github.com/golang/text v0.3.2
)
```

`github.com/google/uuid v1.1.1 => ../uuid` 语句使用本地的 uuid 来替换依赖包，此时，我们可以任意地修改 `../uuid` 目录的内容来进行调试。

除了使用相对路径，还可以使用绝对路径，甚至还可以使用自己的 fork 仓库。

3）使用 fork 仓库

有时在使用开源的依赖包时发现了 bug，在开源版本还未修改或没有新的版本发布时，可以使用 fork 仓库，在 fork 仓库中进行 "bug fix"。可以在 fork 仓库上发布新的版本，并相应地修改 go.mod 来使用 fork 仓库。

比如，"fork" 了开源包 github.com/google/uuid，fork 仓库地址为 github.com/RainbowMango/uuid，我们就可以在 fork 仓库里修改 bug 并发布新的版本 v1.1.2，此时使用 fork 仓库的项目的 go.mod 文件中 replace 部分可以相应地做如下修改：

```
github.com/google/uuid v1.1.1 => github.com/RainbowMango/uuid v1.1.2
```

需要说明的是，使用 fork 仓库仅仅是临时的做法，一旦开源版本变得可用，则需要尽快切换到开源版本。

4）禁止被依赖

另一种使用 replace 的场景是 module 不希望被直接引用，比如开源项目 Kubernetes，在它的 go.mod 中 require 部分有大量的 v0.0.0 依赖，比如：

```
module k8s.io/kubernetes

require (
    ...
    k8s.io/api v0.0.0
    k8s.io/apiextensions-apiserver v0.0.0
    k8s.io/apimachinery v0.0.0
    k8s.io/apiserver v0.0.0
    k8s.io/cli-runtime v0.0.0
    k8s.io/client-go v0.0.0
    k8s.io/cloud-provider v0.0.0
    ...
)
```

由于上面的依赖都不存在 0.0.0 版本，所以其他项目直接依赖 k8s.io/kubernetes 时会因无法找到版本而无法使用。因为 Kubernetes 不希望作为一个整体的 module 被直接使用，所以其他项目如有需要则可以引用 Kubernetes 的相关子 module。

Kubernetes 对外隐藏了依赖版本号，其真实的依赖通过 replace 指定：

```
replace (
    k8s.io/api => ./staging/src/k8s.io/api
    k8s.io/apiextensions-apiserver => ./staging/src/k8s.io/apiextensions-apiserver
    k8s.io/apimachinery => ./staging/src/k8s.io/apimachinery
    k8s.io/apiserver => ./staging/src/k8s.io/apiserver
    k8s.io/cli-runtime => ./staging/src/k8s.io/cli-runtime
    k8s.io/client-go => ./staging/src/k8s.io/client-go
    k8s.io/cloud-provider => ./staging/src/k8s.io/cloud-provider
)
```

前面我们说过，`replace` 指令在当前模块不是 `main module` 时会被自动忽略，Kubernetes 正是利用了这一特性来实现对外隐藏依赖版本号来达到禁止直接引用的目的。

12.3.4　exclude 指令

`go.mod` 文件中的 `exclude` 指令用于排除某个包的特定版本，其与 `replace` 类似，也仅在当前 `module` 为 `main module` 时有效，其他项目引用当前项目时，`exclude` 指令会被忽略。

`exclude` 指令在实际项目中很少被使用，因为很少会显式地排除某个包的某个版本，除非我们知道某个版本有严重的 bug。比如指令 `exclude github.com/google/uuid v1.1.0`，表示不使用 1.1.0 版本。

下面我们还是使用项目 `github.com/renhongcai/gomodule` 来举例说明。

1. 排除指定版本

在 `github.com/renhongcai/gomodule` 的 1.3.0 版本中，`go.mod` 文件如下：

```
module github.com/renhongcai/gomodule

go 1.13

require (
    github.com/google/uuid v1.0.0
    golang.org/x/text v0.3.2
)

replace golang.org/x/text v0.3.2 => github.com/golang/text v0.3.2
```

`github.com/google/uuid v1.0.0` 说明我们期望使用 `uuid` 包的 1.0.0 版本。

假定当前 uuid 仅有 v1.0.0、v1.1.0 和 v1.1.1 三个版本可用，而且我们假定 1.1.0 版本有严重的 bug。此时可以使用 exclude 指令将 uuid 的 1.1.0 版本排除在外，即在 go.mod 文件中添加如下内容：

```
exclude github.com/google/uuid v1.1.0
```

虽然我们暂时没有使用 uuid 的 1.1.0 版本，如果将来引用了其他包，正好其他包引用了 uuid 的 1.1.0 版本，那么此时根据版本选择机制，Go 将选择 1.1.0 版本，那么本处的 exclude 将发挥作用，Go 将跳过 1.1.0 版本继续选择更新的版本。

下面我们创建 github.com/renhongcai/exclude 包来验证该问题。

2. 创建依赖包

为了进一步说明 exclude 的用法，我们创建了一个仓库 github.com/renhongcai/exclude，并在该仓库中创建了一个 module github.com/renhongcai/exclude，其中 go.mod 文件（v1.0.0）如下：

```
module github.com/renhongcai/exclude

go 1.13

require github.com/google/uuid v1.1.0
```

可以看出其依赖 github.com/google/uuid 的 1.1.0 版本。创建 github.com/renhongcai/exclude 的目的是供 github.com/renhongcai/gomodule 使用。

3. 使用依赖包

由于 github.com/renhongcai/exclude 也引用了 uuid 包且引用了更新版本的 uuid，那么在 github.com/renhongcai/gomodule 引用 github.com/renhongcai/exclude 时，会被动地提升 uuid 的版本。

在没有添加 exclude 之前，编译时 github.com/renhongcai/gomodule 依赖的 uuid 版本会提升到 v1.1.0，与 github.com/renhongcai/exclude 保持一致，相应的 go.mod 也会被自动修改：

```
module github.com/renhongcai/gomodule

go 1.13
```

```
require (
    github.com/google/uuid v1.1.0
    github.com/renhongcai/exclude v1.0.0
    golang.org/x/text v0.3.2
)

replace golang.org/x/text v0.3.2 => github.com/golang/text v0.3.2
```

在添加了 `exclude github.com/google/uuid v1.1.0` 指令后，编译时 `github.com/renhongcai/gomodule` 依赖的 uuid 版本会自动跳过 v1.1.0，即选择 v1.1.1，相应的 go.mod 文件如下：

```
module github.com/renhongcai/gomodule

go 1.13

require (
    github.com/google/uuid v1.1.1
    github.com/renhongcai/exclude v1.0.0
    golang.org/x/text v0.3.2
)

replace golang.org/x/text v0.3.2 => github.com/golang/text v0.3.2

exclude github.com/google/uuid v1.1.0
```

在本例中，在选择版本时，跳过 uuid v1.1.0 后还有 v1.1.1 可用，Go 命令行工具可以自动选择 v1.1.1，如果没有更新的版本时将报错而无法编译。

12.3.5　indirect 指令

在使用 Go Module 的过程中，随着引入的依赖增多，细心的读者也许会发现 go.mod 文件中部分依赖包后面会出现一个"`// indirect`"的标识。这个标识总是出现在 `require` 指令中，其中"`//`"与代码的行注释一样表示注释的开始，"`indirect`"表示间接的依赖。

比如开源软件 Kubernetes（v1.17.0）的 go.mod 文件中就有数十个依赖包被标记为"`indirect`"：

```
require (
    github.com/Rican7/retry v0.1.0 // indirect
    github.com/auth0/go-jwt-middleware v0.0.0-20170425171159-5493cabe49f7
```

```
// indirect
       github.com/boltdb/bolt v1.3.1 // indirect
       github.com/checkpoint-restore/go-criu v0.0.0-20190109184317-bdb7599cd87b
// indirect
       github.com/codegangsta/negroni v1.0.0 // indirect
       ...
)
```

在执行命令 go mod tidy 时，Go Module 会自动整理 go.mod 文件，如果有必要则会在部分依赖包的后面增加 "// indirect" 注释。被添加 indirect 注释的依赖包说明该该依赖包被间接引用，而没有添加 "// indirect" 注释的依赖包则是被直接引用的，即明确地出现在某个 import 语句中。

这里需要着重强调的是：并不是所有的间接依赖都会出现在 go.mod 文件中。

间接依赖出现在 go.mod 文件中的情况，可能符合下面所列场景的一种或多种：

◎ 直接依赖未启用 Go Module；
◎ 直接依赖 go.mod 文件中缺失的部分依赖。

1. 直接依赖未启用 Go Module

如下图所示，module A 依赖 B，但是 B 还未切换成 module，即没有 go.mod 文件，当使用 go mod tidy 命令更新 A 的 go.mod 文件时，B 的两个依赖 B1 和 B2 会被添加到 A 的 go.mod 文件中（前提是 A 之前没有依赖 B1 和 B2），并且 B1 和 B2 还会被添加 "// indirect" 的注释。

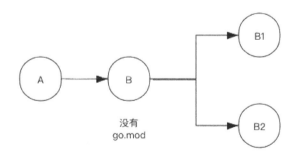

此时 module A 的 go.mod 文件中的 require 部分将变成：

```
require (
    B vx.x.x
    B1 vx.x.x // indirect
```

```
    B2 vx.x.x // indirect
)
```

依赖 B 及 B 的依赖 B1 和 B2 都会出现在 `go.mod` 文件中。

2. 直接依赖 go.mod 文件不完整

如上所述，如果依赖 B 没有 `go.mod` 文件，则 module A 会把 B 的所有依赖记录到 A 的 `go.mod` 文件中。即便 B 拥有 `go.mod`，如果 `go.mod` 文件不完整，则 module A 依然会记录部分 B 的依赖到 `go.mod` 文件中。

如下图所示，module B 虽然提供了 `go.mod` 文件中，但 `go.mod` 文件中只添加了依赖 B1，那么 A 在引用 B 时，则会在 A 的 `go.mod` 文件中添加 B2 作为间接依赖，B1 则不会出现在 A 的 `go.mod` 文件中。

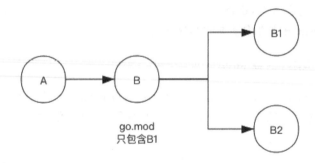

此时 Module A 的 `go.mod` 文件中的 require 部分将变成：

```
require (
    B vx.x.x
    B2 vx.x.x // indirect
)
```

由于 B1 已经包含进 B 的 `go.mod` 文件中，A 的 `go.mod` 文件则不必再记录，只会记录缺失的 B2。

3. 小结

1）为什么要记录间接依赖

在上面的例子中，如果某个依赖 B 没有 `go.mod` 文件，在 A 的 `go.mod` 文件中已经记录了依赖 B 及其版本号，那么为什么还要增加间接依赖呢？

我们知道 Go Module 需要精确地记录软件的依赖情况，虽然此处记录了依赖 B 的版本号，但 B 的依赖情况没有记录下来，所以如果 B 的 go.mod 文件缺失了（或没有）这个信息，则需要在 A 的 go.mod 文件中记录下来。此时间接依赖的版本号会根据 Go Module 的版本选择机制确定一个最优版本。

2）如何处理间接依赖

综上所述，间接依赖出现在 go.mod 中，可以在一定程度上说明依赖有瑕疵，要么是其不支持 Go Module，要么是其 go.mod 文件不完整。

由于 Go 语言从 v1.11 才推出 module 的特性，众多开源软件迁移到 Go Module 还需要一段时间，在过渡期必然会出现间接依赖，但随着时间的推进，在 go.mod 中出现 "// indirect" 的概率会越来越低。

出现间接依赖可能意味着你在使用过时的软件，如果有可能的话还是推荐尽快消除间接依赖。可以通过使用依赖的新版本或替换依赖的方式消除间接依赖。

3）如何查找间接依赖来源

Go Module 提供了 go mod why 命令来解释为什么会依赖某个软件包，如果要查看 go.mod 中某个间接依赖是被哪个依赖引入的，则可以使用 go mod why -m <pkg> 命令来查看。

比如，我们有如下的 go.mod 文件片段：

```
require (
    github.com/Rican7/retry v0.1.0 // indirect
    github.com/google/uuid v1.0.0
    github.com/renhongcai/indirect v1.0.0
    github.com/spf13/pflag v1.0.5 // indirect
    golang.org/x/text v0.3.2
)
```

如果希望确定间接依赖 github.com/Rican7/retry v0.1.0 // indirect 是被哪个依赖引入的，则可以使用 go mod why 命令来查看：

```
[root@ecs-d8b6 gomodule]# go mod why -m github.com/Rican7/retry
# github.com/Rican7/retry
github.com/renhongcai/gomodule
github.com/renhongcai/indirect
github.com/Rican7/retry
```

上面的打印信息中 `# github.com/Rican7/retry` 表示当前正在分析的依赖，后面几行则表示依赖链。`github.com/renhongcai/gomodule` 依赖 `github.com/renhongcai/indirect`，而 `github.com/renhongcai/indirect` 依赖 `github.com/Rican7/retry`。由此我们就可以判断出间接依赖 `github.com/Rican7/retry` 是被 `github.com/renhongcai/indirect` 引入的。

另外，`go mod why -m all` 命令可以分析所有依赖的依赖链。

12.3.6 版本选择机制

在前面的章节中，我们使用 `go get <pkg>` 来获取某个依赖，如果没有特别指定依赖的版本号，则 `go get` 会自动选择一个最优版本，如果本地有 `go.mod` 文件，那么还会自动更新 `go.mod` 文件。

事实上除了 `go get`，`go build` 和 `go mod tidy` 也会自动帮我们选择依赖的版本。这些命令在选择依赖版本时都遵循一定的规则，本节我们就开始介绍 Go Module 涉及的版本选择机制。

1. 依赖包版本约定

关于如何管理依赖包的版本，Go 语言提供了一个规范，并且 Go 语言的演进过程中也一直遵循这个规范。这个非强制性的规范主要围绕包的兼容性展开。对于如何处理依赖包的兼容性，根据是否支持 Go Module 分别有不同的建议。

1）Go Module 之前版本的兼容性

在 Go 1.11（开始引入 Go Module 的版本）之前，Go 官方就建议依赖包需要保持向后兼容，比如可导出的函数、变量、类型、常量等不可以随便删除。以函数为例，如果需要修改函数的入参，那么可以增加新的函数而不是直接修改原有的函数。

如果确实需要做一些打破兼容性的修改，则建议创建新的包。

比如仓库 `github.com/RainbowMango/xxx` 中包含一个 package A，此时该仓库只有一个 package：

◎ `github.com/RainbowMango/xxx/A`。

那么其他项目引用该依赖时的 import 路径为：

```
import "github.com/RainbowMango/xxx/A"
```

如果该依赖包需要引入一个不兼容的特性，则可以在该仓库中增加一个新的 package A1，此时该仓库包含两个包：

◎ github.com/RainbowMango/xxx/A；

◎ github.com/RainbowMango/xxx/A1。

其他项目在升级依赖包版本后不需要修改原有的代码就可以继续使用 package A，如果需要使用新的 package A1，那么只需要将 import 路径修改为 `import "github.com/RainbowMango/xxx/A1"`并做相应的适配即可。

2）Go Module 之后版本的兼容性

从 Go 1.11 开始，随着 Go Module 特性的引入，对依赖包的兼容性要求有了进一步的延伸，Go Module 开始关心依赖包版本管理系统（如 Git）中的版本号。尽管如此，兼容性要求的核心内容并没有改变：

◎ 如果新 package 和旧的 package 拥有相同的 import 路径，那么新 package 必须兼容旧的 package；

◎ 如果新的 package 不能兼容旧的 package，那么新的 package 需要更换 import 路径。

在前面的介绍中，我们知道 Go Module 的 go.mod 中记录的 module 名字决定了 import 路径。例如，在引用 module（`module github.com/renhongcai/indirect`）中的内容时，其 import 路径需要为 `import github.com/renhongcai/indirect`。

在 Go Module 时代，module 版本号要遵循语义化版本规范，即版本号格式为 `v<major>.<minor>.<patch>`，如 v1.2.3。当有不兼容的改变时，需要增加 major 版本号，如 v2.1.0。

Go Module 规定，如果 major 版本号大于 1，则 major 版本号需要显式地标记在 module 名字中，如 `module github.com/my/mod/v2`。这样做的好处是 Go Module 会把 module `github.com/my/mod/v2` 和 `module github.com/my/mod` 视作两个 module，它们甚至可以被同时引用。

另外，如果 module 的版本为 v0.x.x 或 v1.x.x，则都不需要在 module 名字中体现版本号。

2. 版本选择机制

Go 的多个命令行工具都有自动选择依赖版本的能力，如 `go build` 和 `go test`，当在源代码中增加了新的 import 后，这些命令会自动选择一个最优的版本，并更新 go.mod 文件。

需要特别说明的是，如果 go.mod 文件中已标记了某个依赖包的版本号，则这些命令不会主动更新 go.mod 中的版本号。所谓自动更新版本号只在 go.mod 中缺失某些依赖或依赖不匹配时才会发生。

1）最新版本选择

在源代码中新增加一个 import，比如：

```
import "github.com/RainbowMango/M"
```

如果 go.mod 的 require 指令中并没有包含 github.com/RainbowMango/M 这个依赖，那么 go build 或 go test 命令则会去 github.com/RainbowMango/M 仓库中寻找最新的符合语义化版本规范的版本，如 v1.2.3，并在 go.mod 文件中增加一条 require 依赖：

```
require github.com/RainbowMango/M v1.2.3
```

这里，由于 import 路径里没有类似于 v2 或更高的版本号，所以版本选择时只会选择 v1.x.x 的版本，不会选择 v2.x.x 或更高的版本。

2）最小版本选择

有时记录在 go.mod 文件中的依赖包版本会随着引入其他依赖包而发生变化，如下图所示。

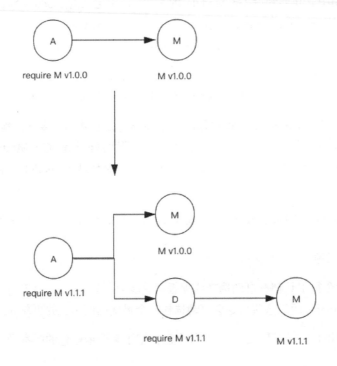

module A 依赖 module M 的 1.0.0 版本，但之后 module A 引入了 module D，而 module D 依赖 module M 的 1.1.1 版本，此时，由于依赖的传递，module A 也会选择 1.1.1 版本。

需要注意的是，此时会自动选择最小可用的版本，而不是最新的 tag 版本。

3. 小结

本节首先介绍了 Go 语言针对依赖包版本管理的约定，这个不能算是强制性的要求，但如果不遵守该约定，则后续该依赖包的使用者将遇到麻烦，最终有可能弃用这个不规范的依赖包。

接着介绍了 Go Module 机制所采用的自动版本选择算法，除了自动版本选择，我们还可以显式地指定依赖包的版本。另外，除了在 `go.mod` 文件中指定依赖的 tag 版本号，还可以使用假的版本号，这些内容我们将在后续的章节中详细介绍。

12.3.7 incompatible

在前面的章节中，我们介绍了 Go Module 的版本选择机制，其中介绍了一个 module 的版本号需要遵循 `v<major>.<minor>.<patch>` 的格式，并且，如果 `major` 版本号大于 1，其版本号还需要体现在 module 名字中。

比如 module `github.com/RainbowMango/m`，如果其版本号增长到 `v2.x.x`，则其 module 名字也需要相应地改变为 `github.com/RainbowMango/m/v2`，即当 `major` 版本号大于 1 时，需要在 module 名字中体现版本。

如果 module 的 `major` 版本号变成了 `v2.x.x`，但 module 名字仍保持原样会怎么样呢？其他项目是否还可以引用呢？其他项目引用时有没有风险呢？这就是下面要讨论的内容。

1. 能否引用不兼容的包

我们还是以 module `github.com/RainbowMango/m` 为例，假如其当前版本为 `v3.6.0`，因为其 module 名字未遵循 Go 所推荐的风格，即 module 名中未附带版本信息，我们称这个 module 为不规范的 module。

不规范的 module 还是可以引用的，但跟引用规范的 module 略有差别。

如果在项目 A 中引用了该 module，则使用 `go mod tidy` 命令会自动查找 module m 的最新版本，即 `v3.6.0`。由于 module 为不规范的 module，为了加以区分，Go 命令会在 `go.mod` 中增加 `+incompatible` 标识。

```
require (
    github.com/RainbowMango/m v3.6.0+incompatible
)
```

对于使用不规范模块的项目来讲，在不规范模块后面增加+incompatible（不兼容）标识并不影响使用。

但是从 Go 1.14 起，如果不规范模块中也包含 go.mod 文件（说明其已支持 Go Module），那么其他项目在使用这个不规范模块时，go get 将不会自动选择不兼容的版本（即版本号大于 v2.0.0 的版本）。这也体现了 Go 官方对于不规范模块的消极态度。

2. 如何处理 incompatible

go.mod 文件中出现+incompatible，说明引用了一个不规范的 module，在正常情况下，只能说明这个 module 版本未遵循版本化语义规范。但引用这个不规范的 module 可能还有一定的风险。

比如，我们以某开源 module github.com/blang/semver 为例，编写本文时，该 module 最新版本为 v3.6.0，但其 go.mod 中记录的 module 却是：

```
module github.com/blang/semver
```

module github.com/blang/semver 在另一个著名的开源软件 Kubernetes（github.com/kubernetes/kubernetes）中被引用，那么 Kubernetes 的 go.mod 文件则会标记这个 module 为 +incompatible：

```
require (
    ...
    github.com/blang/semver v3.5.0+incompatible
    ...
)
```

站在 Kubernetes 的角度，此处的困扰在于，如果将来 github.com/blang/semver 发布了新版本 v4.0.0，但不幸的是 module 名字仍然为 github.com/blang/semver，那么升级这个 module 的版本将变得困难。因为 v3.6.0 到 v4.0.0 跨越了大版本，按照语义化版本规范，说明该模块发生了不兼容的改变，既然不兼容，那么项目维护者有必要对升级持谨慎态度，甚至放弃升级。

站在 github.com/blang/semver 的角度，如果迟迟不能将自身变得"规范"，那么其他项目有可能放弃本 module，转而使用其他更规范的 module。开源项目如果没有了使用者，那么也就走到了生命周期的尽头。

12.3.8 伪版本

在 go.mod 中通常使用语义化版本来标记依赖，比如 v1.2.3、v0.1.5 等。因为 go.mod 文件通常是 go 命令自动生成并修改的，所以实际上是 go 命令比较倾向使用语义化版本。

诸如 v1.2.3 和 v0.1.5 这样的语义化版本，实际上是某个 commit ID 的标记，真正的版本还是 commit ID。比如 github.com/renhongcai/gomodule 项目的 v1.5.0 对应的真实版本为 20e9757b072283e5f57be41405fe7aaf867db220。

由于语义化版本比 commit ID 更直观（方便交流与比较版本大小），所以一般情况下使用语义化版本。

1. 什么是伪版本

在实际项目中，有时不得不直接使用一个 commit ID，比如某项目发布了 v1.5.0，但随即又修复了一个 bug（引入一个新的 commit ID），而且没有发布新的版本。此时，如果我们希望使用最新的版本，则需要直接引用最新的 commit ID，而不是之前的语义化版本 v1.5.0。使用 commit ID 的版本在 Go 语言中称为 pseudo-version，可译为"伪版本"。

伪版本的版本号通常会使用 vx.y.z-yyyymmddhhmmss-abcdefabcdef 格式，其中 vx.y.z 看上去像是一个真实的语义化版本，但通常并不存在该版本，所以称为伪版本。另外 abcdefabcdef 表示某个 commit ID 的前 12 位，而 yyyymmddhhmmss 表示该 commit 的提交时间，方便进行版本比较。

使用伪版本的 go.mod 的例子如下：

```
...
require (
    go.etcd.io/etcd v0.0.0-20191023171146-3cf2f69b5738
)
...
```

2. 伪版本风格

伪版本格式都为 vx.y.z-yyyymmddhhmmss-abcdefabcdef，但 vx.y.z 部分在不同情况下略有区别，有时可能是 vx.y.z-pre.0 或 vx.y.z-0，甚至是 vx.y.z-dev.2.0 等。

vx.y.z 的具体格式取决于引用 commit ID 之前的版本号，如果引用 commit ID 之前最新的 tag 版本为 v1.5.0，那么伪版本号在其基础上增加一个标记，即 v1.5.1-0，看上去像是下一个版本一样。

实际使用中 go 命令会帮助我们自动生成伪版本，不需要手动计算，所以此处我们仅做基本说明。

3. 如何获取伪版本

我们使用具体的例子来演示如何使用伪版本。在 github.com/renhongcai/gomodule 仓库中存在 v1.5.0 tag 版本，在 v1.5.0 之后又提交了一个 commit，并没有发布新的版本。其版本示意图如下图所示。

```
20e9757b072283e5f57be41405fe7aaf867db220    ──►    6eb27062747a458a27fb05fceff6e3175e5eca95

      commit-A 对应的tag 版本为v1.5.0                      commit-B 没有tag版本
```

为了方便描述，我们把 v1.5.0 对应的 commit 称为 commit-A，而其随后的 commit 称为 commit-B。

如果要使用 commit-A，即 v1.5.0，则可使用 go get github.com/renhongcai/gomodule@v1.5.0 命令：

```
[root@ecs-d8b6 ~]# go get github.com/renhongcai/gomodule@v1.5.0
  go: finding github.com/renhongcai/gomodule v1.5.0
  go: downloading github.com/renhongcai/gomodule v1.5.0
  go: extracting github.com/renhongcai/gomodule v1.5.0
  go: finding github.com/renhongcai/indirect v1.0.1
```

此时，如果存在 go.mod 文件，则 github.com/renhongcai/gomodule 体现在 go.mod 文件中的版本为 v1.5.0。

如果要使用 commit-B，则可使用 go get github.com/renhongcai/gomodule@6eb27062747-a458a27fb05fceff6e3175e5eca95 命令（可以使用完整的 commit ID，也可以只使用前 12 位）：

```
[root@ecs-d8b6 ~]# go get github.com/renhongcai/
gomodule@6eb27062747a458a27fb05fceff6e3175e5eca95
  go: finding github.com 6eb27062747a458a27fb05fceff6e3175e5eca95
  go: finding github.com/renhongcai/gomodule
```

```
6eb27062747a458a27fb05fceff6e3175e5eca95
    go: finding github.com/renhongcai 6eb27062747a458a27fb05fceff6e3175e5eca95
    go: downloading github.com/renhongcai/gomodule v1.5.1-0.20200203082525-6eb27062747a
    go: extracting github.com/renhongcai/gomodule v1.5.1-0.20200203082525-6eb27062747a
    go: finding github.com/renhongcai/indirect v1.0.2
```

此时，可以看到生成的伪版本号为 `v1.5.1-0.20200203082525-6eb27062747a`，当前最新版本为 `v1.5.0`，`go` 命令生成伪版本号时自动增加了版本。此时，如果存在 `go.mod` 文件，则 `github.com/renhongcai/gomodule` 体现在 `go.mod` 文件中的版本为该伪版本号。

12.3.9 依赖包存储

在前面介绍 `GOPATH` 的章节中，我们提到在 `GOPATH` 模式下不方便使用同一个依赖包的多个版本。在 `GOMODULE` 模式下这个问题得到了很好的解决，因为两种模式下依赖包的存储位置发生了显著的变化。

在 `GOPATH` 模式下，依赖包存储在 `$GOPATH/src` 下，该目录下只保存特定依赖包的一个版本，而在 `GOMODULE` 模式下，依赖包存储在 `$GOPATH/pkg/mod` 下，该目录下可以存储特定依赖包的多个版本。

需要注意的是，`$GOPATH/pkg/mod` 目录下有一个 `cache` 目录，它用来存储依赖包的缓存，简单来说，`go` 命令每次下载新的依赖包都会在该 `cache` 目录中保存一份。关于该目录的工作机制我们留到 `GOPROXY` 章节时再详细介绍。

接下来我们以开源项目 `github.com/google/uuid` 为例分别说明在 `GOPATH` 模式和 `GOMODULE` 模式下特定依赖包的存储机制。在下面的操作中，我们使用 `GO111MODULE` 环境变量控制具体的模式。

◎ `export GO111MODULE=off`：切换到 `GOPATH` 模式；
◎ `export GO111MODULE=on`：切换到 `GOMODULE` 模式。

1. GOPATH 依赖包存储

为了实验 `GOPATH` 模式下依赖包的存储方式，我们可以使用以下命令来获取 `github.com/google/uuid`：

```
# export GO111MODULE=off
# go get -v github.com/google/uuid
```

在 GOPATH 模式下，go get 命令会将依赖包下载到 $GOPATH/src/google 目录下。

该命令等同于在 $GOPATH/src/google 目录下执行 git clone https://github.com/google/uuid.git，也就是说 $GOPATH/src/google/uuid 目录下存储的是完整的仓库。

2. GOMODULE 依赖包存储

为了实验 GOMODULE 模式下依赖的存储方式，我们使用以下命令来获取 github.com/google/uuid：

```
# export GO111MODULE=on
# go get -v github.com/google/uuid
# go get -v github.com/google/uuid@v1.0.0
# go get -v github.com/google/uuid@v1.1.0
# go get -v github.com/google/uuid@v1.1.1
```

在 GOMODULE 模式下，go get 命令会将依赖包下载到 $GOPATH/pkg/mod 目录下，并且按照依赖包的版本分别存放。注：go get 命令不指定特定版本时，默认会下载最新版本，即 v1.1.1，如果软件包有新版本发布，则实验结果将有所不同。

此时 $GOPATH/pkg/mod 目录的结构如下：

```
${GOPATH}/pkg/mod/github.com/google
├── uuid@v1.0.0
├── uuid@v1.1.0
├── uuid@v1.1.1
```

相较于 GOPATH 模式，GOMODULE 有两处不同点：

◎ 依赖包的目录中包含了版本号，每个版本占用一个目录；
◎ 依赖包的特定版本目录中只包含依赖包文件，不包含 .git 目录。

由于依赖包的每个版本都有唯一的目录，所以在多项目场景中使用同一个依赖包的多版本时才不会产生冲突。另外，由于依赖包的每个版本都有唯一的目录，表示该目录内容不会发生改变，也就不必再存储其位于版本管理系统（如 Git）中的版本历史信息。在 GOMODULE 模式下，只需要下载模块的代码文件，而不必克隆整个仓库，这大大节省了网络带宽和存储资源。

3. 包名大小写敏感问题

有时我们使用的包名中会包含大写字母，比如 github.com/Azure/azure-sdk-for-go，在 GOMODULE 模式下，在存储时会将包名做大小写编码处理，即每个大写字母将变成"!+相应的小写字母",比如 github.com/Azure 包在存储时将被放置在 $GOPATH/pkg/mod/github.com/!azure 目录中。

需要注意的是,在 GOMODULE 模式下使用 go get 命令时,如果不小心将某个包名大小写搞错,比如将 github.com/google/uuid 写成 github.com/google/UUID,在存储依赖包时会严格按照 go get 命令指示的包名进行存储。

使用大写的 UUID 如下:

```
[root@ecs-d8b6 uuid]# go get -v github.com/google/UUID@v1.0.0
go: finding github.com v1.0.0
go: finding github.com/google v1.0.0
go: finding github.com/google/UUID v1.0.0
go: downloading github.com/google/UUID v1.0.0
go: extracting github.com/google/UUID v1.0.0
github.com/google/UUID
```

由于 github.com/google/uuid 域名不区分大小写,所以使用 github.com/google/UUID 下载包时仍然可以下载,但在存储时将严格区分大小写,此时 $GOPATH/pkg/mod/google/ 目录下将多出一个 !u!u!i!d@v1.0.0 目录:

```
${GOPATH}/pkg/mod/github.com/google
├── uuid@v1.0.0
├── uuid@v1.1.0
├── uuid@v1.1.1
├── !u!u!i!d@v1.0.0
```

在 go get 中使用错误的包名,除了会增加额外的不必要的存储空间,还可能影响 go 命令解析依赖,甚至将错误的包名使用到 import 指令中,所以在实际使用时应该尽量避免。

12.3.10 go.sum

为了确保一致性构建,Go 引入了 go.mod 文件来标记每个依赖包的版本,在构建过程中 go 命令会下载 go.mod 中的依赖包,下载的依赖包会缓存在本地,以便下次构建。考虑到下载的依赖包有可能是被黑客恶意篡改的,以及缓存在本地的依赖包也有被篡改的可能,单单一个 go.mod 文件并不能保证一致性构建。

为了解决 Go Module 的这一安全隐患,Go 开发团队在引入 go.mod 的同时引入了 go.sum 文件,用于记录每个依赖包的 Hash 值,在构建时,如果本地依赖包的 Hash 值与 go.sum 文件中记录的内容不一致，则会拒绝构建。

本节暂不对模块校验细节展开介绍，只从日常应用层面介绍：

◎ go.sum 文件记录的含义；
◎ go.sum 文件内容是如何生成的；
◎ go.sum 是如何保证一致性构建的。

1. go.sum 文件记录

go.sum 文件中的每行记录由 module 名、版本和 Hash 值组成，并由空格分开：

```
<module> <version>[/go.mod] <hash>
```

比如，某个 go.sum 文件中记录了 github.com/google/uuid 这个依赖包的 1.1.1 版本的 Hash 值：

```
github.com/google/uuid v1.1.1 h1:Gkbcsh/GbpXz7lPftLA3P6TYMwjCLYm83jiFQZF/3gY=
github.com/google/uuid v1.1.1/go.mod h1:TIyPZe4MgqvfeYDBFedMoGGpEw/
LqOcaOT+nhxU+yHo=
```

在 Go Module 机制下，我们需要同时使用依赖包的名称和版本才可以准确地描述一个依赖，为了方便叙述，下面我们使用依赖包版本来指代依赖包的名称和版本。

正常情况下，每个依赖包版本会包含两条记录，第一条记录为该依赖包版本整体（所有文件）的 Hash 值，第二条记录仅表示该依赖包版本中 go.mod 文件的 Hash 值，如果该依赖包版本没有 go.mod 文件，则只有第一条记录。在上面的例子中，v1.1.1 表示该依赖包版本整体，而 v1.1.1/go.mod 表示该依赖包版本中的 go.mod 文件。

依赖包版本中任何一个文件（包括 go.mod）改动，都会改变其整体 Hash 值，此处再额外记录的依赖包版本的 go.mod 文件主要是为了计算依赖树时不必下载完整的依赖包版本，只根据 go.mod 即可计算依赖树。

每条记录中的 Hash 值前均有一个表示 Hash 算法的 h1:，表示后面的 Hash 值是由算法 SHA-256 计算出来的，自 Go Module 从 1.11 版本初次实验性引入，直至 1.14 版本，只有这一个算法。

此外，细心的读者或许会发现 go.sum 文件中记录的依赖包版本数量往往比 go.mod 文件中的要多，这是由二者记录的粒度不同导致的。go.mod 只需要记录直接依赖的依赖包版本，只在依赖包版本不包含 go.mod 文件时才会记录间接依赖包版本，而 go.sum 则要记录构建用到的所有依赖包版本。

2. 生成

假设在开发某个项目时，在 GOMODULE 模式下引入一个新的依赖，通常会使用 go get 命令获取该依赖，比如：

```
go get github.com/google/uuid@v1.0.0
```

go get 命令首先会将该依赖包下载到本地缓存目录 $GOPATH/pkg/mod/cache/download 中，该依赖包是一个后缀为 .zip 的压缩包，如 v1.0.0.zip。go get 下载完成后会对该 .zip 包做 Hash 运算，并将结果存放在后缀为 .ziphash 的文件中，如 v1.0.0.ziphash。如果在项目的根目录中执行 go get 命令，那么 go get 还会同步更新 go.mod 和 go.sum 文件，go.mod 中记录的是依赖名及其版本，例如：

```
require (
    github.com/google/uuid v1.0.0
)
```

go.sum 文件中则会记录依赖包的 Hash 值（同时还有依赖包中 go.mod 的 Hash 值），例如：

```
github.com/google/uuid v1.0.0 h1:b4Gk+7WdP/d3HZH8EJsZpvV7EtDOgaZLtnaNGIu1adA=
github.com/google/uuid v1.0.0/go.mod h1:TIyPZe4MgqvfeYDBFedMoGGpEw/
LqOeaOT+nhxU+yHo=
```

值得一提的是，在更新 go.sum 之前，为了确保下载的依赖包是真实可靠的，go 命令在下载完依赖包后还会咨询 GOSUMDB 环境变量所指示的服务器，以得到一个权威的依赖包版本的 Hash 值。如果 go 命令计算出的依赖包版本的 Hash 值与 GOSUMDB 服务器给出的 Hash 值不一致，那么 go 命令将拒绝向下执行，也不会更新 go.sum 文件。

go.sum 存在的意义在于，我们希望别人或者在别的环境中构建项目时所使用依赖包必须跟 go.sum 中记录的是完全一致的，从而达到一致构建的目的。

3. 校验

假设我们拿到某项目的源代码并尝试在本地构建，go 命令会从本地缓存中查找所有 go.mod 中记录的依赖包，并计算本地依赖包的 Hash 值，然后与 go.sum 中的记录进行对比，即检测本地缓存中使用的依赖包版本是否满足项目 go.sum 文件的期望。

如果校验失败，则说明本地缓存目录中依赖包版本的 Hash 值和项目的 go.sum 中记录的

Hash 值不一致，go 命令将拒绝构建。这就是 go.sum 存在的意义，即如果不使用期望的版本，就不能构建。

当校验失败时，有必要确认到底是本地缓存错了，还是 go.sum 记录错了。需要说明的是，二者都可能出错，本地缓存目录中的依赖包版本有可能被有意或无意地修改过，go.sum 中记录的 Hash 值也可能被篡改过。

当校验失败时，go 命令倾向于相信 go.sum，因为一个新的依赖包版本在被添加到 go.sum 前是经过 GOSUMDB（校验和数据库）验证过的。此时即便系统中配置了 GOSUMDB（校验和数据库），go 命令也不会查询该数据库。

4. 校验和数据库

环境变量 GOSUMDB 标识一个 checksum database，即校验和数据库，实际上是一个 Web 服务器，该服务器提供查询依赖包版本的 Hash 值的服务。

该数据库中记录了很多依赖包版本的 Hash 值，比如 Google 官方的 sum.golang.org 记录了所有可公开获得的依赖包版本。除了使用官方的数据库，还可以指定自行搭建的数据库，甚至干脆禁用它（export GOSUMDB=off）。

如果系统配置了 GOSUMDB，那么在依赖包版本被写入 go.sum 之前会向该数据库查询该依赖包版本的 Hash 值进行二次校验，校验无误后再写入 go.sum。

如果系统禁用了 GOSUMDB，那么在依赖包版本被写入 go.sum 之前不会进行二次校验，go 命令会相信所有下载到的依赖包，并把其 Hash 值记录到 go.sum 中。

12.3.11 模块代理

1. 什么是 GOPROXY

在 GOMODULE 模式下，如果本地没有缓存，那么 go 命令将从各个版本控制系统中拉取模块，比如 github.com、bitbucket.org、golang.org 等。面对如此众多的版本控制系统，考虑到不同国家和地区的网络状况，很可能出现模块下载缓慢或无法下载的情况。

为了提高模块的下载速度，Go 团队提供了模块镜像服务，即 proxy.golang.org。该服务通过缓存公开可获得的模块来为 Go 开发者服务，该服务实际上充当了众多版本控制系统的代理，如下图所示。

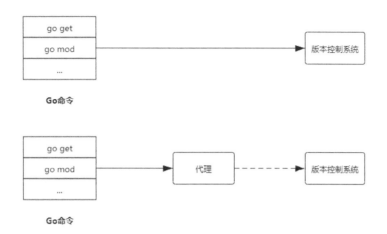

go 命令通过环境变量 GOPROXY 读取镜像服务器地址，该变量默认指向官方的镜像服务器地址：

```
# go env
...
GOPROXY="https://proxy.golang.org,direct"
...
```

Go 自 1.13 版本起支持配置多个用逗号分隔的镜像服务器地址，使用 go 命令下载模块时会依次从各镜像服务器下载，直到下载成功为止，行尾的 direct 表示如果前面的镜像服务器没有指定的模块则从源地址下载。

注意，go 命令依次请求 GOPROXY 列出的服务器时，如果代理服务器无法响应（HTTP 返回码为 404、410 除外），那么将不再继续尝试后续的代理服务器。

2. 代理协议

任何实现代理协议的 Web 服务器都可以充当 GOPROXY 代理，所谓代理协议仅仅定义了几个 GET 请求，并且没有参数，所以实现自己的代理服务器比较简单，甚至简单的文件服务器也可以胜任。

go 命令使用协议约定的格式获取模块信息，并缓存到本地的 `$GOPATH/pkg/mod/cache/download` 目录中，下面简称缓存目录。

事实上缓存目录结构完全可以作为最简单的代理服务器目录结构，了解这些协议时可以同时参照本地缓存目录。

下面我们以模块 github.com/google/uuid 为例进行说明，读者可用以下命令先生成缓存目录：

```
# go get github.com/google/uuid@latest
```

1）获取模块列表

代理服务器需要响应 GET $GOPROXY/<module>/@v/list 请求，并返回当前代理服务中该模块版本列表。例如：

```
# curl https://proxy.golang.org/github.com/google/uuid/@v/list
v1.0.0
v1.1.1
v1.1.0
```

通常 go 命令需要下载模块的最新可用版本时（比如 go get <module>@latest），会发起此请求获取所有可用的版本，并从中选择最新的版本。

list 文件存放于缓存目录的 $GOPATH/pkg/mod/cache/download/github.com/google/uuid/@v/list 文件中，每行记录一个版本。如果 $GOPATH 包含多个目录，则取第一个目录。

2）获取模块元素数据

代理服务器需要响应 GET $GOPROXY/<module>/@v/<version>.info 请求，并返回当前代理服务器中特定版本的模块元素数据。例如：

```
# curl https://proxy.golang.org/github.com/google/uuid/@v/v1.1.1.info
{"Version":"v1.1.1","Time":"2019-02-27T21:05:49Z"}
```

当使用 go 命令直接或间接下载特定版本时会触发该请求。

info 文件存放于缓存目录中的 $GOPATH/pkg/mod/cache/download/github.com/google/uuid/@v/v1.1.1.info 文件中。元数据使用结构体 Info 表示，分别记录版本号及该版本时间：

```
type Info struct {
    Version string
    Time    time.Time
}
```

3）获取 go.mod 文件

代理服务器需要响应 GET $GOPROXY/<module>/@v/<version>.mod 请求，并返回当前代理服务器中特定版本模块的 go.mod 文件。例如：

```
# curl https://proxy.golang.org/github.com/google/uuid/@v/v1.1.1.mod
```

```
module github.com/google/uuid
```

由于该例子中的模块无其他依赖，所以其 go.mod 文件只包含一个 module 名称。

go.mod 文件存放于缓存目录的 `$GOPATH/pkg/mod/cache/download/github.com/google/uuid/@v/v1.1.1.mod` 文件中。

4）获取代码压缩包

代理服务器需要响应 GET `$GOPROXY/<module>/@v/<version>.zip` 请求，并返回当前代理服务器中特定版本模块的压缩包。例如：

```
# curl https://proxy.golang.org/github.com/google/uuid/@v/v1.1.1.zip
...
```

该压缩包中仅包含该版本的文件，不包含版本控制信息。压缩包存放于缓存目录的 `$GOPATH/pkg/mod/cache/download/github.com/google/uuid/@v/v1.1.1.zip` 文件中。

5）获取模块的最新可用版本

请求 GET `$GOPROXY/<module>/@latest` 用于获取指定模块的最新可用版本，返回最新可用版本的元数据，内容与上述 info 文件一致。例如：

```
# curl https://proxy.golang.org/github.com/google/uuid/@latest
{"Version":"v1.1.1","Time":"2019-02-27T21:05:49Z"}
```

go 命令获取模块最新可用版本时，往往是通过 GET `$GOPROXY/<module>/@v/list` 获取模块的版本列表的，从而计算出最新可用版本，所以实际上 GET `$GOPROXY/<module>/@latest` 是备用的。只有当无法获取 list 文件或 list 文件中的版本不可用时才会使用 GET `$GOPROXY/<module>/@latest`。

GET `$GOPROXY/<module>/@latest` 是唯一一个可选的协议，代理服务器可以不实现它。

6）下载过程

以模块 `go.dog/uuid` 的下载为例，请求代理服务器的全过程如下图所示。

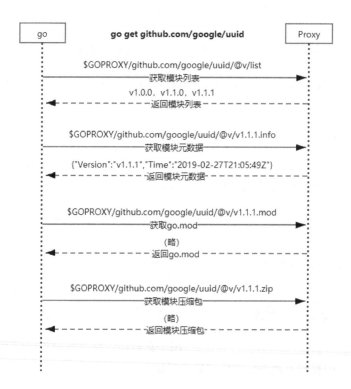

3. 观察下载步骤

使用 `go mod download` 命令观察请求代理服务器的信息：

```
[root@ecs-d8b6 ~]# go mod download -x -json github.com/google/uuid@latest
# get https://proxy.golang.org/github.com/google/uuid/@v/list
# get https://proxy.golang.org/github.com/google/uuid/@v/list: 200 OK (0.145s)
# get https://proxy.golang.org/github.com/google/uuid/@v/v1.1.1.info
# get https://proxy.golang.org/github.com/google/uuid/@v/v1.1.1.info: 200 OK (0.003s)
# get https://proxy.golang.org/github.com/google/uuid/@v/v1.1.1.mod
# get https://proxy.golang.org/github.com/google/uuid/@v/v1.1.1.mod: 200 OK (0.003s)
# get https://proxy.golang.org/github.com/google/uuid/@v/v1.1.1.zip
# get https://proxy.golang.org/github.com/google/uuid/@v/v1.1.1.zip: 200 OK (0.003s)
{
    "Path": "github.com/google/uuid",
    "Version": "v1.1.1",
```

```
    "Info": "/root/go/pkg/mod/cache/download/github.com/google/uuid/@v/v1.1.1.info",
    "GoMod": "/root/go/pkg/mod/cache/download/github.com/google/uuid/@v/v1.1.1.mod",
    "Zip": "/root/go/pkg/mod/cache/download/github.com/google/uuid/@v/v1.1.1.zip",
    "Dir": "/root/go/pkg/mod/github.com/google/uuid@v1.1.1",
    "Sum": "h1:Gkbcsh/GbpXz7lPftLA3P6TYMwjCLYm83jiFQZF/3gY=",
    "GoModSum": "h1:TIyPZe4MgqvfeYDBFedMoGGpEw/LqOeaOT+nhxU+yHo="
}
```

`go mod download` 的 `-x` 参数表示打印下载细节，可从中看出请求代理服务器的过程，`-json` 参数表示打印出下载的模块的信息。注意打印信息中的 `"Dir":` 并非上面提到的缓存目录，而是 `$GOPATH/pkg/mod`，在模块被下载完成后 zip 文件将被解压到该目录中，以便于编译使用。

如果使用 `go mod download -x -json github.com/google/uuid@v1.1.1` 命令（指定具体版本），那么将跳过上面的 `get https://proxy.golang.org/github.com/google/uuid/@v/list` 请求：

```
[root@ecs-d8b6 ~]# go mod download -x -json github.com/google/uuid@v1.1.1
# get https://proxy.golang.org/github.com/google/uuid/@v/v1.1.1.info
# get https://proxy.golang.org/github.com/google/uuid/@v/v1.1.1.info: 200 OK (0.104s)
# get https://proxy.golang.org/github.com/google/uuid/@v/v1.1.1.mod
# get https://proxy.golang.org/github.com/google/uuid/@v/v1.1.1.mod: 200 OK (0.095s)
# get https://proxy.golang.org/github.com/google/uuid/@v/v1.1.1.zip
# get https://proxy.golang.org/github.com/google/uuid/@v/v1.1.1.zip: 200 OK (0.003s)
{
    "Path": "github.com/google/uuid",
    "Version": "v1.1.1",
    "Info": "/root/go/pkg/mod/cache/download/github.com/google/uuid/@v/v1.1.1.info",
    "GoMod": "/root/go/pkg/mod/cache/download/github.com/google/uuid/@v/v1.1.1.mod",
    "Zip": "/root/go/pkg/mod/cache/download/github.com/google/uuid/@v/v1.1.1.zip",
    "Dir": "/root/go/pkg/mod/github.com/google/uuid@v1.1.1",
    "Sum": "h1:Gkbcsh/GbpXz7lPftLA3P6TYMwjCLYm83jiFQZF/3gY=",
    "GoModSum": "h1:TIyPZe4MgqvfeYDBFedMoGGpEw/LqOeaOT+nhxU+yHo="
}
```

下载完成后本地缓存目录的拓扑结构如下：

```
[root@ecs-d8b6 ~]# tree $GOPATH/pkg/mod/cache/download/github.com/google/uuid/\@v/
/root/go/pkg/mod/cache/download/github.com/google/uuid/@v/
```

```
├── list
├── list.lock
├── v1.1.1.info
├── v1.1.1.lock
├── v1.1.1.mod
├── v1.1.1.zip
└── v1.1.1.ziphash
```

其中 `list.lock`、`v1.1.1.lock` 为文件锁，而 `v1.1.1.ziphash` 文件中存放的是 `v1.1.1.zip` 的 Hash 值，它们是在下载过程自动创建的，并在后续的操作中用于避免读写冲突及避免频繁对 `v1.1.1.zip` 做 Hash 运算。

如果不使用 GOPROXY，那么 go 命令会直接从源版本系统中获取相关信息，并生成相应的文件存放到缓存目录中，看起来像是从代理服务器中下载的一样。

从源版本控制系统中获取模块会涉及较多复杂的操作，此处不再展开，有兴趣的读者可使用以下命令查看下载过程。

```
[root@ecs-d8b6 ~]# export GOPROXY=direct
[root@ecs-d8b6 ~]# go mod download -x -json github.com/google/uuid@v1.1.1
```

4. 小结

本节简单介绍了模块代理服务器协议及 go 命令如何使用这些协议下载模块。Go 官方提供的代理服务器（proxy.golang.org）仅解决了模块下载的问题，后续我们还会介绍模块校验服务器（sum.golang.org）来保证模块的安全问题。

另外，无论官方的代理服务器还是官方的校验服务器，仅能处理公开可获得的模块。对于工作在企业内部的开发者来说，使用非开源的模块时，很可能就需要实现自己的代理服务器了。

关于如何实现自己的代理服务器，在介绍完校验服务器后再进行介绍。

12.3.12 GOSUMDB 的工作机制

在 Go 1.13 中，引入了新的环境变量 GOSUMDB，其默认值为官方的 checksum database，即校验和数据库 sum.golang.org：

```
GOSUMDB="sum.golang.org"
```

本节我们从日常使用的角度介绍 GOSUMDB 的作用机制，GOSUMDB 的实现原理则放到下一节再展开。本节我们重点关注以下几个问题：

◎ 引入 GOSUMDB 的背景是什么？或者说 GOSUMDB 用于解决什么问题？
◎ GOSUMDB 是如何校验模块的？
◎ GOSUMDB 有哪些限制？

1. 环境变量

GOSUMDB 用于指示 go 命令校验模块时应该信赖哪个数据库，完整格式的 GOSUMDB 配置包含校验和数据库的名字、校验和数据库服务的公钥及校验和数据库服务的 URL，如下所示。

```
GOSUMDB="<checksum database name>+<publickey> <checksum database service URL>"
```

其中由 "+" 号连接的校验和数据库名字及公钥必须要指定，空格之后的校验和数据库服务的 URL 则是可选的，其默认为值为 `https://<checksum database name>`。为什么默认的 GOSUMDB 环境变量仅仅指定了一个校验和数据库的名字呢？

这是因为 `sum.golang.org` 是官方的数据库，该数据库的公钥被写入了 go 命令行工具中：

```
var knownGOSUMDB = map[string]string{
    "sum.golang.org": "sum.golang.org+033de0ae+Ac4zctda0e5eza+HJyk9SxEdh+s3Ux18htTTAD8OuAn8",
}
```

当 go 命令需要访问校验和数据库时，会读取 GOSUMDB 环境变量，如果值为 `sum.golang.org`，则会从上面的 map 表中获取了公钥。所以，为了保持环境变量的整洁，默认值仅使用了校验和数据库的名字。

这里需要说明的是，go 命令内置了校验和数据库的客户端，该客户端使用 GOSUMDB 环境变量来获取访问数据库服务的公钥和地址。如果使用第三方提供的校验和数据库服务，则需要通过 GOSUMDB 配置合适的参数。

2. 引入 GOSUMDB 的背景

1) 正确的模块版本

GOSUMDB 致力于保证 go 命令能获取到正确的版本，在介绍背景前，我们需要先澄清一下什么是正确的模块版本，这对于正确理解 GOSUMDB 至关重要。

在 GOSUMDB 出现之前，我们使用 go.mod 来记录依赖的版本，项目构建时根据 go.mod 文件来下载依赖模块，但今天下载的模块跟明天下载的模块确定是一样的吗？

比如某项目发布了新版本 vx.y.z，但随后发现该版本有重大缺陷，于是错误地删除了该版本，修改缺陷后又重新发布了 vx.y.z，两次发布使用了相同的版本号。如果不使用官方模块代理服务，那么两次下载可能会获取不同的模块，尽管其版本号一致。

在 Go 生态系统中，GOSUMDB 不能确定模块是否包含恶意代码，对于特定的模块版本来讲，所谓的"确保正确"是指确保今天获取的代码和明天获取的代码是一样的，如下图所示。

```
   正确的代码    =    相同的代码

              GOSUMDB
```

我们在前面的章节中多次提到一致性构建的概念，一致性构建的基础是每次构建都能获取正确的模块版本。以项目来说，不管今天构建、明天构建还是别人构建，下载的模块版本都是一样的，这种情况下构建的结果就是一致的。

2）go.sum 的不足

go.sum 文件是在 Go 1.11 推出的，它用于保证项目的构建必须使用 go.sum 文件中记录的依赖包，否则不允许构建。但是如何保证 go.sum 文件中记录的内容是正确的呢？

在 GOSUMDB 推出之前，go 命令总是信任第一次使用的模块，即 "Trust on your first use"。比如项目使用 github.com/google/uuid@1.1.1 时，go 命令会先下载该模块版本，并随即把该模块版本的 Hash 值写入 go.sum 文件。

有很多因素可能导致第一次下载的模块是非法的。比如从一个不可信的模块代理服务器中下载模块，再者项目托管服务器 GitHub 也可能被黑客入侵，甚至模块作者也可能添加恶意代码并重新发布且使用已有的版本号。

注意，虽然从官方的模块代理服务器（proxy.golang.org）中下载模块是可靠的，但也无法保证传输过程中不被黑客攻击。

综上，采用 "Trust on your first use" 的方式来添加 go.sum 记录是不可靠的，我们需要一种机制来确保添加到 go.sum 中的记录是正确的，是经过公证的，即达到 Trust on anyone's first use。

3. GOSUMDB 的工作机制

1）GOSUMDB 是什么

既然 go 命令无法确保模块的 Hash 值是否可靠，那么如果存在一个系统可以为模块提供公证服务，则 go 命令就可以使用此公证服务来校验模块的 Hash 值。事实上，校验和数据库就是用于存储所有公开可获得的模块版本的 Hash 值，来提供类似公证的服务。

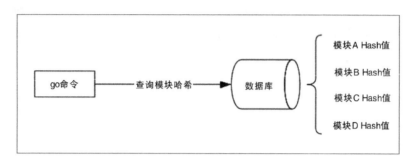

比如，对于模块版本 github.com/google/uuid@1.1.1 来说，将存储下面两个值：

```
github.com/google/uuid v1.1.1 h1:Gkbcsh/GbpXz7lPftLA3P6TYMwjCLYm83jiFQZF/3gY=
github.com/google/uuid v1.1.1/go.mod h1:TIyPZe4MgqvfeYDBFedMoGGpEw/LqOeaOT+nhxU+yHo=
```

校验和数据库是公开的，读者可以使用 /lookup/M@V 接口来查询特定的模块版本的 Hash 值：

```
[root@ecs-d8b6 ~]# curl https://sum.golang.org/lookup/github.com/google/uuid@v1.1.1
842
github.com/google/uuid v1.1.1 h1:Gkbcsh/GbpXz7lPftLA3P6TYMwjCLYm83jiFQZF/3gY=
github.com/google/uuid v1.1.1/go.mod h1:TIyPZe4MgqvfeYDBFedMoGGpEw/LqOeaOT+nhxU+yHo=

go.sum database tree
867801
D91MRpgFqZq+4T1JIXwerzL8vaaDRx3t09NL8g1BvzI=

— sum.golang.org Az3grrfCypLU+KlsLSvWHlZAAlDHOeaPQo53VnWI98i1s9RpEJI76DPytRPOzXHXX+
pHknQQIo48/2g/Ek9dDLXgmAg=
```

在上面的输出结果中，除了 Hash 值，还有其他一些数据库信息，这一点后面再展开介绍。

校验和数据库通过存储模块版本的 Hash 值，相当于给该模块版本提供了公证服务，任何人来查都能得到相同的 Hash 值。

2）校验流程

某个新的模块被下载，一直到该模块的 Hash 值被写到某个项目的 go.sum 文件的过程中，go 命令至少会请求两次校验和数据库来确认 Hash 值。

- 一是模块被下载后，go 命令会对下载的模块做 Hash 运算，然后与校验和数据库中的数据进行对比，以此来确保下载的模块是合法的。
- 二是模块 Hash 值被添加到 go.sum 文件之前，go 命令对缓存在本地的模块做 Hash 运算，然后与校验和数据库中的数据进行对比，以此来确保本地的模块没有被篡改。

在校验和数据库中，每个模块均对应唯一的值，且该数据库是完全透明的，任何人都可以查询，校验和数据库实际上充当了模块的公证人的角色。

3）数据库数据来源

读者不免要问，每个模块版本是如何被收录到校验和数据库中的呢？

当客户端访问校验和数据库并查询某个模块版本的 Hash 值时，如果该模块版本还未收录到数据库中，那么位于 sum.golang.org 内部的一个名为 notary 的服务会先拉取该模块版本，然后计算 Hash 值，并记录到数据库中，最后返回给客户端。

所以，我们所说的官方的校验和数据库会保存所有公开可获得的模块版本，实际上指的是所有被用到的模块版本。

另外，官方校验和数据库仅能存储公开可获得的模块，对于私有模块的处理，我们在后面的章节中再进行介绍。

12.3.13　GOSUMDB 的实现原理

从前面章节的介绍中，我们知道 GOSUMDB 的工作机制是非常简单的，实现一个简单的 GOSUMDB 也不难，只需要满足以下两个条件就可以：

- 它是一个存储模块 Hash 值的数据库；
- 它支持客户端查询指定模块的 Hash 值。

但是作为官方权威的数据库，它需要提供更多的安全保障、更高的透明度才能让全世界的开发者信服。

本节我们开始探究 GOSUMDB（sum.golang.org）的实现原理，重点在于阐明为什么这个数据库是可信的，对于技术细节我们"点到为止"，有兴趣钻研算法的读者可以查阅官方的提案。

1. 数据库的数据结构

GOSUMDB 不是使用诸如 MySQL、PostgreSQL 之类的关系型数据库实现的，它使用的是类似于 `Certificate Transparency` 的技术，该技术采用一种被称作 Transparent Log（透明日志）的数据结构。

该数据库基于模块的 Hash 值组成一棵 merkle 树，如下图所示。

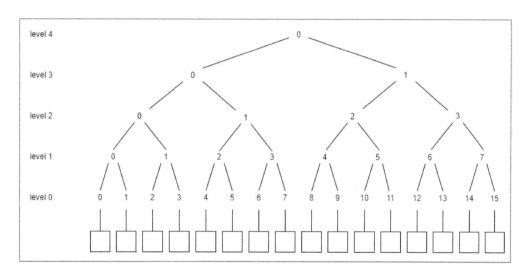

上图中底部的每个方框代表一个节点，每个节点存储一个模块版本的 Hash 值，即写入 go.sum 中的那两行记录，比如：

```
github.com/google/uuid v1.1.1 h1:Gkbcsh/GbpXz7lPftLA3P6TYMwjCLYm83jiFQZF/3gY=
github.com/google/uuid v1.1.1/go.mod h1:TIyPZe4MgqvfeYDBFedMoGGpEw/LqOeaOT+nhxU+yHo=
```

每个节点的 Hash 值（SHA-256 算法）存储于 level 0，level 0 中每两个相邻节点生成的 Hash 值组成 level 1 的节点，以此类推，直到生成 head 节点。也就是说，整棵树只有底层的节点用来存储模块的 Hash 值，上层的节点都是由底层结点经过 Hash 运算得来的。

下面我们用图示来说明这棵树是如何组织起来的。假定当前数据库中有 16 个记录，即包含 16 个模块版本，如下图所示。

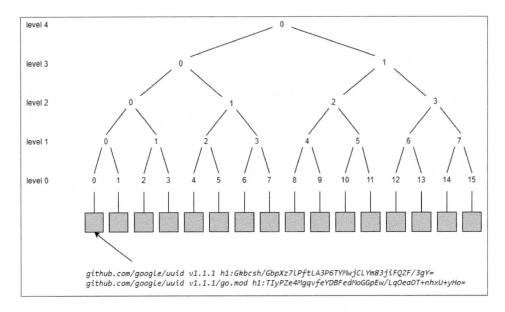

上图中每个底层的节点存储了一个模块版本的 Hash 值，比如第一个节点存储了 github.com/google/uuid@v1.1.1 模块的 Hash 值。

level 0 的每个节点实际上是底层节点的 Hash 值，level 0 的节点和底层节点一一对应，如下图所示。

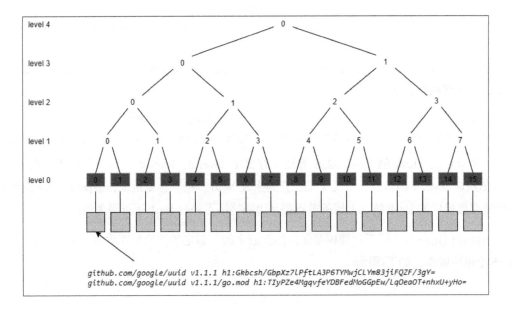

level 0 的每个节点下标也是该模块版本的唯一 ID。

接下来有点类似于二叉树规则，针对 level 0 的每两个相临的节点计算 Hash 值生成 level 1 的一个节点，如下图所示。

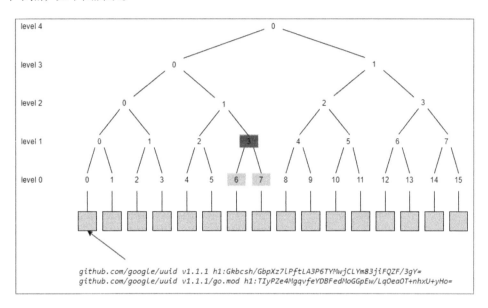

继续对 level 1 的两个相邻节点做 Hash 运算，生成 level 2 的一个节点，如下图所示。

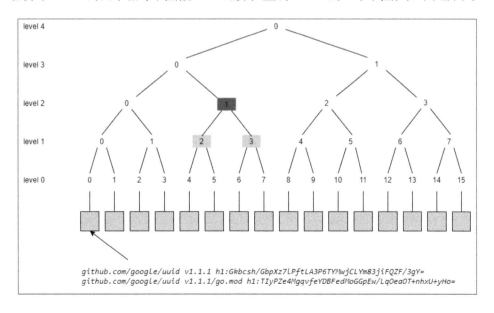

继续对 level2 的两个相邻节点做 Hash 运算，生成 level 3 的一个节点，如下图所示。

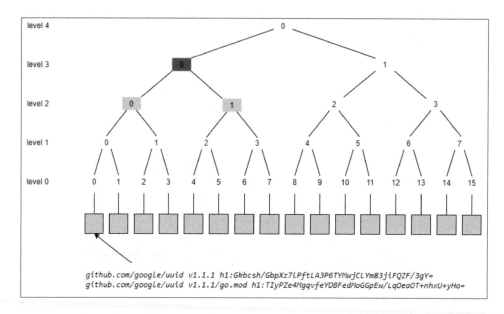

最后，对 level 3 的两个相邻节点做 Hash 运算，生成 level 4 的一个节点，即 head 节点，如下图所示。

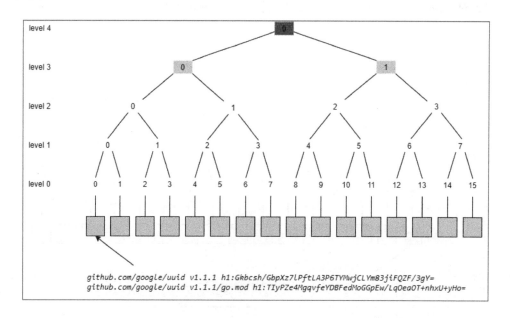

到此，整棵树就建立起来了。本例仅包含 16 个底层节点，层高也只到 level 4，实际的数据库则包含数以万计的节点，层高也大于 4。

该数据库的数据结构决定了它的数据很难被篡改而不被发现，因为一旦底层节点改变，上层的节点也会随之改变。

2. 数据库的查询接口

与 Go 模块代理服务器 proxy.golang.org 类似，校验和数据库 sum.golang.org 也只提供查询接口。

1）查询数据库的整体信息

使用 /latest 接口（下面简称 latest 接口）可以查询数据库的整体信息，读者也可以使用如下命令查询：

```
[root@ecs-d8b6 ~]# curl https://sum.golang.org/latest
go.sum database tree
876279
zPTFkbe2kPd56jKwO977J4DzQvw5FrkdsLfTri8YdT4=

— sum.golang.org Az3grp18HVcPbyJhGZbSFJOTmYgf5ukD8/sDUhoAuVOeKT2A1Osnm7Q/+SACWvhnT5Bz7jDZAXJuHTNjvxukTgXz1gM=
```

latest 接口会返回下面三个信息：

◎ 当前树的总节点数，随着新模块的不断加入，节点数也会随之增大，上例中说明树当前包含 876279 个节点；
◎ 当前树顶节点的 Hash 值；
◎ 响应该请求的服务器信息，以便在出错时能够定位。

2）查询模块版本和 Hash 值

/lookup/M@V 接口（下面简称 lookup 接口）可以查询指定模块的 Hash 值，M 表示模块，V 表示版本号，读者也可以使用如下命令查询：

```
[root@ecs-d8b6 sum.golang.org]# curl https://sum.golang.org/lookup/github.com/google/uuid@v1.1.1
842
github.com/google/uuid v1.1.1 h1:Gkbcsh/GbpXz7lPftLA3P6TYMwjCLYm83jiFQZF/3gY=
github.com/google/uuid v1.1.1/go.mod h1:TIyPZe4MgqvfeYDBFedMoGGpEw/LqOeaOT+nhxU+yHo=
```

```
go.sum database tree
874908
tw/wp5m8lhalCoZOjrFcBIEx8ub1Sot4hu+EMPWrSjc=

— sum.golang.org Az3grs7Us+iAXeKrWefIfpN72f2nSx4YIBbyMEbOYTze0ZHC4dkjvubsVLjsW6YaaZB/
t5V3zEHMVgv4LkIXpso3HgU=
```

lookup 接口会返回模块版本的 ID（上例中的 842），即位于 level 0 的编号，每个模块版本一旦入库，就会拥有固定的编号。除了编号，还会返回该模块版本的 Hash 值，以及包含这个节点的树信息，含义同 latest 接口。

3）查询任意节点

使用 /tile/H/L/K 接口（下面简称 tile 接口）可以查询任意节点的 Hash 值，H 表示树的当前高度，L 表示节点的层级，K 表示节点位于该层的编号。

比如上例中 github.com/google/uuid@v1.1.1 位于 level 0 的编号为 842，官方数据库中当前树的高度为 8，所以对应于 level 0 的节点 Hash 值可以使用此接口查询：

```
[root@ecs-d8b6 ~]# curl https://sum.golang.org/tile/8/0/842
...hash...
```

数据库客户端使用这些接口不仅可以查询模块的 Hash 值，还可以审计这个数据库是否值得信任。

3. 客户端审计

go 命令中的数据库客户端为了确保远端的 GOSUMDB 是可信的，每次请求 GOSUMDB 都会对其进行审计。

1）确保对端是规范的

go 命令使用 lookup 接口获取模块的 Hash 值的同时，也会获得对端 GOSUMDB 树的 head 节点的 Hash 值。那么，为了确认对端 GOSUMDB 树是合乎规范的树，只要从底层节点逐步向上做 Hash 运算，直到计算出树顶 head 节点的 Hash 值，如果计算出来的 head 节点的 Hash 值与 GOSUMDB 通过 lookup 接口返回的一致，那么就说明对端 GOSUMDB 是合乎规范的树。

从底层节点向上做 Hash 运算的过程中，需要其他节点信息，而这些缺失的节点都可以通过 tile 接口获取。下面通过图示说明 Hash 运算的过程。

go 命令通过 lookup 接口获取了 go.dog/breeds@v0.3.2 模块，如下图所示。

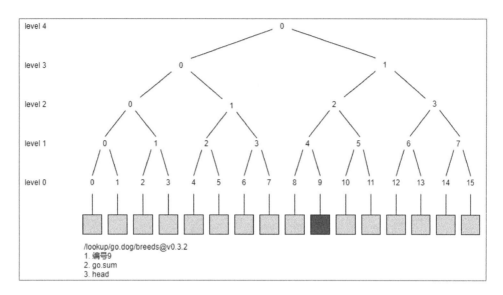

lookup 接口返回了三个关键信息:

◎ 模块版本位于树中的编号,本例中为 level 0 的 9 号节点;
◎ 模块版本的 Hash 值;
◎ 对端树的 head 节点的 Hash 值。

那么在对端的树中,从 level 0 的 9 号节点至树顶 head 一定有一条路径相连,如下图所示。

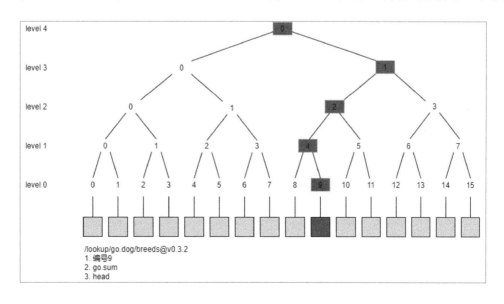

如果 go 命令能从底层节点按照这条路径计算 Hash 值，最终计算出 head 节点的 Hash 值，通过对比 head 节点的 Hash 值是否和 lookup 接口返回的值吻合，即能判定对端树是否是规范的树。

为了按照这条路径计算 Hash 值，我们需要更多节点的 Hash 值才可以计算，如下图所示。

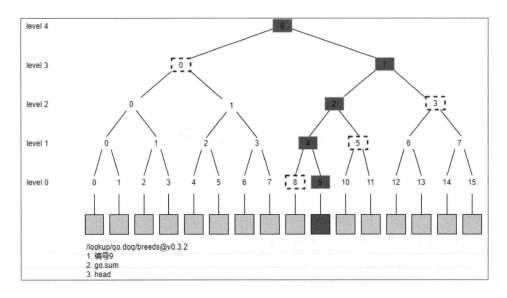

我们需要以下节点的 Hash 值：

◎ level 0 的 8 号节点（才能计算 level 1 的 4 号节点）；
◎ level 1 的 5 号节点（才能计算 level 2 的 2 号节点）；
◎ levle 2 的 3 号节点（才能计算 level 3 的 1 号节点）；
◎ level 3 的 0 号节点（才能计算 level 4 的 0 号节点）。

go 命令可以使用 tile 接口获取这些缺失的节点，这样才能顺利地完成整棵树的计算，如果计算出的树顶的 Hash 值与 lookup 接口返回的值一致，则说明对端是规范的树。

2）确保对端没有被篡改

go 命令即便确认了对端 GOSUMDB 是合乎规范的树，如果对端的树被篡改了，那么仍然无法发现。为了确认对端的树没有被篡改，go 命令还需要额外的手段。

随着越来越多的模块加入 GOSUMDB，树会逐渐长大成为一棵新树，从而产生新的 head 节点，原来的 head 节点就成了一棵子树。按照树的组织规则，子树一定包含在新树中。而且，从子树 head 节点到新树的 head 节点也会有一条路径，类似于前面校验对端 GOSUMDB 规范性，新树也是可以校验的。

go 命令会把 GOSUMDB 的 head 节点记录在本地的 $GOPATH/pkg/sumdb/sum.golang.org/latest 目录中:

```
[root@ecs-d8b6 ~]# cat $GOPATH/pkg/sumdb/sum.golang.org/latest
go.sum database tree
885401
9KvhsFPtWNYgFhYEg+PclSQ6U5zJYLY5XwRjE3MIihY=

— sum.golang.org Az3grk0r3pxU+47TBfWb72BFrFj4UWiBYb6T+JrG/
Hv3ZpCgwSpUdcHZYc1wXH+x+C01zT4Q4lUMgHwLZ6pnLLSGEQA=
```

当远端 GOSUMDB 树长大成为新树时,本地的树就变成了子树。go 命令就会使用子树校验远端的新树,如果通过校验则说明远端树没有被篡改,并且更新本地的子树。

3) 整体校验过程

go 命令从模块代理服务器或直接从版本控制服务器上下载到模块后,在加入 go.sum 文件之前会咨询 GOSUMDB,以确认该模块是否可靠。整个咨询过程如下图所示。

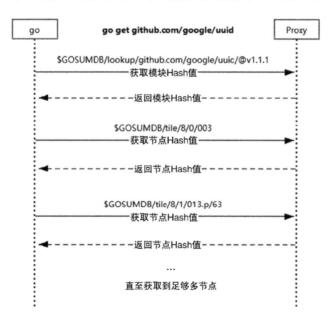

go 命令会计算所下载的模块的 Hash 值,然后使用 lookup 接口查询 GOSUMDB,确保 GOSUMDB 中记录的 Hash 值与本地计算的 Hash 值一致,接着 go 命令会通过 tile 接口确认 GOSUMDB 的可

靠性。只有经过这些检查，go 命令才会把模块 Hash 值写入 go.sum，从而保证第一次进入 go.sum 文件中的模块是可靠的。

4. 缓存查询结果

go 命令每次访问 GOSUMDB 得到的数据都会缓存在本地的 $GOPATH/pkg/mod/cache/download/sumdb/sum.golang.org 目录中。缓存目录结构如下所示。

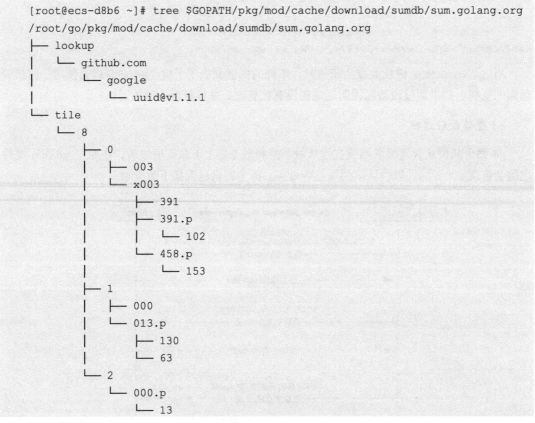

go 命令访问 GOSUMDB 之前会先检查缓存中是否有相应的数据，从而避免频繁访问远程数据库，这在一定程度上加快了模块校验的速度。

12.3.14 第三方代理

伴随 Go Module 特性，官方分别推出了模块代理服务与校验和数据库服务。这两个服务均由 Go 官方团队运营，面向全球开发者提供服务。

然而，并不是所有开发者都可以顺利地访问这两项服务，这就催生了众多的第三方代理服务。

第三方代理服务与官方代理服务一样，仅能处理公开可获得的模块，对于企业私有的模块则需要企业单独部署代理服务。本节我们主要介绍目前市面上常见的第三方代理，以及如何使用它们，另外本节介绍的部分第三方代理服务也有开源版本，可作为企业搭建代理服务的参考。

1. 模块代理

1）如何配置第三方代理

不管使用哪个代理服务，都需要将代理服务器地址配置到 GOPROXY 环境变量中，假如第三方代理服务地址为 https://proxy.example.org，Go 版本为 1.13 及以上，则可以使用如下命令：

```
# export GOPROXY="https://proxy.example.org,direct"
```

可以同时指定多个代理服务器，使用逗号分隔即可，额外指定一个 direct 可以保证在代理无法工作时使用 go 命令仍能从源版本控制系统中获取模块。

2）可用的第三方代理

目前国内用得较多的公共代理服务主要有以下几个：

- goproxy.io（开源项目），国内最早的代理服务；
- goproxy.cn（开源项目），目前由七牛云提供服务；
- mirrors.tencent.com/go，由腾讯云提供服务；
- mirrors.aliyun.com/goproxy，由阿里云提供服务。

2. 校验和数据库代理

校验和数据库通常也是使用模块代理服务器代理的，为了能让模块代理服务器代理校验和数据库，模块代理服务器需要额外实现一个 supported 接口：

```
<proxyURL>/sumdb/<sumdb-name>/supported
```

go 命令在访问 GOSUMDB 环境变量指示的数据库时，会先通过此接口询问模块代理是否能够代理校验和数据库，如果该接口的 HTTP 返回码为 200，那么 go 命令将通过该代理校验模块的 Hash 值。

读者可以使用该接口测试第三方代理是否支持代理校验和数据库，以 goproxy.io 为例：

```
[root@ecs-d8b6 ~]# curl -w %{http_code} https://goproxy.io/sumdb/sum.golang.org/supported
200
```

使用代理 goproxy.io 查询官方数据库中的最新信息：

```
[root@ecs-d8b6 ~]# curl https://goproxy.io/sumdb/sum.golang.org/latest
go.sum database tree
872856
BiKv8rBJ/6hzlRLfKFAYpYEk7ViEfTpxVW4sVoQq/N4=

— sum.golang.org Az3gricuHWt9WK0le0nnqg5jrKqn6wKAgPbiclzdSIwOk3pE4XMGTXUf-RmoayEoNGfUEH/EWLIKXmU6gZV6/dSZu/Qo=
```

时至今日，所有主流的第三方模块代理服务均已支持代理官方校验和数据库。

在 GOSUMDB 推出之前，使用第三方模块代理是有风险的，因为不能保证第三方代理提供的模块有没有被篡改。但在 GOSUMDB 推出之后，每个模块版本都在官方数据库中记录了 Hash 值且分配了唯一的 ID，在这种情况下，即便是模块作者都无法修改已发布的模块。不仅如此，一个模块版本一旦被官方代理服务器收录，也是无法修改的。

这就决定了所有的第三方代理提供的模块必须与官方服务提供的一致，对于用户而言，只需要配置 GOPROXY 就可以了，如下图所示。

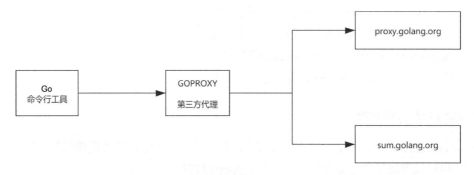

3. 安全性

随着官方校验和数据库服务的推出，第三方代理服务已经没有作恶的空间，至少不会再提供篡改后的模块了。

因为假如第三方代理服务提供了一个篡改过的模块版本，并且相应地重新生成了该模块版本的 Hash 值，那么这个 Hash 值会被记录到某项目的 go.sum 文件中。此时，如果使用官方默认的 GOPROXY 和 GOSUMDB 构建该项目时，那么 go 命令会很快发现 go.sum 中虚假的 Hash 值。这就好比第三方代理服务工作在"聚光灯"下，从技术上讲仍然能够作恶，不过一旦作恶，很快就会被发现。

第三方代理之间的竞争主要从访问效率和其他增值服务上展开。

所谓访问效率，是指第三方代理需要提供更快的响应速度，这就需要部署更多的服务器，以及启用 CDN 等加速服务。

所谓增值服务，比如以色列 JFrog 公司提供的 GoCenter 代理服务，这个服务就提供了 UI 界面可以查询特定的模块。

12.3.15 私有模块

默认情况下，go 命令会使用官方的模块代理服务器（proxy.golang.org）下载模块，并且使用官方的模块校验服务器（sum.golang.org）校验模块。这个机制可以很好地给开源项目提供服务，对于私有项目，尤其是需要使用私有模块时，Go 也提供了相应的支持。

1. 私有模块配置

环境变量 GOPRIVATE 是 1.13 版本才引入的变量，用于指定私有模块的前缀（支持通配符），多个模块前缀间使用逗号分隔：

```
GOPRIVATE=*.corp.example.com,rsc.io/private
```

按照此配置，go 命令将把所有拥有这些前缀的模块都视为私有，不会从代理服务器下载代码，也不会使用校验服务器来检查下载的代码。比如模块 git.corp.example.com/xyzzy、rsc.io/private、rsc.io/private/quux 都将被视为私有。

2. 私有代理场景

部分企业或许会自建代理服务器，同时代理公开和私有的模块，这时除了使用环境变量 GOPRIVATE，可能还需要 GONOPROXY 和 GONOSUMDB 来做更精细化的控制。

GONOPROXY 和 GONOSUMDB 的配置格式与 GOPRIVATE 相同，分别用于指定绕过模块代理、模块校验的模块前缀。实际上，GOPRIVATE 只是 GONOPROXY 和 GONOSUMDB 的简便配置，设置 GOPRIVATE 相当于同时设置了 GONOPROXY 和 GONOSUMDB。

在 Go 命令行的内部实现中，`GONOPROXY` 和 `GONOSUMDB` 的默认值均为 `GOPRIVATE`：

```
GOPRIVATE   = Getenv("GOPRIVATE")
GONOPROXY   = envOr("GONOPROXY", GOPRIVATE)
GONOSUMDB   = envOr("GONOSUMDB", GOPRIVATE)
```

go 命令在决定是否从代理服务器上下载模块时会参考 `GONOPROXY` 的配置，在决定是否校验模块时会参考 `GONOSUMDB` 的配置。所以，一旦显式地配置了 `GONOPROXY` 和 `GONOSUMDB`，将覆盖 `GOPRIVATE` 的配置。

此时，各企业可根据自建代理服务器是否支持私有模块下载、校验来分别配置 `GONOPROXY` 和 `GONOSUMDB`。

12.3.16 Go Module 的演进

Go Module 特性旨在提供一种官方的包管理系统，用于替代 `GOPATH`。同时 Go Module 的出现也终结了第三方包管理系统百家争鸣的时代，越来越多的组织、项目转而采用 Go Module 来管理依赖包。

然而，该特性并不是一蹴而就的，而是历经多个版本的打磨才逐渐走向成熟。2018 年 8 月，Go 团队发布 1.11 版本，Go Module 作为一个实验特性被引入，并在 1.12、1.13 版本中不断迭代，最终于 2020 年 2 月发布的 1.14 版本中走向成熟，经过一年半左右的开发，Go 团队才自信地宣布 Go Module 可以在生产环境中使用了。

若要使用 Go Module 特性，笔者推荐直接使用 Go 1.14+，从而获得最终的 Go Module 体验。

本节简要地记录 Go Module 特性在演进过程中的变化，以期帮助读者更好地理解该特性。

1. Go 1.11

该版本以实验性质推出 Go Module 特性，引入一个新的环境变量 `GO111MODULE` 用于控制特性开关。

- ◎ GO111MODULE=auto：自动模式；
- ◎ GO111MODULE=on：显式开启模式；
- ◎ GO111MODULE=off：显式关闭模式。

`GO111MODULE` 的默认值为 `auto`，在此模式下，go 命令将根据当前项目是否在 `GOPATH` 中来决定是否启用 `GOMODULE`。为了不让原用户受 Go Module 影响，如果项目位于 `GOPATH` 目录中，那么 Go Module 特性将不开启。只有位于非 GOPATH 目录中的项目才会自动启用 Go Module。

- ◎ GO111MODULE=on 表示任何情况下都启用 Go Module，即便项目在 GOPATH 目录中也启用。
- ◎ GO111MODULE=off 表示任何情况下都不启用 Go Module，即便项目在 GOPATH 外面也不启用。

另外，该版本已支持模块代理，由于官方的代理服务器（proxy.golang.org）还未推出，所以环境变量 GOPROXY 为空：

```
GOPROXY=""
```

作为初出茅庐的特性，Go Module 在这个版本中主要考虑的是不影响既有用户。只有愿意体验新特性的用户，通过显式的操作才可以使用，比如将项目移到 GOPATH 外面或显式地设置 GO111MODULE=on。

2. Go 1.12

该版本正式推出 Go Module，可以理解为 Alpha 阶段。

该版本相较于 1.11 版本并无明显的变化，但有一个值得注意的小特性被引入，并且保留到了最终的 1.14 版本中。那就是在项目的 go.mod 文件中记录 Go 的版本，比如 Go 1.12，它指示构建项目需要使用的最低 Go 版本，如果使用低于此版本的 Go 来构建，则在出错时会给出额外的提醒。

3. Go 1.13

该版本可理解为 Go Module 特性走向 Beta 阶段。

该版本 GO111MODULE 的默认值仍为 auto，该模式有一个显著的变化，那就是它变得更加智能，即如果项目中包含 go.mod 文件，那么默认将开启 Go Module，即便项目位于 GOPATH 目录中。

另外，该版本重点加强了模块的下载、校验及对私有模块支持。

- ◎ 推出官方的模块代理服务器，并把 GOPROXY 默认值设为官方代理服务器地址：https://proxy.golang.org,direct。
- ◎ 推出官方的模块校验服务器，并把 GOSUMDB 默认值设为官方校验服务器地址：sum.golang.org。
- ◎ 引入环境变量 GOPRIVATE，用于指定私有模块列表。

4. Go 1.14

该版本可理解为 Go Module 特性正式走向 GA（General Availability）。

笔者认为这个版本最大的亮点在于体现了对 vendor 的认可，在 Go Module 设计阶段，Go 团队曾想废弃 vendor，在众多开发者的提议下才决定保留 vendor。并且在 Go 1.14 之前的版本中，只要开启了 Go Module，那么 vendor 默认是被忽视的，如果需要使用 vendor，则需要提供显式的参数，如 `go build -mod=vendor`。在 1.14 版本中则变成了只要项目中包含 vendor，并且 `go.sum` 中指定的 Go 版本大于或等于 1.14，则默认启用 vendor。

另外，该版本对待不规范的模块的态度有所转变。所谓不规范的模块，即模块 `Major` 的版本号大于 1 但其 module 名字并没有体现版本号。不规范的模块也称为不兼容的模块，更多的细节可参考前面的章节，这里不再赘述。在 Go Module 早期，为了兼容既有的模块，Go Module 能够容忍不兼容的模块，这些不兼容的模块会在 `go.mod` 中用 `+incompatible` 标注。在 1.14 版本中，Go 命令行工具将默认忽略不兼容版本，除非用户显式地指定依赖。

5. Go Module 实践

Go Module 虽然是设计精良的模块管理特性，但在工程领域它也面临着一些挑战，比如：

◎ 如果构建环境无法访问外网怎么办？
◎ 如果使用的开源模块闭源或删除了怎么办（历史上曾经发生过类似的案例）？
◎ 如果版本控制系统宕机了怎么办？

尽管上述问题都可以使用 vendor 来解决，但使用 vendor 也有不足，比如会增大仓库体积、vendor 变得更难以"review"等问题。

目前业界使用比较多的方案是 Go Module+vendor，即使用 Go Module 来管理模块依赖，最后把依赖模块保存到 vendor 中。

第 13 章
编程陷阱

本章介绍一些项目开发过程中可能会遇到的陷阱，大部分陷阱来源于实际项目，比较具有代表性。

13.1 切片扩容

本节案例来源于实际项目中的代码检视活动，并做了一定程度的精简，实际项目中这种错误可能很隐蔽。

1. 小测验

`Validation()`函数用于一些合法性检查，每遇到一个错误，就生成一个新的 error 并追加到切片 errs 中，最后返回包含所有错误信息的切片。假定函数发现了三个错误：

```
func Validation() []error {
    var errs []error

    _ = append(errs, errors.New("error 1"))
    _ = append(errs, errors.New("error 2"))
    _ = append(errs, errors.New("error 3"))

    return errs
}
```

请问`Validation()`函数有什么问题？

2. 解析

内置 `append()` 函数在向切片中追加元素时，如果切片存储容量不足以存储新元素，则会把当前切片扩容并产生一个新的切片。

`append()` 函数每次追加元素都有可能触发切片扩容，即有可能返回一个新的切片，这正是 `append()` 函数声明中返回值为切片的原因。使用时应该总是接收该返回值。

上述题目中，由于切片的初始长度为 0，所以 "`append()`" 时会产生一个新的切片。原始切片并没有任何改变，所以错误信息并没有返回。

此外，如果不处理 `append()` 函数的返回值，那么编译器将给出编译错误，但上面的代码中匿名变量恰巧绕过了编译器检查。

3. 建议

使用 `append()` 函数时，谨记 append 可能会生成新的切片，并谨慎地处理返回值。

13.2 空切片

本节案例来源于 Kubernetes 项目，并做了一定程度的精简，实际项目中这些错误可能很隐蔽。

1. 小测验

`ValidateName()` 函数用于检查某个名字是否合法，如果不为空则认为合法，否则返回一个 error。类似的，还可以有很多检查项，比如检查性别、年龄等，我们统称为子检查项。`Validations()` 函数用于收集所有子检查项的错误信息，将错误信息汇总到一个切片中返回。

请问 `Validations()` 函数有什么问题？

```
func ValidateName(name string) error {
    if name != "" {
        return nil
    }

    return errors.New("empty name")
}
```

```
func Validations(name string) []error {
    var errs []error

    errs = append(errs, ValidateName(name))

    return errs
}
```

2. 解析

向切片中追加一个 nil 值是完全不会报错的，如以下代码所示。

```
slice := append(slice, nil)
```

经过追加后，slice 的长度也会加 1。

实际上 nil 是一个预定义的值，即空值，所以完全有理由向切片中追加。

上述题目就是典型的向切片中追加 nil（当名字为空时）的问题。单纯从技术上讲是没有问题的，但在实际场景中可能存在极大风险。

题目中的函数用于收集所有的错误信息，没有错误就不应该追加到切片中。因为后续极有可能会根据切片的长度来判断是否有错误发生，例如：

```
func foo() {
    errs := Validations("")

    if len(errs) > 0 {
        println(errs)
        os.Exit(1)
    }
}
```

在上面的代码中，如果向切片中追加一个 nil 元素，那么切片的长度则不再为 0，程序很可能因此而退出，更糟糕的是，这样的切片不会打印任何内容，这无疑又增加了定位难度。

3. 建议

使用 append() 函数时，谨记 append 可能会追加 nil 值，应该尽量避免追加无意义的元素。

13.3 append 的本质

1. 小测验

以下程序片段来自 Kubernetes 社区成员的分享，请读者先自行计算该函数的结果，然后运行该函数来获得答案。

```go
func AppendDemo() {
    x := make([]int, 0, 10)
    x = append(x, 1, 2, 3)
    y := append(x, 4)
    z := append(x, 5)
    fmt.Println(x)
    fmt.Println(y)
    fmt.Println(z)
}
```

2. 解析

该题目考察使用内置函数 append 向切片中追加元素的细节。题目中先申请长度为 0 但空间为 10 的切片 x，然后分三次向 x 切片中追加元素并分别使用 x、y、z 来接受 append 的返回值。最后打印 x、y、z 的元素。

当 append 向切片 x 追加元素时，在空间足够存放新元素的情况下，新元素将从 x[len(x)] 位置开始存放，append 会生成一个新的切片，但不会修改原切片 x。

就像在介绍切片的数据结构那样，我们也用示意图来呈现切片的变化。切片 x 首次追加元素 1、2、3 后，底层的数组结构如下图所示。

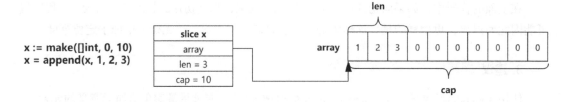

接着继续向 x 追加元素 4 后，底层的数组结构如下图所示。

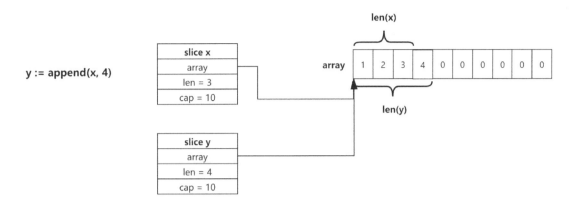

需要注意的是切片 x 没有变化,切片 x 中记录的长度仍为 3。继续向 x 追加元素 5 后,底层的数组结构如下图所示。

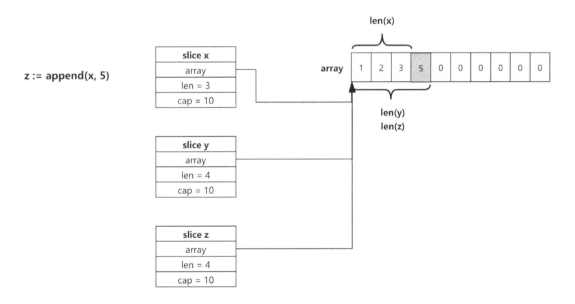

需要注意的是切片 x 仍然没有变化,切片 x 中记录的长度还是 3,但切片 y 的最后一个元素被覆盖了。

至此,本题答案便非常明确了。之所以 append 不会修改原切片 x,是由 append 的工作机制决定的:

```
func append(slice []Type, elems ...Type) []Type
```

入参为切片，而切片只是一个 struct 数据结构，参数传递时发生了值拷贝，所以 append 无法操作原切片。

3. 参考答案

x、y、z 的输出分别为：

```
[1 2 3]
[1 2 3 5]
[1 2 3 5]
```

4. 建议

一般情况下，使用 append 向切片追加新的元素时，都会用原切片变量接收返回值来获得更新：

```
A = append(A, elems...)
```

如果使用新的变量接收返回值，则需要考虑 append 返回的切片是否跟原切片共享底层的数组。

13.4 循环变量引用

2020 年，知名的证书颁发组织 Let's Encrypt 曝出了一个安全漏洞，导致 300 万个证书被吊销，造成该漏洞的原因竟是一小段 Go 代码。

本节内容根据该漏洞改编而来。

1. 小测验

下面的函数输出的结果是什么？

```go
func foo() {
    var out []*int
    for i := 0; i < 3; i++ {
        out = append(out, &i)
    }
    fmt.Println("Values:", *out[0], *out[1], *out[2])
}
```

2. 解析

该题目考察循环变量的绑定问题。题目中的 out 是一个存储整型指针的切片,在循环中,每次向切片中追加一个 i 变量的地址。在 Go 中,循环变量 i 只分配一次地址,在 3 次循环中,i 中存储的值分别为 0、1、2、3,但是 i 的地址没有变化。

循环执行结束,切片内存拓扑如下图所示。

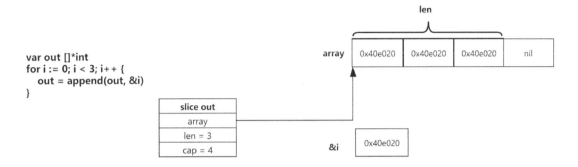

所以函数打印的实际上是 i 的最终值 3。

3. 参考答案

函数输出:

```
Values: 3 3 3
```

4. 建议

如果需要以指针的形式存放循环变量,则可以显式地拷贝一次:

```
для i := 0; i < 3; i++ {
+    iCopy := i // Copy i into a new variable.
    out = append(out, &iCopy)
}
```

另一种解决方案是修改切片的类型,避免存储指针。Let's Encrypt 解决漏洞时使用的正是这种方案,如下图所示。

13.5 协程引用循环变量

本节介绍另一种使用循环变量时容易犯的错误,该错误出现的频率很高,Go 官方 WiKi 甚至把它记录到了 CommonMistakes 里。

1. 小测验

1)题目一

Process1()函数用于处理任务,每个任务均启动一个协程进行处理。请问以下函数是否有问题?

```
func Process1(tasks []string) {
    for _, task := range tasks {
        // 启动协程并发处理任务
        go func() {
            fmt.Printf("Worker start process task: %s\n", task)
        }()
    }
}
```

2)题目二

Process2()函数用于处理任务,每个任务均启动一个协程进行处理。协程匿名函数接收一个任务作为参数,并进行处理。请问以下函数是否有问题?

```go
func Process2(tasks []string) {
    for _, task := range tasks {
        // 启动协程并发处理任务
        go func(t string) {
            fmt.Printf("Worker start process task: %s\n", t)
        }(task)
    }
}
```

3)题目三

项目中经常需要编写单元测试,而单元测试最常见的是 table-driven 风格的测试,如下所示。

```go
func Double(a int) int {
    return a * 2
}
```

待测函数很简单,只是计算输入数值的 2 倍值。

测试函数如下:

```go
func TestDouble(t *testing.T) {
    var tests = []struct {
        name         string
        input        int
        expectOutput int
    }{
        {
            name:         "double 1 should got 2",
            input:        1,
            expectOutput: 2,
        },
        {
            name:         "double 2 should got 4",
            input:        2,
            expectOutput: 4,
        },
```

```
    for _, test := range tests {
        t.Run(test.name, func(t *testing.T) {
            if test.expectOutput != Double(test.input) {
                t.Fatalf("expect: %d, but got: %d", test.input, test.expectOutput)
            }
        })
    }
}
```

上述测试函数也很简单，通过设计多个测试用例，标记输入/输出，使用子测试进行验证。请问，上述测试函数有没有问题？

2. 解析

上述三个问题的共同点是都引用了循环变量且启动协程处理。不同点是循环变量的使用方式，有的是直接在协程中引用（题目一），有的是作为参数传递（题目二），而题目三则是兼而有之。

回答以上问题，记住以下两点即可。

1）循环变量是易变的

循环变量实际上只是一个普通的变量。

在 `for index, value := range xxx` 语句中，每次循环时 `index` 和 `value` 都会被重新赋值（并非生成新的变量）。

如果循环体中会启动协程（并且协程会使用循环变量），那么就需要格外注意了，因为很可能循环结束后协程才开始执行，此时所有协程使用的循环变量有可能已被改写（是否会改写取决于引用循环变量的方式）。

2）循环变量需要绑定

在题目一中，协程函数体中引用了循环变量 `task`，协程从被创建到被调度执行期间循环变量极有可能被改写，在这种情况下，我们称之为变量没有绑定。所以，题目一的打印结果是混乱的，很有可能所有协程执行的 `task` 都是列表中的最后一个 `task`。

在题目二中，协程函数体中并没有直接引用循环变量 `task`，而是使用的参数。在创建协程时，循环变量 `task` 作为函数参数传递给了协程。参数传递的过程中实际上也生成了新的变量，即间接完成了绑定。所以，题目二实际上是没有问题的。

在题目三中，测试用例名字 `test.name` 通过函数参数完成了绑定，而 `test.input` 和 `test.expectOutput` 则没有绑定。然而题目三实际执行却不会有问题，因为 `t.Run(...)` 并不会启动新的协程，也就是循环体并没有并发。此时，即便循环变量没有绑定也没有问题。但是风险在于，如果 `t.Run(...)` 执行的测试体有可能并发（比如通过 `t.Parallel()`），则此时就极有可能引入问题。

对于题目三，建议显式地绑定，例如：

```
for _, test := range tests {
    tc := test // 显式绑定，每次循环都会生成一个新的 tc 变量
    t.Run(tc.name, func(t *testing.T) {
        if tc.expectOutput != Double(tc.input) {
            t.Fatalf("expect: %d, but got: %d", tc.input, tc.expectOutput)
        }
    })
}
```

通过 `tc := test` 显式地绑定，每次循环会生成一个新的变量。

3. 建议

当循环中引用循环变量时，如果需要启动并发并且引用循环变量，则需要格外留意变量是否已绑定。

13.6　recover 失效

在项目中有时为了让程序更健壮，即不发生 panic，我们或许会使用 `recover()` 来接收异常并处理。

比如以下代码：

```
func NoPanic() {
    if err := recover(); err != nil {
        fmt.Println("Recover success...")
    }
}
```

```go
func Dived(n int) {
    defer NoPanic()

    fmt.Println(1/n)
}
```

`func NoPanic()` 会自动接收异常，收到异常后只打印相关日志，并不继续 "panic"，算是一个通用的异常处理函数。

业务处理函数中只要使用了 `defer NoPanic()`，看上去就不会再发生 panic，可是真的是这样吗？

此外，关于错误的处理方式在业界是有争议的，程序发生 panic 立即退出可以让问题的定位很简单，如果使用 recover 机制避免程序 "panic" 则可能让程序看起来健壮但容易隐藏问题。不同的业务场景有不同的决策，本节不准备就此问题展开。本节主要介绍一个 recover 机制的陷阱，当然它往往伴随 defer 出现。

本节的素材来自笔者参与的一个商业项目，开发人员希望尽力避免发生 panic，但好像事与愿违。

1. recover 的使用误区

在该项目中，有较多的数据库更新操作，正常的更新操作需要提交，而失败的操作就需要回滚。如果异常分支比较多，就会有很多重复的回滚代码，所以有人尝试了一个做法：在 defer 中判断是否出现异常，有异常则回滚，否则提交。

简化后的代码如下：

```go
func IsPanic() bool {
    if err := recover(); err != nil {
        fmt.Println("Recover success...")
        return true
    }

    return false
}

func UpdateTable() {
    // 在 defer 中决定提交还是回滚
    defer func() {
        if IsPanic() {
```

```
            // Rollback transaction
        } else {
            // Commit transaction
        }
    }()

    // Database update operation...
}
```

`func IsPanic() bool` 用来接收异常，返回值用来说明是否发生了异常。在 `func UpdateTable()` 函数中，使用 defer 判断最终应该提交还是回滚。

上面的代码初步看起来还算合理，但此处的 `IsPanic()` 再也不会返回 `true`，这不是 `IsPanic()` 函数的问题，而是其调用的位置不对。

2. recover 失效的条件

上面代码中的 `IsPanic()` 失效了，其原因是违反了 recover 的一个限制，导致 recover() 失效（永远返回 `nil`）。

以下三个条件会让 recover() 返回 `nil`：

◎ "panic" 时指定的参数为 `nil`（一般 panic 语句如 `panic("xxx failed...")`）；
◎ 当前协程没有发生 panic；
◎ recover 没有被 defer 函数直接调用。

前两条都比较容易理解，上述例子正是匹配了第 3 个条件。

recover() 必须被 defer 函数直接调用才有效，否则它永远返回 nil。在本例中，defer 函数先调用 IsPanic() 函数，在 IsPanic() 函数内的 recover() 是无法生效的，这是 recover() 生效的硬性限制。

反侵权盗版声明

电子工业出版社依法对本作品享有专有出版权。任何未经权利人书面许可,复制、销售或通过信息网络传播本作品的行为;歪曲、篡改、剽窃本作品的行为,均违反《中华人民共和国著作权法》,其行为人应承担相应的民事责任和行政责任,构成犯罪的,将被依法追究刑事责任。

为了维护市场秩序,保护权利人的合法权益,我社将依法查处和打击侵权盗版的单位和个人。欢迎社会各界人士积极举报侵权盗版行为,本社将奖励举报有功人员,并保证举报人的信息不被泄露。

举报电话:(010)88254396;(010)88258888

传　　真:(010)88254397

E-mail:dbqq@phei.com.cn

通信地址:北京市万寿路173信箱　电子工业出版社总编办公室

邮　　编:100036